DEUTSCHE AKADEMIE DER WISSENSCHAFTEN
ZU BERLIN
Forschungsgemeinschaft der naturwissenschaftlichen, technischen
und medizinischen Institute

ÜBER WISSENSCHAFTLICHE GRUNDLAGEN DER MODERNEN TECHNIK

Herausgegeben von

HERMANN KLARE · HANS FRÜHAUF · HANS GUMMEL · EBERHARD LEIBNITZ
ROBERT ROMPE · KURT SCHRÖDER · ERICH THILO

REIHE A: TAGUNGEN

BAND X

ZIELE DER METALLURGISCHEN FORSCHUNG UND IHRE BEDEUTUNG FÜR DAS HÜTTENWESEN

AKADEMIE-VERLAG · BERLIN
1964

ZIELE DER METALLURGISCHEN FORSCHUNG UND IHRE BEDEUTUNG FÜR DAS HÜTTENWESEN

Vorträge, gehalten auf der Internationalen Tagung der Sektion für Hüttenwesen der Deutschen Akademie der Wissenschaften zu Berlin am 12. und 13. Februar 1963 in Freiberg/Sa.

Mit 153 Abbildungen und 17 Tabellen
davon 7 auf 2 Kunstdrucktafeln

AKADEMIE-VERLAG · BERLIN
1964

Erschienen im Akademie-Verlag GmbH, Berlin W 8, Leipziger Straße 3—4

Lizenznummer: 202 · 100/486/64
Gesamtherstellung: VEB Druckerei „Thomas Müntzer" Bad Langensalza
Bestellnummer: 2104/A/10 · ES 20 F 7/9 · Preis: DM 36,—

INHALTSVERZEICHNIS

Akademiemitglied Prof. Dr.-Ing. Karl-Friedrich Lüdemann
Vorsitzender der Sektion für Hüttenwesen und Leiter der Forschungsstelle Eisen und Stahl der Deutschen Akademie der Wissenschaften zu Berlin
Direktor des Eisenhütten-Instituts der Bergakademie Freiberg

BEGRÜSSUNG UND ERÖFFNUNG DER TAGUNG

Magnifizenz,
hochverehrte Gäste,
liebe Kollegen aus unseren Hüttenwerken und Forschungsinstituten!

Als Vorsitzender der Sektion für Hüttenwesen der Klasse für Bergbau, Hüttenwesen und Montangeologie der Deutschen Akademie der Wissenschaften zu Berlin ist es mir eine große Ehre, Sie zu unserer Tagung „Ziele der metallurgischen Forschung und ihre Bedeutung für das Hüttenwesen" in Freiberg begrüßen zu dürfen. Zu meiner Freude darf ich feststellen, daß der nun schon seit November vorigen Jahres andauernde Winter mit seinen die Grundstoffindustrie ganz besonders belastenden Auswirkungen Sie nicht gehindert hat, nach Freiberg zu kommen und hier zum Gelingen unserer Tagung beizutragen. Aber auch in Freiberg ist einiges geschehen, um die Durchführung unserer Sektionstagung von internationalem Charakter zu sichern, und zwar in einer Zeit, in der nationale Tagungen ähnlicher Art abgesagt werden mußten. Es ist mir ein Herzensbedürfnis, dem Rektor der Bergakademie, Magnifizenz Prof. Dr.-Ing. G. Hollweg, sowie der Verwaltung der Hochschule dafür zu danken, daß sie die Abhaltung unserer Tagung in dieser Zeit, die zum Maßhalten mit Brennstoffen zwingt, tatkräftig gefördert haben. Weiter danke ich dem Direktor des Instituts für Metallformung, Herrn Prof. Dipl.-Ing. G. Juretzek, für die freundliche Aufnahme, die er uns in den Vortragsräumen seines Hauses gewährt. Unser Dank gilt schließlich dem Vorsitzenden des Rates des Kreises Freiberg, Herrn Dipl.-Jur. H. Zienert, der sich in verständnisvoller Anerkennung der Bedeutung unserer Tagung dafür eingesetzt hat, daß den Gästen eine ausreichend temperierte Unterkunft gewährt werden kann.

Wir haben die große Freude, eine größere Anzahl ausländischer Gäste bei uns zu sehen, von denen ein Teil nicht zum ersten Mal in Freiberg weilt. Es sind durch den Leiter oder einen namhaften wissenschaftlichen Mitarbeiter folgende Institutionen vertreten:

das Eisen-Forschungsinstitut der Rumänischen Volksrepublik in Bukarest,
das Eisen-Forschungsinstitut der ČSSR in Prag,
das Eisen-Forschungsinstitut der Volksrepublik Ungarn in Budapest,
die Forschungs- und Versuchsanstalt der Lenin-Hüttenwerke (vormals Škoda) in Pilsen.

Sehr herzlich möchte ich den Vertreter des Max-Planck-Instituts für Eisenforschung in Düsseldorf, Herrn Prof. Dr. A. Rose, begrüßen, der uns durch seine Gastvorlesungen in den letzten Studienjahren verbunden ist. Schließlich heiße ich eine Reihe von Hüttenleuten aus den befreundeten Ländern bei uns willkommen.

Groß ist die Zahl der Teilnehmer aus der Deutschen Demokratischen Republik. Hier möchte ich zunächst die Mitglieder der Klasse für Bergbau, Hüttenwesen und Montangeologie begrüßen, an der Spitze ihren Sekretar, Herrn Prof. Dr. O. Meisser. Mein Gruß gilt weiter den Mitgliedern der Sektion für Hüttenwesen. Ganz besonders herzlich begrüße ich den Senior des deutschen Eisenhüttenwesens, Herrn Prof. Dr.-Ing. Ed. Maurer, der es sich nicht hat nehmen lassen, auf unserer Tagung in zwei Vorträgen über die Ergebnisse des Teils seiner Lebensarbeit zu berichten, den er dem Eisen-Forschungsinstitut in Hennigsdorf gewidmet hat. Weiter begrüße ich die hier anwesenden Herren Professoren der Bergakademie und ihre Mitarbeiter.

Ich begrüße die Herren der Forschungsgemeinschaft der naturwissenschaftlichen, technischen und medizinischen Institute der Deutschen Akademie der Wissenschaften zu Berlin. Weiter heiße ich die Vertreter der Wissenschaftlich-technischen Zentren der Vereinigungen Volkseigener Betriebe bei uns willkommen; dieser Gruß gilt den Kollegen des Forschungsinstituts für Nichteisen-Metalle in Freiberg, des Forschungsinstituts für technologische Entwicklung und Wärmetechnik in der Metallurgie in Leipzig, des Forschungsinstituts für Roheisenerzeugung in Unterwellenborn und des Eisen-Forschungsinstituts in Hennigsdorf. Ich hoffe, daß alle diese Kollegen mit lebhaften Diskussionen zum vollen Erfolg unserer Tagung beitragen werden.

Mit besonderer Freude stelle ich die Anwesenheit namhafter Vertreter der Staatlichen Plankommission und des Volkswirtschaftsrats der Deutschen Demokratischen Republik fest. Möge ihre Anwesenheit dazu beitragen, die kürzlich getroffene Feststellung, nach der bei der Ausarbeitung unseres Metallurgieprogramms der Planer den Wissenschaftler und der Wissenschaftler die Planer nicht verstanden haben soll, möglichst bald gegenstandslos zu machen.

Von ganzem Herzen begrüße ich die Vertreter unserer Eisen- und Metallhüttenindustrie. Wir wissen, daß sie von der Sorge um das Weiterlaufen der Produktion in Schnee, Eis und Kälte sehr belastet sind. Umso höher werten wir die Aufgeschlossenheit unserer Hüttenleute gegenüber den wissenschaftlich-technischen Fachproblemen, wie sie auf unserer Tagung zur Erörterung stehen. Wir erfüllen eine Ehrenpflicht, wenn wir auch an dieser Stelle aller Arbeiter, Meister und Ingenieure gedenken, die in der Montanindustrie und im Verkehrswesen ihre ganze Kraft für die Aufrechterhaltung der Produktion und für die Versorgung unserer Bevölkerung mit lebenswichtigen Gütern einsetzen.

Gestatten Sie mir nun noch einige Bemerkungen über Ursprung und Zielsetzung unserer Tagung. Die Sektion für Hüttenwesen der Deutschen Akademie der Wissenschaften zu Berlin beschloß im Frühsommer 1962 unter ihrem damaligen Vorsitzenden, Herrn Dr.-Ing. M.-H. Kraemer, im November eine Tagung über „Perspektive der Methoden und Ziele der metallurgischen Forschung“ abzuhalten.

Obwohl der Tod von Herrn KRAEMER eine Verschiebung der Tagung auf Februar 1963 erforderlich machte, war das Interesse vor allem der Fachgenossen in den Ländern des Rates für Gegenseitige Wirtschaftshilfe sehr lebhaft. Bei der Vorbereitung unserer Tagung erwies es sich als notwendig, die Zielsetzung neu zu formulieren und die Vorträge, den Aufgaben der beiden Unterkommissionen der Sektion entsprechend, den Sachgebieten „Eisen“ und „Nichteisenmetalle“ zuzuordnen. Es kam uns vor allem darauf an, der Tagung ein Gepräge zu geben, das sie von den Veranstaltungen der Gesellschaft Deutscher Berg- und Hüttenleute oder der Kammer der Technik, ja auch von denen des Berg- und Hüttenmännischen Tages der Bergakademie deutlich unterscheidet.

Da wäre zunächst die grundsätzliche Frage anzuschneiden: Warum betreiben wir eigentlich Forschungsarbeit? Wir erhalten hierauf von den für die Volkswirtschaft Verantwortlichen die bündige Antwort: Die Wissenschaft ist zur Produktivkraft geworden, das heißt, die Ergebnisse der Forschung von heute sind die Grundlagen des Wohlstands von morgen. Der Forschungsrat der Deutschen Demokratischen Republik hat, geleitet von den von Herrn Prof. Dr. M. STEENBECK geäußerten Gedanken, eine Rangordnung der Forschung aufgestellt, die wir auch für die Bereiche der metallurgischen Forschung als gültig anerkennen können. Es ist davon auszugehen, daß Forschungsarbeit bei uns nicht der Liebhaberei oder der Befriedigung der Neugier des Forschers dient, sondern ein Auftrag der Gesellschaft ist, die von dieser Arbeit mit Fug und Recht ein nutzbringendes Ergebnis erwartet. Wir bemühen uns, zur Zeit noch mit bescheidenem Erfolg, Schwerpunkte unserer Forschungen zu bilden, deren Bearbeitung der Volkswirtschaft, z. B. durch Verwirklichung der Ziele des Metallurgieprogramms, echten Nutzen bringt. Derartige Forschungs- und Entwicklungsarbeiten sind, wie die Vergangenheit gelehrt hat, trotz bester Absicht wertlos, wenn sie nicht in vertretbarer Zeit zum wirtschaftlichen Erfolg führen, wenn entweder die notwendigen Investmittel nicht aufgebracht oder die benötigten Roh- und Hilfsstoffe sowie die Arbeitskräfte nicht zur Verfügung gestellt werden können. Hier bieten sich zwei eindrucksvolle Beispiele an: Wir haben mit großem Aufwand auf den Gebieten des Stranggießens von Stahl sowie der Herstellung kornorientierten Transformatorenstahls Erkenntnisse erworben, die uns den Anschluß an den Weltstand gebracht und gesichert hätten. Es fehlte jedoch vor etwa drei Jahren die wirtschaftliche Kraft, um diesen Anschluß vollziehen zu können. Wenn *heute* einige Ökonomen geneigt sind, die Schuld an diesem Unvermögen den in der Forschung tätigen Hüttenleuten anzulasten, dann müssen wir uns mit aller Entschiedenheit dagegen verwahren.

Der andere Grenzfall besteht in Forschungsarbeiten, die — ohne die Zielsetzung unmittelbarer materieller Nutzbarkeit — unser Wissen um die Gesetzmäßigkeiten metallurgischer Vorgänge vermehren sollen. Diese *Erkundungsforschung*, so reizvoll sie in wissenschaftlicher Hinsicht auch sein mag, müssen wir im Hinblick auf die vordringliche Entwicklung unseres Hüttenwesens vorerst zurückstellen. Wir wollen sie unter gar keinen Umständen aufgeben; allein zur Zeit reichen unsere Kräfte nicht aus, um Neuland zu erkunden, auf dem wir in heute nicht abzusehender Zukunft vielleicht etwas für die Metallurgie ernten können.

Die metallurgische Forschung, wie wir sie mit kurzfristig gesteckten Zielen an den Hochschulinstituten und auf lange Sicht bei der Forschungsstelle Eisen und Stahl der Deutschen Akademie der Wissenschaften zu Berlin betreiben, hat den Charakter einer *betriebsnahen Grundlagenforschung*. Sie bedient sich der Erkenntnisse aus den Bereichen der Physik, Chemie, Metallkunde und Mathematik, um sie für die Lösung hüttenmännischer Probleme anzusetzen, die sich erwartungsgemäß günstig auf die Weiterentwicklung der Verfahrenstechnik auswirken werden. Diese Art der Forschung ist nicht in erster Linie Sache ökonomischer Überlegungen, sondern richtet sich nach dem wissenschaftlichen Wert der Fragestellung und weiter danach, bei welchen Fragen wir mit unseren wissenschaftlich arbeitenden Metallurgen und Institutseinrichtungen mit Aussicht auf Erfolge mitwirken können. Daß es hier ganz besonders auf die richtige Auswahl der Forschungsvorhaben ankommt, liegt bei der gegenwärtig notwendigen Konzentration aller materiellen und personellen Kräfte auf der Hand. Die vornehmste Aufgabe der Sektion für Hüttenwesen der Deutschen Akademie der Wissenschaften zu Berlin wird also in der Ausrichtung der Themen auf wissenschaftliche Schwerpunkte, in der Gemeinschaftsarbeit der Institute, kurz — in einer strengeren Überprüfung von Antrag, Mittelbewilligung und Durchführung der Forschung bestehen. Die Stellung der Sektion wird rechtlich etwa der Stellung der Zentralen Arbeitskreise der Metallurgie entsprechen, deren Aufgabe bekanntlich in der Ordnung der technologischen Forschung unter strenger Beachtung der technisch-wirtschaftlichen Realisierbarkeit besteht.

Wenn ich mir einige Bemerkungen über die Einschätzung der betriebsnahen metallurgischen Grundlagenforschung in der Deutschen Demokratischen Republik erlauben darf, so möchte ich mich nur auf das mir gut bekannte Eisenhüttenwesen beziehen. Den im Schrifttum kundigen Stahlwerkern ist die 1954 veröffentlichte polemische Bemerkung des Engländers D. J. O. Brandt bekannt, der die Physikalische Chemie der Stahlerzeugung mit der heiligen Kuh vergleicht, die „gefüttert werden muß, obwohl sie keine Milch gibt". Diese Bemerkung, so massiv sie zunächst empfunden wurde, hat doch in der Folgezeit zum Herausarbeiten von Richtungen geführt, in die die Wissenschaft entwickelt werden mußte, um der Praxis wirksame Hilfe zu leisten und ihr eine neue Gestalt zu geben. Einige unserer für die Stahlforschung verantwortlichen Eisenhüttenleute haben sich allerdings noch nicht zu dieser andernorts selbstverständlichen Einsicht durchgerungen.

Die Eisenmetallurgie der Deutschen Demokratischen Republik soll in Richtung auf die zweite Verarbeitungsstufe entwickelt werden; vergessen wir dabei nicht, daß hochveredelte Enderzeugnisse ein entsprechendes Walzgut und sehr sorgfältig erschmolzenen Stahl voraussetzen. Es soll außerdem bis 1970 im Eisenhüttenkombinat Ost ein Sauerstoff-Aufblasstahlwerk errichtet werden. Der Vorteil der mit gasförmigem Sauerstoff arbeitenden Stahlerzeugungsverfahren ist bekanntlich, daß sie mit hoher Geschwindigkeit ablaufen. Die metallurgischen Reaktionen, wie die Entphosphorung und Entschwefelung der Stahlschmelze, hängen demnach nicht nur von den thermodynamischen Gleichgewichten, sondern auch entscheidend von der Reaktionsgeschwindigkeit ab. Die Kinetik dieser Umsätze läßt sich aber nur dann erfassen und beschreiben, wenn die Lage der Metall/Schlacke-

Gleichgewichte genau bekannt ist. Der Verzicht auf diese Kenntnisse würde uns in Unkenntnis über die Probleme des Stoffübergangs belassen. Dies hätte zur Folge, daß alle neuartigen metallurgischen Maßnahmen, darunter auch die Schlackenreaktionsverfahren oder das Einblasen von Schlackenbildnern, Reduktionsstoffen und Legierungen in die Stahlschmelze, in der Empirie hängen blieben und mit der Streuung des Ergebnisses sowie der Unsicherheit des ökonomischen Erfolges belastet würden.

Das Eisenhütten-Institut der Bergakademie Freiberg, die Forschungsstelle Eisen und Stahl und die Sektion für Hüttenwesen der Akademie waren in den letzten Jahren bestrebt, die Ergebnisse hüttenmännischer Grundlagenforschung durch Gastvorlesungen namhafter Wissenschaftler einem breiten Kreis von Kollegen zu vermitteln. Herr Prof. Dr.-Ing. TH. KOOTZ trug uns seine Erkenntnisse über die metallurgischen, wärmetechnischen und stofflichen Grundlagen des Stahlerzeugungsverfahrens vor und zeigte erst kürzlich, zu welchen überraschenden Ergebnissen die dem Experiment vorgeschaltete Rechnung führen kann. Herr Prof. Dr. A. ROSE führte uns in die Umwandlungsvorgänge der Stähle ein und schuf damit die Grundlage für eine gründliche Ausbildung in der Wärmebehandlung von Stählen. Der große Widerhall, den diese Lehrveranstaltungen bei unseren in den Betrieben tätigen Hüttenleuten gefunden haben, gab uns den Mut, gemeinsam mit unseren metallhüttenmännischen Kollegen die heute beginnende Tagung vorzubereiten.

Wir haben hierbei die Absicht, durch profilierte Vorträge aus verschiedenen Gebieten des Eisen- und Metallhüttenwesens die Bedeutung neuartiger Forschungsmethoden für die Gegenwart und Zukunft aufzuzeigen. Es handelt sich hierbei um Berechnungen auf thermodynamischer Grundlage, um die Fragen der Probenahme und der Analytik, um die physikalische Meßtechnik, um die licht- und die elektronenoptisch betriebene Metallographie. Einen besonderen Platz sollen die mathematisch-statistischen Verfahren einnehmen. Die Vorträge werden uns weiter zeigen, welche Bedeutung die experimentell gewonnenen Ergebnisse für das Hüttenwesen im Hinblick auf die Entwicklung der Technologie erlangt haben. Unter diesen Gesichtspunkten betrachtet, ordnet sich das zunächst etwas heterogen und bunt erscheinende Vortragsprogramm unserer Tagung zu einem einheitlichen Bild, das den Begriff „betriebsnahe Grundlagenforschung“ in seiner Vielfalt eindrucksvoll veranschaulichen soll.

Ich möchte allen Kollegen und Freunden, die als Vortragende zur Ausgestaltung unserer Tagung beitragen, meinen herzlichsten Dank aussprechen. Wir würdigen angesichts ihrer starken Beanspruchung in Lehre, Forschung und Industrie, verstärkt durch die Unbilden des harten Winters, ihre Mitarbeit in jedem Fall als eine ganz besondere Leistung und als Ausdruck der hüttenmännischen Kameradschaft. In diesem Sinne eröffne ich unsere Tagung mit einem herzlichen Glückauf für einen erfreulichen Verlauf und einen guten Ertrag.

Dozent Dipl.-Ing. Jiři Skála

Kandidat der Technischen Wissenschaften
Technischer Direktor des Eisen-Forschungsinstituts der ČSSR in Prag

PERSPEKTIVEN UND ZIELE DER METALLURGISCHEN FORSCHUNG IN DER TSCHECHOSLOWAKISCHEN SOZIALISTISCHEN REPUBLIK

Die Tschechoslowakische Sozialistische Republik rangiert mit ihrer Stahlproduktion von etwa 560 kg pro Einwohner im Jahre 1962 auf einem der ersten Plätze in der Weltrohstahlerzeugung. Die metallurgische Erzeugung ist in der letzten Zeit um rund 8% jährlich gestiegen; ihre weitere Entwicklung wird durch eine beträchtliche Produktionszunahme gekennzeichnet.

Auf dem XII. Parteitag der Kommunistischen Partei der Tschechoslowakei, der unlängst stattgefunden hat, wurde unserem Hüttenwesen die Aufgabe gestellt, bis zum Jahre 1970 die Stahlproduktion auf 12 Millionen Tonnen zu erhöhen und bei der weiteren Erschließung der metallurgischen Basis deren qualitative Umbildung mit folgenden Hauptzielen zu sichern:

Unter Berücksichtigung des Bedarfs der modernen Technik eine Intensivierung der metallurgischen Industrie und deren Orientierung auf die Produktion qualitativ hochwertiger und neuartiger Werkstoffe durchzusetzen,

die tatsächliche Erzeugung des geforderten Sortiments sicherzustellen und

die Verbesserung der Stahlqualität, die Erhöhung der Produktion von Edelstählen und die wirtschaftliche Fertigung von Profilen aller Art zu gewährleisten.

Aus diesen hohen Zielsetzungen ergeben sich schwierige Aufgaben, nicht nur für die eigentliche Erzeugung, sondern vor allem auch für die Basis der wissenschaftlichen Forschung. Erfahrungen aus allen Fachgebieten der Technik besagen, daß qualitative Umstellungen der Produktionsbasis ohne Erweiterung und Vertiefung der wissenschaftlichen Forschung undenkbar sind und daß deshalb den technischen Forschungs- und Entwicklungsproblemen größte Aufmerksamkeit gewidmet werden muß.

Gestatten Sie mir, Sie wenigstens in Kürze mit den Aufgaben und Zielen der Forschung in unserer Eisenmetallurgie bekannt zu machen. Ich bin mir dessen bewußt, daß in der knapp bemessenen Zeit nicht alle Probleme erschöpfend und in ihrer ganzen Breite behandelt werden können.

Roheisenerzeugung

Auf den verschiedenen Gebieten der Roheisenerzeugung besteht die Hauptaufgabe der Forschung darin, zur Erhöhung der technischen Grundkennziffern und zur Produktionssteigerung der Hochofenbetriebe beizusteuern. Die Technologie des Agglomerierens von Erzen mit Ersatzbrennstoffen ist bereits ausgearbeitet. An einigen Hochöfen wurde die Gicht unter Hochdruck gesetzt und die Anwendung höherer Windtemperaturen eingeführt. In der Grundlagenforschung ist besonderes Gewicht auf die Erforschung der Reduktionsvorgänge gelegt worden, wodurch die Roheisenerzeugung aus Erzkonzentraten über selbstgängige Pellets unter Anwendung fester und billiger Reduktionsmittel ermöglicht wurde; außerdem wurde der Einfluß der Vorreduktion am Agglomerierband und einer Nachreduktion auf das Schmelzen im Hochofen verfolgt.

Die Hauptaufgabe der Forschung besteht nunmehr jetzt und in Zukunft in der Schaffung von Voraussetzungen für die zügige Leistungssteigerung durch Verbesserung der Möllervorbereitung. Das Ziel ist die Verwendung eines nur aus *einem* Bestandteil bestehenden Möllers in Form eines selbstgängigen Agglomerats, das sich aus der durchgreifenden Homogenisierung des Einsatzguts ergibt. Ganz besondere Aufmerksamkeit gilt nicht nur den chemischen Eigenschaften, sondern auch dem Studium der physikalischen Eigenschaften des Agglomerats, der Erhöhung des Metallinhalts von Rennluppen sowie der Vervollkommnung der Technologie des Rennverfahrens. Ein ernstes Problem wird in der ČSSR die Verhüttung feiner Erzfraktionen und anderer Konzentrate sein, für die die Einführung einer Vorpelletisierung und in der weiteren Entwicklung die Klärung der Herstellung selbstgängiger Pellets erforderlich sein wird.

Durch die weitere Erhöhung der Windtemperatur und des Winddrucks unter der Gicht soll eine bessere Auslastung des Nutzvolumens und eine Herabsetzung des spezifischen Koksverbrauchs sichergestellt werden. Zur Erhöhung der Wirtschaftlichkeit der Roheisenproduktion wird zur Zeit daran gearbeitet, das Problem der Verwendung von gasförmigen und flüssigen Brennstoffen als Ersatz für den metallurgischen Koks zu lösen. Nicht geringe Aufmerksamkeit gilt den Fragen der Mechanisierung und Automatisierung von Hochofenprozessen, deren Klärung zu einer Steigerung der Arbeitsproduktivität führen soll.

Einer der größten Schätze unseres Staates sind die Vorräte an verkokungsfähiger Kohle, zu deren optimaler Nutzbarmachung die Forschung einen wesentlichen Beitrag zu leisten hat, wobei folgende Hauptaufgaben auf dem Gebiet der Kokserzeugung gestellt sind:

Bessere Ausnutzung verkokungsfähiger Kohlensorten in den Kohlengemengen durch Erhöhung des Anteils schlechter backender Kohlensorten,

Erhöhung der Qualität des Hochofenkokses durch Vervollkommnung der Zubereitung des Kohlengemisches und durch entsprechende Ausrichtung der Verkokungstechnologie,

Steigerung der Leistung der Koksbatterien und schließlich Erhöhung der Ausbeute an chemischen Produkten bei der Verkokung.

Stahlerzeugung

Auf dem Gebiet der Stahlerzeugung wird die Hauptaufgabe der Forschung darin bestehen, zur Straffung des Siemens-Martin-Prozesses und zur Einführung neuer, fortschrittlicher Technologien für das Einschmelzen, Raffinieren und Abgießen des Stahls beizutragen.

In der ČSSR ist man bereits vor etlichen Jahren zur Intensivierung des Siemens-Martin-Verfahrens durch Anwendung von Sauerstoff, flüssigen Brennstoffen und Dampf übergegangen. Hierbei wurde bereits eine größere Zahl von Forschungsergebnissen mit Erfolg in die Praxis eingeführt. So wurden die Probleme der Verwendung von Sauerstoff zur Anreicherung der Verbrennungsluft und zum Einblasen in das Stahlbad gelöst. Die Betriebe arbeiten nunmehr danach. Mit Hilfe des Isotops S^{35} konnte der Übergang des Schwefels aus der Gasphase des Siemens-Martin-Ofens in das Stahlbad geklärt und eine Technologie der Ofenbeheizung durch Öl mit Schwefelgehalten bis 2% ausgearbeitet werden.

Zur weiteren Beschleunigung des Siemens-Martin-Prozesses befaßt sich die Forschung vor allem mit der Entwicklung von Gewölbedüsen, mit deren Hilfe man, wie ausländische Erfahrungen zeigen, die Leistung der Öfen wesentlich steigern kann. Große Stahlwerke werden zur Zeit mit leistungsfähigen Sauerstofferzeugungsanlagen ausgerüstet, die das Einblasen von 35 bis 45 Nm^3 Sauerstoff je Tonne Stahl ermöglichen sollen.

Nicht mindere Beachtung wird jetzt und künftig dem Gebiet der basischen feuerfesten Materialien geschenkt, die eine der wichtigsten Vorbedingungen für die Erhöhung der Schmelzleistung und der Produktivität der Öfen sind.

Aufgaben von überragender Bedeutung erwachsen unserer Forschung durch die Einführung der Stahlerzeugung im Sauerstoff-Aufblaskonverter. In der ČSSR wird ein großes Blasstahlwerk gebaut; die Errichtung weiterer Betriebe dieser Art wird bei der Rekonstruktion der bestehenden Werke in Erwägung gezogen. Es wird ein besonderes Anliegen unserer Forschung sein, eine Technologie der Stahlerzeugung aus Roheisen zu entwickeln, die unseren Rohstoffbedingungen entspricht. Weiter ist unter Berücksichtigung der Erweiterung unserer Edelstahlproduktion eine Technologie des Erschmelzens von Edelstahl in Aufblaskonvertern zu erarbeiten.

In der ČSSR beschäftigen wir uns schon seit mehreren Jahren mit dem Erforschen des kontinuierlichen Abgießens von Stahl. Bisher haben wir eine solche Anlage gebaut, an der die Technologie des Vergießens von Kohlenstoffstählen verschiedener Marken erprobt wurde. Es ist eine wichtige Aufgabe der Forschung, dieses moderne Verfahren, insbesondere für das Abgießen kleinerer Querschnitte aus legierten und hochlegierten Stählen, einzuführen.

Ein sehr kleiner Anteil, etwa 0,14% der Stahlproduktion, wird bei uns unter Vakuum behandelt. In einigen unserer Betriebe wurden Anlagen für das Vakuumverfahren beim Abgießen von Stahl aus der Pfanne und beim Gießen von Rohblöcken bis zu einem Gewicht von 60 t gebaut. Unsere Forschung wird sich bemühen, diese zukunftsreiche Technologie zu erweitern und zu vertiefen.

Grundlagenforschung auf dem Stahlgebiet

Eine der hauptsächlichsten Aufgaben unserer Metallurgie besteht in ihrer Ausrichtung auf die Erzeugung hochwertiger Stähle. Diese Zielsetzung stellt unserer Forschung komplizierte Aufgaben, auf deren verstärkte Bearbeitung wir uns vorbereiten. In dieser Richtung sind bereits zahlreiche Arbeiten durchgeführt worden; eine Reihe der erzielten Ergebnisse — vor allem auf dem bedeutsamen technologischen Gebiet der Desoxydation von Stahl — wurde mit Erfolg in die Praxis eingeführt. Auf diesem Gebiet besitzt unsere Forschung eine gute Tradition, auf deren Grundlage sie auch in Zukunft weiter fortschreiten wird.

Die gleiche Beachtung finden auch einige Raffinationsprozesse wie das Elektroschlacken-Umschmelzen von Stahl und Legierungen. Die hierbei erzielten Ergebnisse bieten berechtigte Aussichten, daß das genannte Verfahren ein unteilbares technologisches Glied in der Erzeugung legierter Stähle bilden wird.

Seit einigen Jahren befassen sich tschechoslowakische Wissenschaftler eingehend mit dem Studium zahlreicher Grundlagenprobleme der Stahlherstellung. Es handelt sich hierbei vor allem um die thermodynamischen Gleichgewichte zwischen Schlacke und Metall, um die Reaktionskinetik der im Eisen enthaltenen Begleitelemente, um Probleme der physikalischen Eigenschaften und Besonderheiten geschmolzener Metalle und Schlacken, z. B. der Diffusion, Viskosität, Oberflächenspannung und der elektrischen Leitfähigkeit. Auf diesem Gebiet wurde eine Reihe bedeutsamer Erkenntnisse gewonnen, die zur Aufklärung mancher technologischer Vorgänge und somit auch zu ihrer Vervollkommnung beigetragen haben. Obwohl die auf diesem Gebiet erzielten Forschungsergebnisse keinen unmittelbaren Nutzen mit sich bringen, werden diese Arbeiten auch in der Zukunft als eine solide und unentbehrliche Grundlage zur Entwicklung neuartiger Erzeugungs- und Veredlungsverfahren von Stahl gewertet und entsprechend ausgeweitet.

Metallformung

Auf dem Gebiet der Metallformung besteht eines der wichtigsten Forschungsvorhaben in der Untersuchung der Grundlagen sowie der Entwicklung des Warmstrangpressens von Profilen und Röhren.

Bisherige, auf einer hydraulischen 1000-t-Presse durchgeführte Versuche führten zur Festlegung der optimalen Schmierbedingungen, wobei die Herstellung und die Verwendung von Schmierplättchen ermittelt werden konnten. Es wird künftig eine Hauptaufgabe der Forschung sein, auf einer neu gebauten 1600-t-Strangpresse die Entwicklung der Technologie des eigentlichen Pressens von Voll- und Hohlprofilen aus legierten Stählen und Metallegierungen abzuschließen. Weiter sollen die Möglichkeiten des Durchpressens aus dem Gußzustand untersucht werden, wobei das im Schleuderguß hergestellte Halbzeug berücksichtigt werden muß. Schließlich müssen alle mit der Entwicklung der eigentlichen Strangpressen zusammenhängenden Fragen geklärt werden, darunter auch solche, die sich auf den Werkstoff der Arbeitswerkzeuge beziehen.

Mit der Ausbreitung der Schwachstrom-Elektrotechnik gewinnt das Kaltwalzen dünner Folien immer mehr an Bedeutung. In der ČSSR wurde ein Walzgerüst mit 14 bzw. 20 Rollen zur Herstellung von Folien bis zu 0,012 mm Dicke aus Stahl und aus Nichteisenmetallen gebaut. In Zukunft soll dieses Sondergebiet Grundlage der Entwicklung eines speziellen Vielfachwalzgerüsts sein.

Die Einführung des Kaltwalzens mit hohen Geschwindigkeiten wirft Probleme des Ableitens der entstehenden Wärme und des Schmierens auf. Unsere Forschung wird sich deshalb der Schaffung neuer Kühl- und Schmieremulsionen zuwenden müssen. Ähnliche Fragen werden auch im Hinblick auf wesentlich höhere Ziehgeschwindigkeiten in den Ziehereien zu lösen sein.

Gegenwärtig wird bei uns das Planetenwalzen von 250 mm breiten Stahlbändern erprobt; die Anlage soll auch für Versuche zum Abwälzwalzverfahren eingerichtet werden. Kürzlich sind die ersten Versuche zur Herstellung von Rohren nach dem Abwälzverfahren erfolgreich abgeschlossen worden, wobei es gelang, in *einem* Durchgang aus einer nicht vorgelochten Stange von 50 mm Durchmesser ein fertiges Rohr herzustellen. Es wird notwendig sein, die Arbeiten an diesen neuen technologischen Walzvorgängen, vor allem im Hinblick auf dünnwandige Rohre aus Spezialstahl, fortzusetzen.

Ähnlich wie auf anderen Gebieten wird sich auch hierbei die Forschung den Fragen der Formgebungstheorie zuwenden müssen. Die Ergebnisse werden mit Sicherheit zur Vervollkommnung der herkömmlichen und zur Entwicklung neuer technologischer Verfahren der Metallformung beitragen.

Eine nicht minder wichtige Forschungsaufgabe wird die Entwicklung neuer Methoden zum verstärkten und zunderlosen Erwärmen sein. Die Erstausführung eines Radiationsofens läßt uns berechtigt auf eine erfolgreiche Lösung dieses Problems hoffen.

Werkstoff Stahl

In der Werkstofforschung und -entwicklung werden in der ČSSR auf dem Gebiet der niedriglegierten Baustähle vor allem zwei Gruppen beachtet — einmal die schweißbaren Baustähle mit höherer Festigkeit, zum anderen die sparstoffarmen Vergütungsstähle sowie Stähle für chemische und thermische Behandlung.

In der ersten Gruppe liegt gegenwärtig ein Stahl vor auf der Grundlage von Mangan-Vanadin-Stickstoff mit einer Streckgrenze von 45 kp/mm^2 und einer Festigkeit von mindestens 60 kp/mm^2. Die weitere Entwicklung ist auf einen Stahl mit einer Streckgrenze von mindestens 60 kp/mm^2 im wärmebehandelten Zustand ausgerichtet. Dies wird wahrscheinlich durch eine Kombination der Legierungselemente Mangan–Silizium–Chrom–Molybdän oder Nickel–Molybdän–Bor, die im Hinblick auf die tschechoslowakische Rohstoffbasis weniger günstig ist, erreicht werden. Die Hauptaufgabe auf dem Gebiet der schweißbaren Baustähle wird auch in den kommenden Jahren in der systematischen Einführung und Erweiterung des Sortiments von Stählen mit höherer Festigkeit bestehen, die bis heute nur in ungenügendem Maße zur Gewichtsverringerung von Konstruktionen eingesetzt werden. Besondere Aufmerksamkeit verdient hier vor allem die Erzeugung von Druckbehältern und von tragenden Teilen der Schienen- und Straßenfahrzeuge.

In der Gruppe der Vergütungsstähle und der Stähle für chemische und thermische Behandlung tendiert in der ČSSR schon seit längerer Zeit die Entwicklung zu sparstoffarmen Stählen. In erster Linie sind dies Stähle mit Zusatz von Bor zur Erhöhung der Durchhärtbarkeit und als Ersatz für die teureren Legierungselemente

(Nickel, Chrom, Vanadin). Zur Zeit sind bereits mehrere Typen dieser Stähle vorhanden, die sich in bedeutsamer Weise ökonomisch geltend machen. Deshalb soll dieser Weg auch in den nächsten Jahren beschritten werden, insbesondere mit dem Ziel, das mangelnde Nickel zu ersetzen. Ein weiteres Ziel bei der Entwicklung niedriglegierter Vergütungsstähle sind höhere Festigkeitswerte. So wird angestrebt, in den nächsten Jahren zu Stählen mit einer Zugfestigkeit von etwa 200 kp/mm² zu kommen. Die exakten Richtungen dieser Entwicklung sind bislang allerdings noch nicht eindeutig festgelegt worden. Es geht vor allem um die Erhöhung der Festigkeit von Stählen auf der Basis Chrom–Mangan–Silizium–Nickel durch eine geeignete Wärmebehandlung. Solche Stähle werden im Flugzeugbau verwendet. Zugleich bemühen wir uns um eine Modifikation der chemischen Zusammensetzung und der Wärmebehandlung bereits vorhandener Stähle auf der Basis Chrom–Nickel–Molybdän zur Erhöhung ihrer Festigkeit. Daneben werden die Möglichkeiten der Anwendung einer thermomechanischen Behandlung für diese Zwecke geprüft. Gewisse Arbeiten sind auf diesem Gebiet bereits durchgeführt worden. Die Entwicklung von Stählen mit höherer Festigkeit wird in den nächsten Jahren grundsätzlich durch die Anforderungen der Maschinenbauindustrie beeinflußt werden.

Die Entwicklung neuer hitzebeständiger Stähle ist planmäßig auf die Sicherung des Baus neuer Kraftwerke eingestellt. Gegenwärtig werden Stromerzeugungsanlagen mit 110-MW-Einheiten gebaut; der Materialbedarf dafür ist völlig gedeckt. Bis zum Jahre 1970 ist die Errichtung von Kondensations-Kraftwerken mit großen Leistungseinheiten bis zu 200 MW geplant. Zur wirtschaftlichen Fertigung dickwandiger Rohre für Hauptdampfleitungen soll eine produktive Fertigungstechnologie durch Strangpressen oder Walzen von Schleudergußstücken entwickelt und eingeführt werden. Bei diesen Anlagen wird für die Wasserrohrleitungen ein stickstoffhaltiger Mangan-Vanadinstahl mit höherer Streckgrenze verwendet, wodurch das Rohrgewicht beträchtlich verringert und je Leistungseinheit eine erhebliche Menge an Metall eingespart werden kann.

Im Hinblick auf den Bau von Dampfkraftwerken in der ČSSR mit Leistungen von 400 bis 500 MW und mit Dampfparametern von 240 ata und 580 °C wird es notwendig sein, hochhitzebeständige Stähle zu entwickeln und einzuführen, deren Standfestigkeit nach 100000 Stunden im Vergleich zu dem modifizierten 12%igen Chromstahl um mindestens 100% höher ist. Die komplexe Entwicklung eines für diese Anlagen geeigneten Stahls muß auch die Erarbeitung einer geeigneten Fertigungstechnologie sowohl für Dampfleitungsrohre als auch für den Bau der Dampfleitungen selbst, einschließlich des Schweißverfahrens und der geeigneten Zusatzwerkstoffe, einschließen.

Für den Bau von Gasturbinen mit 25 und 50 MW Leistung wird es erforderlich sein, für die Rotoren-, Leit- und Laufschaufelfertigung die Herstellung von Schmiedestücken auf der Grundlage von Legierungen des Typs Nimonic einzuführen. Die Entwicklung solcher hitzebeständigen Legierungen stellt höchste Anforderungen und ist mit der Lösung einer Reihe metallurgischer Probleme verbunden.

Auf dem Gebiet der korrosionsbeständigen Stähle ist die bisherige Entwicklung, unter Berücksichtigung der Versorgungsmöglichkeit mit Rohstoffen für die

Legierungszusätze, auf die Schaffung von Stählen mit herabgesetztem Nickelgehalt hinausgegangen. Abgesehen davon, daß dieses Ziel erreicht wurde, weisen die entwickelten Stähle auch höhere Fertigkeitswerte auf, die allerdings bisher ungenügend genutzt wurden. Weitere Arbeiten haben die Sicherung der ökonomischen Ausnutzung der neu geschaffenen Stähle zum Ziel, wobei gleichzeitig der Forderung nach einer Gewichtsverminderung der Anlagen für die chemische Industrie Rechnung getragen werden muß. Dies setzt, vor allem für Schweißkonstruktionen, den Abschluß der Entwicklungsarbeiten an geeigneten Zusatzwerkstoffen sowie die Erweiterung und Sicherung des Sortiments für alle in Betracht kommenden Möglichkeiten und Verwendungszwecke voraus.

Die gegenwärtig in der Chemie-Industrie eingeführten neuen hochleistungsfähigen technologischen Prozesse stellen erhöhte Anforderungen an die Güte der Werkstoffe. Deshalb wird es notwendig sein, geeignete Stähle mit wesentlich verbesserter Korrosionsbeständigkeit gegenüber den bisherigen Sorten zu entwickeln und gegebenenfalls die Erzeugung mit Edelmetall plattierter Stähle und korrosionsbeständiger Legierungen vorzusehen.

Weitere Entwicklungsarbeiten zielen auf die Sicherung der Produktion einer ausreichenden *Menge* an korrosionsbeständigen Stählen bei gleichzeitiger Senkung der Erzeugungskosten und Verbesserung der Güte ab. Dies kann durch eine neuartige Fertigungstechnologie erreicht werden, die auf der kontinuierlichen Herstellung von Bändern auf entsprechenden Walzstraßen beruht. Die Erarbeitung dieser Technologie stellt sehr hohe Anforderungen. Sie setzt außer dem eigentlichen Kaltwalzen die Lösung einer Reihe schwieriger technischer Probleme voraus, z. B.: das kontinuierliche Glühen des gewalzten Bandes in einer Schutzgasatmosphäre, das Schleifen und Polieren der Bandoberfläche sowie andere.

Der derzeitige Stand der Forschung und der Herstellung siliziumlegierter Stähle für die Elektrotechnik resultiert aus den Möglichkeiten, die bei uns im Laufe der letzten 10 bis 12 Jahre auf diesem Gebiet gegeben waren. Während man z. B. in den USA an der Entwicklung kaltgewalzter, kornorientierter Transformatorenbleche bereits in den dreißiger Jahren gearbeitet und 1944 die industrielle Produktion aufgenommen hat, haben wir erst im Jahre 1953 damit begonnen, diese Problematik zu erforschen.

Auf der Grundlage der erzielten Forschungsergebnisse wurden 1961 in der ČSSR Vorschläge technologischer Art zur Fertigung von kaltgewalzten Blechen aus kornorientiertem Transformatorenstahl und isotropen Dynamostahlbändern ausgearbeitet. Es wird nun erforderlich sein, weitere Forschungsarbeiten auf einige Sorten kaltgewalzter Siliziumstähle für die Elektrotechnik auszurichten und zwar auf

a) das kornorientierte Transformatorenband mit spezifischen Verlusten V_{15} von unter 1,35 W/kg, V_{10} unter 0,6 W/kg,
b) das isotorpe Dynamoband, vor allem auf den nicht mit Silizium legierten Typ,
c) den für die Elektrotechnik bestimmten Stahl mit Würfeltextur in den Dicken von etwa 0,3 mm.

Um die Entwicklung dieser drei grundlegenden Stahlarten für die Elektrotechnik und die Grundlagen ihrer Fertigungstechnologien zu sichern, müssen die

Forschungsarbeiten in drei Richtungen durchgeführt werden, und zwar müssen Probleme theoretischer, technologischer und prüftechnischer Art geklärt werden.

Die *theoretische* Forschung muß ihr Augenmerk auf einige Teilgebiete der Metallphysik richten. Dies gilt besonders für das Studium der Formgebungs- und der Rekristallisationsvorgänge, der Struktur der Eisen-Silizium-Legierungen, der magnetischen Eigenschaften und der Dynamik der Magnetisierungsvorgänge. Weiter kommt der Klärung von Fragen physikalisch-chemischer Natur wie der Thermodynamik der sekundären Phasen in den Eisen–Silizium-Legierungen sowie der Reaktionen zwischen fester und gasförmiger Phase große Bedeutung zu.

Bei der *technologischen* Forschung ist es erforderlich, die bereits vorhandenen Erkenntnisse weiter zu vertiefen und die zugehörigen technologischen Vorgänge auf dem Gebiet der Stahlerzeugung zu vervollkommnen. Besonders wichtig ist hier die Anwendung der Erkenntnisse und Erfahrungen, die auf eine höchstmögliche Reinheit des Rohstahls hinauslaufen. Ergebnisse, die bei der Anwendung gasförmigen Sauerstoffs, bei den Raffinations-, Legierungs- und Desoxydationsmethoden, der Vakuumbehandlung und dem kontinuierlichen Gießen erzielt werden konnten, sind hier nutzbar zu machen.

Die Technologie des Warm- und Kaltwalzens erfordert unter Berücksichtigung der Weiterverarbeitung eine bis in alle Einzelheiten gehende Verfolgung des Einflusses der Erwärmung, der Stichabnahme und der Temperaturänderungen während des Walzens auf den Gefügezustand des Stahls.

Im Hinblick auf die Wärmebehandlung kommt es darauf an, die folgenden schwerwiegenden Fragen zu klären:

gründliche Durchleuchtung der Vorgänge bei der Rekristallisationsglühung,

Aufklärung der Bedeutung des Diffusionsglühens und

Ermittlung der optimalen und zulässigen Erwärmungs- und Abkühlungsgeschwindigkeiten bei den einzelnen Vorgängen der Wärmebehandlung.

Mathematische Grundlagen des Steuerns und Regelns

Die Fertigungsprozesse im Hüttenwesen haben in den letzten Jahren quantitative und in manchen Fällen auch qualitative Änderungen erfahren. Die ständig wachsenden Ansprüche an die Produktionslenkung sind natürlich durch die Möglichkeiten des menschlichen Organismus begrenzt. Deshalb hat im letzten Jahrzehnt das Bestreben eingesetzt, dem Menschen ein Werkzeug zu geben, das die Steuerungsvorgänge wesentlich genauer zu erfassen und zu beschleunigen gestattet. Es wurde dadurch möglich, solche Entscheidungen zu treffen, die den optimalen am nächsten kommen.

Von grundsätzlicher Bedeutung ist in diesem Sinne das mathematische Modell, das den Mechanismus des eigentlichen Fertigungsprozesses sowie die Fertigungsbeziehungen quantitativ beschreibt und funktionell die Gesichtspunkte für deren optimale Steuerung ausdrückt. Dieses Modell muß völlig auf die örtlichen Verhältnisse zugeschnitten sein; das heißt, es muß alle Einschränkungen und Begrenzungen umfassen, die sich z. B. aus den technischen Möglichkeiten der Fertigungsaggregate sowie aus den Parametern ergeben, welche die in die Verarbeitung eintretenden Rohstoffe, die Energie usw. kennzeichnen.

Die Schaffung eines solchen mathematischen Modells und eines Systems der automatischen Steuerung stellt eine umfangreiche Aufgabe dar, die nicht mit irgendwelchen Einschränkungen aufgefaßt werden darf. Bei ihrer Lösung muß man in erster Linie mit der Entwicklung, gegebenenfalls mit der Anpassung der Technologie des betrachteten Verhüttungsprozesses beginnen, und zwar so, daß dieser den an die Automatisierung gestellten Ansprüchen voll entsprechen wird. Die Theorie der Verhüttungsvorgänge muß soweit ausgearbeitet werden, daß sie vollkommene Unterlagen zur Schaffung der mathematischen Modelle bieten kann. Auf ähnliche Weise müssen die wärmetechnischen Seiten der Hüttenprozesse bearbeitet werden, so daß die Meßmethoden ununterbrochene und dabei vollständige Angaben über die Prozesse liefern. Es handelt sich also um einen weiten Bereich von Problemen, an deren Lösung sich eine Reihe von Fachleuten verschiedener Gebiete, wie Metallurgen, Physikochemiker, Physiker, Mathematiker, Elektroniker und Ökonomen, beteiligen muß. Ein derartiges System der komplexen Automatisierung zur Steuerung eines bestimmten, in sich abgeschlossenen Abschnitts der Hüttenindustrie – z. B. eines Stahlwerks – in der Weise, daß von dem allumfassenden mathematischen Modell Steuerungseingriffe wie Signale und Impulse vorgenommen und diese automatisch verwirklicht werden, gibt es zur Zeit in der Welt noch nicht. In den industriell hochentwickelten Staaten, vor allem in der UdSSR, den USA, in England und der Deutschen Bundesrepublik, wird allerdings an der Schaffung entsprechender Systeme mit allem Nachdruck gearbeitet.

Das Hauptaugenmerk galt bisher hauptsächlich den Systemen der operativen Lenkung der Produktion und der automatischen Steuerung bestimmter Teile des Fertigungsprozesses, und zwar in dem Sinne, daß das Einhalten bestimmter technischer oder technologischer Parameter, wie Druck, Temperatur, Abmessungen und anderer, mit Sicherheit erfolgt.

Auch in der ČSSR haben wir angefangen, uns mit der Lösung dieser Fragen zu befassen. So wurde die Schaffung eines Systems zur zentralen operativen Lenkung des Gießens in einem Stahlwerk in Angriff genommen. Der zugehörige Algorithmus der Lenkung wurde ausgearbeitet und im Betrieb bestätigt; die Nachbildung auf dem SIRIUS-Rechner wurde durchgeführt, das technologische und technische Projekt des ganzen Systems wurde fertiggestellt und die Entwicklung der einzelnen Elemente eingeleitet.

Im Jahre 1963 soll mit der Lösung eines ähnlichen Systems für den Betriebsabschnitt der Tieföfen begonnen werden. In den nächsten Jahren muß das vornehmste Streben auf die Erarbeitung von Systemen der zentralen, operativen Lenkung gerichtet werden, die geeignet sind, praktisch ein ganzes Hüttenkombinat zu umfassen. Dabei wird es notwendig sein, sich mit den Möglichkeiten der Schaffung vollständiger mathematischer Modelle zumindest für die grundlegenden Verhüttungsverfahren zu beschäftigen.

Organisation der eisenmetallurgischen Forschung

Um die Lösung aller dieser Aufgaben sicherzustellen, wird natürlich eine wesentliche Erweiterung sowohl der wissenschaftlich-technischen Basis als auch der Basis zur Realisierung der Forschungsergebnisse erforderlich sein. Die Bearbeitung und Lösung anspruchsvoller Forschungsaufgaben wird mit allem Nachdruck neue Formen der Lenkung und Organisation der wissenschaftlichen Forschungsarbeit verlangen. Da uns die Erfahrung gelehrt hat, daß die richtige Lenkung der Forschungsarbeiten eine unerläßliche Voraussetzung für den Erfolg ist, soll auch zu dieser Frage einiges gesagt werden.

Im Hinblick auf die wachsende Bedeutung der wissenschaftlichen Forschung wurde in der ČSSR im Jahre 1962 ein Organ — die Staatskommission für die Koordinierung von Wissenschaft und Technik — geschaffen, das sich mit den Fragen der Ausweitung im Bereich der technischen Wissenschaften zu befassen hat. Sämtliche Forschungsprobleme von übergeordneter oder auch nachgeordneter staatlicher Bedeutung werden von dieser Kommission geplant und gelenkt. Eines der Hauptmerkmale der Tätigkeit dieses Organs besteht in der allseitigen Sicherung der Arbeiten, angefangen bei der Grundlagenforschung, über die Bereitstellung der Forschungsmittel bis zur Einführung der Ergebnisse in die Praxis. Dadurch wird auch der früher oft betonte Unterschied in der Einschätzung der Grundlagen- und der angewandten Forschung beseitigt; bei der umfassenden Lösung von Forschungsproblemen kommt man nämlich ohne Grundlagenforschung nicht aus. So wird diese Regelung zur weiteren Entfaltung der Grundlagenforschung beitragen, die im Vergleich zur Ausweitung der technischen Forschung früher zu wenig berücksichtigt worden war. Wenn wir also bisher einen Trennstrich zwischen der Grundlagen- und der angewandten Forschung gezogen oder sogar einen Damm errichtet haben, wird es in Zukunft möglich sein, beim Fixieren der unterschiedlichen Merkmale der Forschung nach neuen Gesichtspunkten zu verfahren und die Probleme grundsätzlich in drei Gruppen einzuteilen:

Zur ersten Gruppe werden solche Probleme gehören, bei denen nicht nur die Ziele, sondern auch die Lösungswege bekannt sind;

zur zweiten Gruppe gehören jene Probleme, bei denen nur die Ziele gesteckt sind, die Wege zur Lösung jedoch nicht bekannt sind;

in die dritte Gruppe werden solche Arbeiten eingestuft, deren praktische Anwendungsmöglichkeiten zur Zeit noch unbekannt sind, die aber unsere grundlegenden Erkenntnisse bereichern und in der Zukunft vielleicht die Grundlage einer bedeutsamen Nutzanwendung bilden werden. Neue Konzeptionen und neue Leitungsformen werden mit Sicherheit zur schnellen und befriedigenden Lösung aller Probleme beitragen.

Diese kurzen Ausführungen über Stand und Ziele der Forschung auf den wichtigsten Gebieten der Eisenmetallurgie können selbstverständlich nicht alle ihre Probleme in erschöpfender Weise behandeln. Es wurde versucht, einen Überblick über die Hauptrichtungen und wichtigsten Aufgaben der metallurgischen Forschung zu geben, durch die eine gediegene Grundlage für die weitere Aufwärtsentwicklung der Hüttenindustrie in der ČSSR geschaffen wird. Diese kühnen Ziele und die Tatsache, daß wir die Wissenschaft zu einer Produktivkraft erhoben haben, verbinden uns fest miteinander, denn sie bestimmen die Überlegenheit unserer Gesellschaftsordnung.

Dozent Josef Tripşa, Kandidat der technischen Wissenschaften
Direktor des Metallurgischen Forschungsinstituts in Bukarest

EINIGE THERMODYNAMISCHE UND KINETISCHE EINZELHEITEN DER DIREKTEN REDUKTION VON EISENERZEN

Die gegenwärtige Entwicklung der Eisenhüttenindustrie in der Welt findet ihren Ausdruck im ständigen Anwachsen der Rohstahlproduktion. Eng verbunden mit diesem Wachstum ist das rasche Fortschreiten der Eisenhüttentechnik, und zwar sowohl im Hinblick auf die Planung, den Bau und die Inbetriebnahme neuer Ofeneinheiten mit großem Fassungsvermögen und Ausrüstungen mit hohem Mechanisierungs- und Automatisierungsgrad als auch auf die Entwicklung neuer Herstellungsverfahren. Zu den letzteren gehören die Verfahren der „direkten" Reduktion von Eisenerzen, die unter Umgebung des Hochofens und des Zwischenerzeugnisses „Roheisen" die Gewinnung des Eisens unmittelbar aus dem Erz zum Ziele haben.

Trotz der in den letzten Jahren erzielten Fortschritte bei der Herstellung von Roheisen im Hochofen wird heute immer öfter die Frage nach direkten Verhüttungsverfahren gestellt. Dies erklärt sich einmal aus dem zunehmenden Mangel an guten Kokskohlen, der durch den Anstieg der Roheisen- und Stahlproduktion immer spürbarer wird; zum anderen führt die rasche Entwicklung der Stahlproduktion in den Herdöfen zu einer angespannten Situation in der Schrottversorgung. Obwohl die absolute Menge des anfallenden Schrotts zunimmt, reicht sie dennoch nicht aus, um den Schrottbedarf der Siemens-Martin- und der Elektrostahlwerke voll zu decken. Hier ist unter anderem einer der Gründe für die rasche Entwicklung der Sauerstoff-Aufblasverfahren zu suchen. Die technologischen Verbesserungen der Stahlherstellung nach diesen Verfahren führten zu der Erkenntnis, daß der Einsatz größerer Mengen an Schrott, bei großen Konvertern bis zu 30%, möglich und in wirtschaftlicher Hinsicht vertretbar ist. Die hierfür benötigten Mengen übersteigen in der Regel den in gemischten Hüttenwerken üblichen Anfall an Rücklaufschrott. Bei der zu erwartenden Entwicklung des Stranggießens und der kontinuierlichen Walzverfahren ist damit zu rechnen, daß sich die bestehende Schrottlücke noch vergrößern wird. Schließlich ist zu berücksichtigen, daß die Erzeugung legierter Stähle besondere Anforderungen an die Reinheit des verwendeten Schrotts stellt.

Alle diese Überlegungen unterstreichen die Bedeutung, die den Verfahren der direkten Reduktion von Eisenerzen künftig zukommen wird.

Die bis jetzt bekanntgewordenen Verfahren — es sind mehr als 1000 — können nach der Temperaturführung in drei Gruppen eingeteilt werden:

1. Reduktionsverfahren bei niedrigen Temperaturen (500 bis 1100 °C) zur Herstellung von Eisenschwamm,

2. Reduktionsverfahren bei mittleren Temperaturen (1250 bis 1400 °C) zur Herstellung von Eisenluppen,
3. Reduktionsverfahren bei hohen Temperaturen (über 1650 °C) zur Herstellung von flüssigem Stahl.

Die verschiedenen Reduktionsverfahren unterscheiden sich ferner nach den verwendeten Reduktionsmitteln. Bei einigen Verfahren wird kleinstückiger Koks oder Halbkoks verwendet, der nicht in den Hochofen eingesetzt werden kann und infolgedessen preisgünstig zur Verfügung steht. Diese Verfahren, wie z. B. die Erzeugung von Eisenschwamm in Tiegeln und von Luppen in Drehrohröfen, werden nur selten angewendet; sie dürften auch in Zukunft keine Aussichten auf Verbreitung haben. Dagegen werden bei der direkten Reduktion von Eisenerzen in wachsendem Umfang reduzierende Gase benutzt, die sowohl in der Handhabung

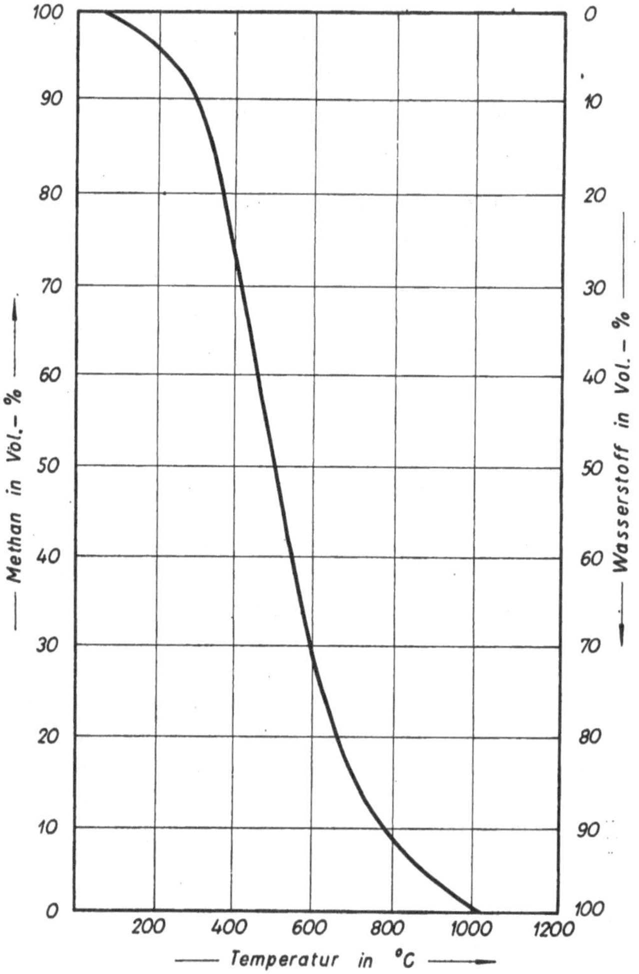

Abb. 1. Gleichgewichtsisobare der Reaktion $CH_4 \rightleftharpoons C + 2\,H_2$ für $p = 1$ at

als auch beim Verhüttungsprozeß selbst mancherlei Vorteile mit sich bringen. Ihre Verwendung ist vor allem in den Ländern vorteilhaft, die über ein großes Gasaufkommen verfügen. Dort bilden sie die Grundlage einer Ausweitung der Brennstoffbasis und einer entsprechenden Ausrichtung der Eisenhüttenindustrie.

Zahlreiche grundlegende Untersuchungen haben gezeigt, daß Erdgas sich bei Temperaturen, bei denen üblicherweise die Reduktion der Eisenerze stattfindet, entsprechend der Reaktion

$$CH_4 = C + 2\,H_2 \tag{1}$$

weitgehend zersetzt (Abb. 1), wobei diese Zersetzung durch die katalytische Wirkung des gebildeten schwammartigen Eisens begünstigt wird. Infolgedessen kommt der Erzreduktion mittels Erdgas nach der Reaktion

$$Fe_2O_3 + CH_4 = 2\,Fe + CO + 2\,H_2O \tag{2}$$

keine praktische Bedeutung zu. Daraus ergibt sich für alle mit Erdgas arbeitenden Verfahren die Notwendigkeit, das Erdgas vor dem eigentlichen Reduktionsprozeß in Kohlenmonoxid und Wasserstoff aufzuspalten.

Die Spaltung des Erdgases kann mittels Wasserdampf (H_2O), Kohlendioxid (CO_2), Sauerstoff (O_2) oder Luft durchgeführt werden. Alle diese Möglichkeiten sind eingehend untersucht worden, so daß gegenwärtig genügend Unterlagen zur Auswahl der besten Variante vorhanden sind. Diese Wahl wird vor allem durch die Thermodynamik und die Kinetik der Reduktion der Eisenoxide mittels Kohlenmonoxid und Wasserstoff bestimmt. Für die wichtigste Verfahrensstufe, d. h. für die Reduktion des Eisen-(II)-oxids zu Eisen, sind in Tabelle 1 die Gleichgewichtskonzentrationen der Gasgemische CO_2/CO und H_2O/H_2 in Abhängigkeit von der Reduktionstemperatur angegeben.

Tabelle 1. Temperaturabhängige Gleichgewichtszusammensetzung der Gasgemische CO_2/CO und H_2O/H_2 bei der Reduktion von Eisen-(II)-oxid zu Eisen

Reaktionstemperatur in °C	600	700	800	900	1000	1100
1. Gemisch CO_2/CO:						
CO_2 in %	47,2	40,0	34,7	31,5	28,4	26,2
CO in %	52,8	60,0	65,3	68,5	71,6	73,8
2. Gemisch H_2O/H_2:						
H_2O in %	23,9	29,9	34,0	38,1	41,1	42,6
H_2 in %	76,1	70,1	66,0	61,9	58,9	57,4

Ein Vergleich der wichtigsten direkten Verfahren [2] zeigt, daß alle Gasreduktionsverfahren hauptsächlich wegen der Neigung des bereits reduzierten Eisens zum Zusammensintern bei Temperaturen unter 1000 °C ablaufen. In diesem Temperaturbereich verliert die Anwendung des Wasserstoffs in größerem Umfang ihre thermodynamischen Vorteile, die sie bei höheren Temperaturen besitzt. Daher ist zu prüfen, ob die alleinige Verwendung von Wasserstoff als Reduktionsgas überhaupt sinnvoll ist. Das gilt besonders dann, wenn die Erzeugung des Wasserstoffs mit großem Aufwand und hohen Kosten verbunden ist.

Außerdem verläuft die Reduktion des Eisenoxids mittels Kohlenmonoxid — mit Ausnahme der Reduktion des Eisen-(II/III)-oxids zu Eisen-(II)-oxid — exotherm, während die Reduktionsreaktionen mittels Wasserstoff — mit Ausnahme der Reduktion des Eisen-(III)-oxids zu Eisen-(II)-oxid — endotherm sind. Eine von M. Wiberg [3] angestellte Rechnung sowie Ergebnisse, die bei der industriellen Erprobung direkter Reduktionsverfahren gewonnen wurden, bestätigen die vorangegangenen Überlegungen. Es konnte gezeigt werden, daß es zur Verbesserung des Wärmehaushalts des Verfahrens und zur Verminderung des Brennstoffverbrauchs erforderlich ist, den Kohlenmonoxidanteil im Reduktionsgas größer oder wenigstens gleich groß zu halten wie den Wasserstoffanteil.

Neben den thermodynamischen Betrachtungen ist auch die Kinetik des Verfahrens von großer Bedeutung, da seine Leistungsfähigkeit letztlich von der Reduktiongeschwindigkeit bestimmt wird. Diese Geschwindigkeit wächst bei Verwendung von Wasserstoff und Kohlenmonoxid mit steigender Temperatur gleichermaßen an. In der gleichen Richtung wirkt auch die Erhöhung des Wasserstoffanteils im Gemisch H_2/CO [4]. Hier wird jedoch bei Gehalten von 50% H_2 und 50% CO ein Wert erreicht, nach dessen Überschreiten die Reduktionszeit nur noch wenig abnimmt (Abb. 2). Bei Berücksichtigung dieser Zusammenhänge ergibt sich für die optimale Zusammensetzung des Reduktionsgases ein Gemisch aus 50% H_2 und 50% CO, das die höchste Produktivität der Anlage bei geringstem Wärme- und Brennstoffverbrauch gewährleistet. Demnach bringt von den vier Möglichkeiten zur Spaltung des Erdgases das Verfahren mittels Kohlendioxid die größten Vorteile, denn nach der Reaktionsgleichung

$$CH_4 + CO_2 = 2\,CO + 2\,H_2 \tag{3}$$

ergibt sich ein Reduktionsgas mit der theoretisch günstigsten Zusammensetzung. Diese Schlußfolgerung wird durch Untersuchungsergebnisse des Metallurgischen Forschungsinstituts in Bukarest bestätigt [5].

Die Anwendung von Kohlendioxid zur Spaltung des Erdgases empfiehlt sich auch aus wirtschaftlichen Gründen. Kohlendioxid steht als Abfallprodukt aus den Abgasen der direkten Reduktion zur Verfügung und kann somit, wenigstens zum Teil, im Kreislauf in der Reduktionsanlage umlaufen. Eine derartige Anlage besteht aus zwei Hauptteilen: im ersten Teil wird das Reduktionsgas durch Spaltung des Erdgases erzeugt; im zweiten Teil findet die Reduktion der Eisenerze statt. Da die Spaltung des Erdgases mittels Kohlendioxid endotherm verläuft, muß dem ersten Teil der Anlage eine entsprechende Wärmemenge zugeführt werden. Bei einer gegenwärtig in der Erprobung befindlichen Versuchseinrichtung ist für diesen Zweck ein Paar Winderhitzer (Cowper) vorgesehen, deren Roste als Katalysator für den Spaltungsvorgang dienen.

Der entstehende Ruß kann den Spaltungsvorgang nicht beeinträchtigen, da er in der nachfolgenden Aufheizperiode des Cowpers verbrennt. Auf eine Reinigung des Reduktionsgases zur Beseitigung des Rußes wird ebenfalls verzichtet. Das Gas kann unmittelbar in den zweiten Teil der Anlage, in dem die Erzreduktion erfolgt, eingeführt werden. Dieser Teil läßt sich in verschiedener Weise ausführen, z. B. in Form kippbarer Reaktoren (Monterry in Mexiko), als Drehöfen (Scor-

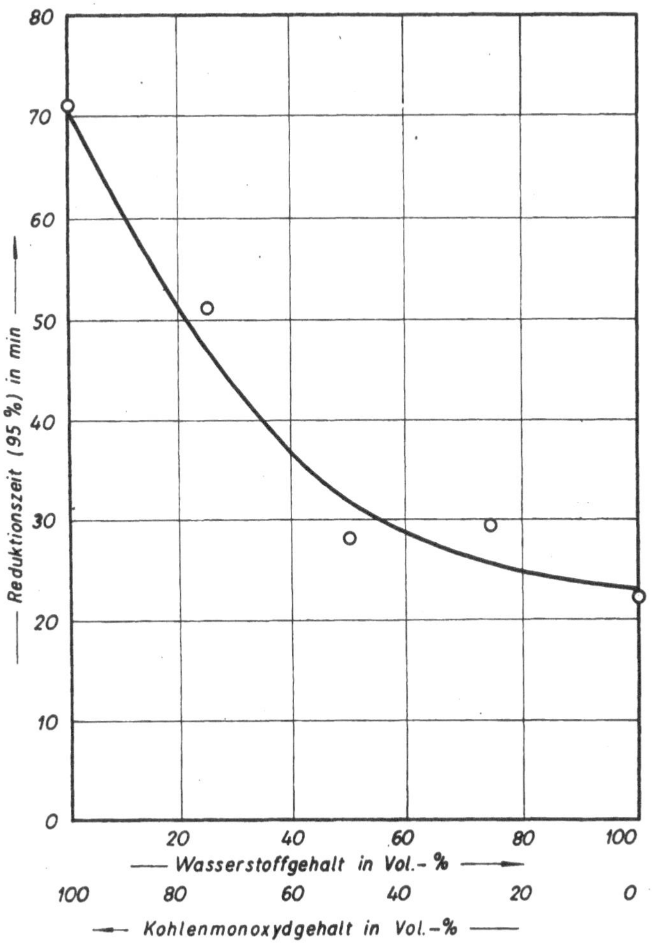

Abb. 2. Reduktionszeit für 95%igen Sauerstoffabbau von Pellets in Abhängigkeit von der Zusammensetzung des Reduktionsgases (Reduktionstemperatur 900 °C)

TECCI in Italien), in Form von beweglichen Rosten oder Schachtöfen (LURGI in Deutschland und WIBERG in Schweden). Nach den gesammelten Erfahrungen wird bei Verwendung von Reduktionsgasen in *Schachtöfen* die höchste Leistung erreicht. Wie beim Hochofen wirkt sich auch hier das Gegenstromprinzip günstig auf den Ablauf der chemischen und thermischen Vorgänge aus. Deshalb ist man von den beweglichen Rosten [4] und von kippbaren Reaktoren zugunsten des Schachtofens abgekommen.

Um den spezifischen Brennstoffverbrauch zu senken, erweist es sich als zweckmäßig, das Erz im obersten Teil des Schachts durch Verbrennung eines Teils der verbrauchten Reduktionsgase vorzuwärmen. Die dafür erforderliche Verbrennungsluft wird in diesen Schachtteil eingeblasen. Das Problem der Erzvorwärmung läßt sich auf diese Weise verhältnismäßig leicht lösen. Außerdem wird gegenüber einer alleinigen Aufheizung der Erze durch die Reduktionsgase eine bessere Temperaturverteilung im Ofenschacht erreicht.

Nachdem diese Ergebnisse durch umfangreiche Untersuchungen im Laboratorium und in Versuchsanlagen ihre Bestätigung gefunden hatten, wurde eine Anlage zur direkten Reduktion von Eisenerz durch Erdgas gebaut. Das Schema der Versuchsanlage ist in Abb. 3 wiedergegeben. Das Erz wird in Stücken von 20 bis 80 mm Durchmesser oder in Form von Pellets mit 25 mm Durchmesser im kalten Zustand und ohne jeden weiteren Zusatz von oben in den Schacht eingeführt. Beim Absinken im Schacht wird es durch Verbrennung eines Teils der aufsteigenden Reduktionsgase im oberen Schachtdrittel I bis auf ungefähr 900 °C vorgewärmt. Unterhalb der Ebene, in die die Verbrennungsluft eingeblasen wird, beginnt die Reduktion der Eisenoxide, die vom Eisen-(III)-oxid über Eisen-(II/III)-oxid zu Eisen-(II)-oxid führt. Diese Vorgänge bilden nur den ersten Teil des Reduktionsprozesses, also gewissermaßen die „Vorreduktion". Im mittleren

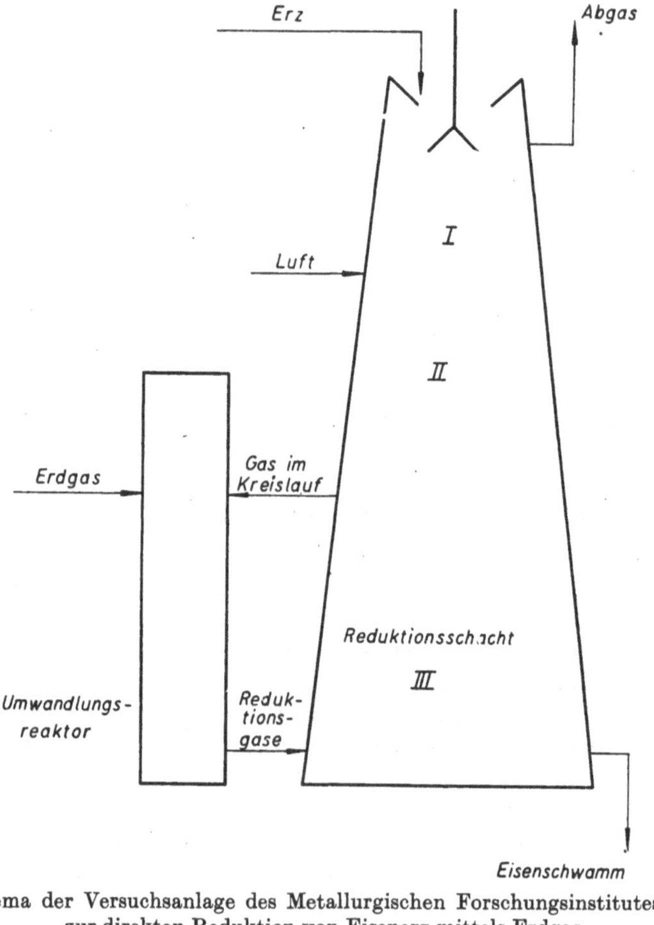

Abb. 3. Schema der Versuchsanlage des Metallurgischen Forschungsinstitutes, Bukarest, zur direkten Reduktion von Eisenerz mittels Erdgas

Schachtteil II steigt die Temperatur des Erzes und des Gases auf Grund der freiwerdenden Reaktionswärme der Reduktion des Eisen-(III)-oxdis zu Eisen-(II/III)-oxid auf ungefähr 950 bis 980 °C. Im unteren Bereich der Zone II wird der im Kreislauf geführte Teil des Reduktionsgases abgeleitet. Dieser Teil des Gases wird zur Abscheidung des Wasserdampfs abgekühlt, wieder erwärmt und in den mit „Umwandlungsreaktor" bezeichneten Teil der Anlage eingeführt, wo er zur Zersetzung des frisch zugeleiteten Erdgases nutzbar gemacht wird. Nach der Spaltung erhält man ein Reduktionsgas aus ungefähr 50% CO und 50% H_2, das dem unteren Schachtteil III mit einer Temperatur von etwa 850 °C zugeführt wird.

Während des Absinkens im Schacht gelangt die Reduktion des Erzes durch das eingeleitete unverbrauchte Gas zum Abschluß, wobei der restliche Magnetit und das Eisen-(II)-oxid weitgehend zu metallischem Eisen reduziert werden und dieses kontinuierlich aus dem unteren Teil des Schachtes abgezogen wird. In der Zone II fallen die Temperatur des Erzes und die Temperatur des Eisenschwamms auf ungefähr 800 °C ab. Die Temperatur des Reaktionsgases sinkt zunächst ebenfalls, steigt dann aber wieder auf etwa 850 °C an. Das Absinken der Temperatur wird durch Wärmeverluste und durch den Wärmeverbrauch der Reduktion des Eisen-(II/III)-oxids und des Eisen-(II)-oxids mittels Wasserstoff hervorgerufen.

Theoretisch sind zur Reduktion von 1 t Eisen aus Eisen-(III)-oxid 180 Nm^3 Erdgas erforderlich. Es handelt sich dabei um den Verbrauch des reinen Reduktionsprozesses. Hinzu kommt ein Verbrauch von ungefähr 140 Nm^3 Erdgas je t Eisenschwamm zum Aufheizen der Cowper. Im ganzen sind somit theoretisch 320 Nm^3 je t Eisenschwamm erforderlich. Der spezifische Erdgasverbrauch hängt dabei in erheblichem Maße vom Reduktionsgrad des erzeugten Eisenschwamms ab (Abb. 4). Die Angaben beziehen sich auf eine Versuchsanlage mit kippbaren Reduktionsgefäßen, wie sie in Abb. 5 dargestellt ist. Zur Reduktion dienten Gase, die durch autothermische Spaltung des Erdgases mit Luft entsprechend der Beziehung

$$CH_4 + 1/2\ O_2 + 1{,}88\ N_2 = CO + 2\ H_2 + 1{,}88\ N_2 \tag{4}$$

erzeugt wurden.

Abb. 4 zeigt, daß schon eine geringfügige Erhöhung des metallischen Eisens im Eisenschwamm im Bereich hoher Reduktionsgrade zu einem äußerst starken Anstieg des spezifischen Erdgasverbrauchs führt. Je nach dem Verwendungszweck des Eisenschwamms wird deshalb von Fall zu Fall entschieden werden müssen, welcher Reduktionsgrad anzustreben ist. Bei Verwendung des Eisenschwamms in der Pulvermetallurgie macht sich ein hoher Reduktionsgrad erforderlich. Der große Verbrauch an Reduktionsgas ist in diesem Fall durch den hohen Preis des Eisenpulvers gerechtfertigt.

Für die Erzeugung hochwertiger Stähle im Elektroofen wird Eisenschwamm mit einem Reduktionsgrad von 86 bis 94% verwendet; seine Zusammensetzung ist in Tabelle 2 angegeben. Da eine Änderung des Reduktionsgrads in den genannten Grenzen mit großen Unterschieden im Erdgasverbrauch verbunden ist, wird eine differenzierte Verwendung des Eisenschwamms nach Maßgabe der zu erschmelzenden Stahlsorten vorgeschlagen, wobei der höchstwertige Schwamm für die Erzeugung des anspruchsvollsten Stahls einzusetzen ist. Während man beim Sie-

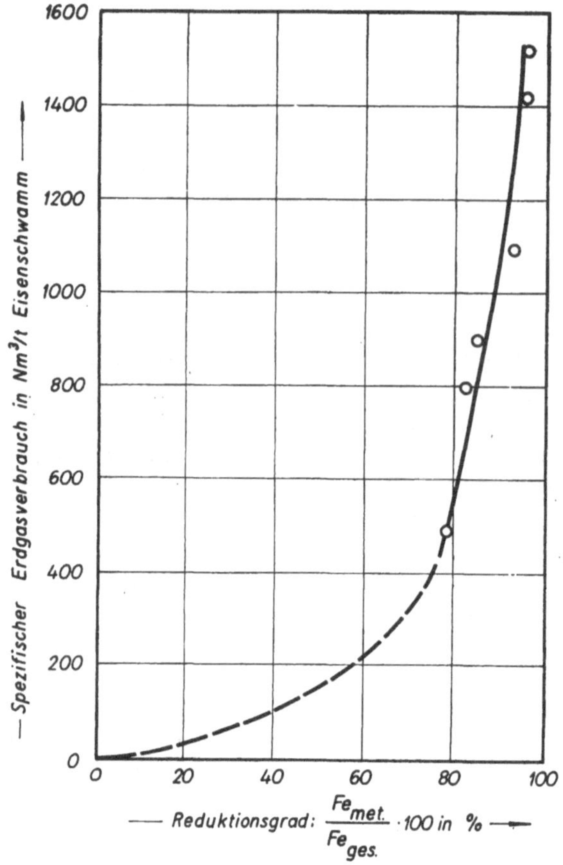

Abb. 4. Spezifischer Erdgasverbrauch in Abhängigkeit vom Reduktionsgrad des erzeugten Eisenschwammes

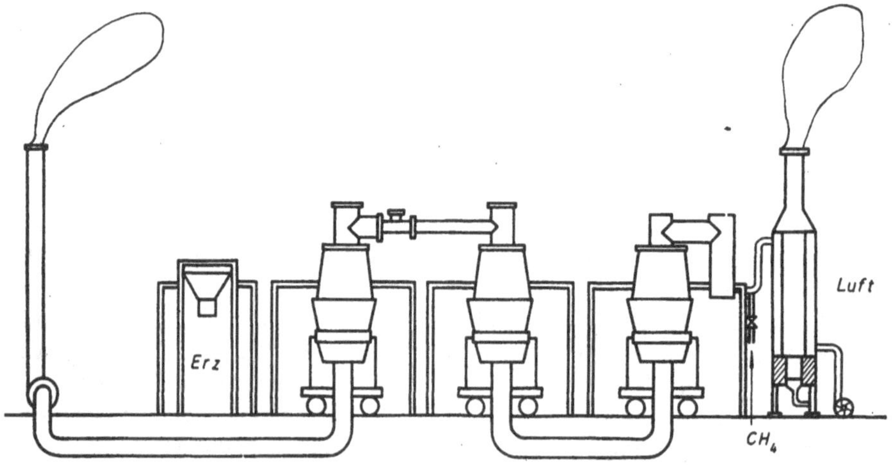

Abb. 5. Schema einer halbtechnischen Anlage zur direkten Reduktion von Eisenerz mittels Erdgas (Spaltung des Erdgases mit Luft)

Tabelle 2. Zusammensetzung des Eisenschwamms für die Herstellung von Stahl im Lichtbogenofen

Berichterstatter	Fe_{gesamt} %	$Fe_{metallisch}$	C %	S %	Reduktionsgrad %	Gangart %
M. WIBERG [3]	86 bis 90	77 bis 81,5	0,6 bis 0,7	0,007 bis 0,008	89,5 bis 90,5	11 bis 7
J. CELADA, C. K. MADER, R. LAWRENCE jun. [6]	90,88	78,64	1,45	0,034	86,24	3,44
O. HĂTĂRĂSCU [5]	90,15	84,50	0,06	0,014	93,74	5,28

mens-Martin-Verfahren, in Abhängigkeit von der flüssigen Roheisenmenge, Eisenschwamm mit einem Reduktionsgrad von 80 bis 85% einsetzen kann [7], genügt für die Verwendung als Kühlmittel im Sauerstoff-Aufblaskonverter ein Eisenschwamm mit einem Reduktionsgrad von nur 70 bis 80%.

Unabhängig von seiner Verwendungsart und seinem Reduktionsgrad darf der Eisenschwamm nur eine möglichst kleine Menge an Gangart in die Stahlschmelzöfen einbringen, um den Verfahrensablauf nicht zu erschweren und die feuerfeste Ausmauerung vor übermäßigem Verschleiß zu bewahren. Dazu ist erforderlich, daß der Eisenschwamm aus reichen Erzen oder Pellets mit wenigstens 65 bis 75% Fe hergestellt oder nach erfolgter Abkühlung einer Magnetscheidung unterworfen wird. Tabelle 3 gibt die Ergebnisse entsprechender Versuche zur magnetischen Anreicherung des Eisenschwamms wieder. Ihr ist zu entnehmen, daß durch magnetische Trennung die Güte eines aus kieselsäurehaltigem Erz erzeugten Eisenschwamms soweit verbessert werden kann, daß sie den Anforderungen der Elektrostahlerzeugung entspricht. Das Mahlen des aus Pellets erzeugten Eisenschwamms läßt sich ohne besondere Schwierigkeiten durchführen; die Wiederoxydation während des Mahlvorgangs ist unbedeutend.

Zur Abtrennung der Gangart kann der Eisenschwamm aber auch im Reduktionsofen oder in einer unmittelbar nachgeschalteten Anlage eingeschmolzen werden.

Tabelle 3. Ergebnisse der Anreicherung von Eisenschwamm mittels Magnetscheidung (nach O. HĂTĂRĂSCU)

Bestandteil	Extraktion %	Fe_{gesamt}		$Fe_{metallisch}$		Reduktionsgrad %	SiO_2 %	P %	S %
		Gehalt %	Durchgang %	Gehalt %	Durchgang %				
Ausgangs-Eisenschwamm	100,0	77,20	100,0	70,45	100,0	91,0	18,15	0,109	0,007
Veredelter Eisenschwamm	73,3	85,50	79,0	76,01	81,0	89,0	7,82	0,018	0,004
Abgang	20,2	41,30	10,2	35,45	10,8	86,0	49,71	0,101	0,005
Schlamm	6,5	9,75	10,8	11,85	8,2	—	—	—	—

Dadurch ließe sich die fühlbare Wärme des mit rund 800 °C anfallenden Schwamms nutzbar machen und der bei der Magnetscheidung entstehende Eisenverlust vermeiden. Die zu diesem Zweck begonnenen Untersuchungen werden Klarheit über die praktischen Möglichkeiten der Verwirklichung dieses bedeutungsvollen Vorschlags bringen.

Bis zum Vorliegen entsprechender Versuchsergebnisse scheint es lohnend, den Energieverbrauch je t erzeugten Stahls für verschiedene Reduktions- und Schmelzverfahren anhand der gegenwärtig greifbaren Angaben zu vergleichen. In Abb. 6 ist der Energieverbrauch in 10^6 kal je t flüssigen Stahls in Abhängigkeit von der im Erz enthaltenen Gangartmenge, bezogen auf 1 t Eisen, dargestellt. Die hierzu durchgeführten Berechnungen erfassen den Gesamtenergiebedarf für alle Verarbeitungsstufen. Sie gelten für den Fall, daß die Reduktion des Eisenerzes

im Hochofen,
nach dem DRG-Verfahren im Schachtofen durch Reduktion mit gespaltenem Erdgas bei Zusatz von Kohlendioxid,
nach dem Wiberg-Verfahren,
nach dem H-Iron-Verfahren,
nach dem Krupp-Rennverfahren und
nach dem RN-Verfahren

erfolgt ist. Für die Weiterverarbeitung des Zwischenerzeugnisses zu Fertigstahl wurde in jedem Fall der Energiebedarf des Kaldo-Verfahrens berücksichtigt [8].

Aus Abb. 6 geht klar hervor, daß der niedrigste Energieverbrauch bei der direkten Reduktion der Erze mit gespaltenem Erdgas zu erreichen ist. Bei Verwendung reinster Erze ist gegenüber dem Hochofenverfahren eine Energieeinsparung von rund 25% möglich. Die anderen direkten Reduktionsverfahren für Eisenerze weisen einen höheren spezifischen Energieverbrauch auf. Dennoch können das Krupp-Renn-Verfahren und das RN-Verfahren bei der Verarbeitung sehr armer Eisenerze mit dem Hochofen in Wettbewerb treten.

Neben der möglichen Energieeinsparung spricht für die direkte Reduktion im Schachtofen die volkswirtschaftlich wichtige Tatsache, daß auf die Verwendung von metallurgischem Koks völlig verzichtet und an seiner Stelle Erdgas verwendet werden kann, dessen Gewinnung ständig ansteigt. Unter Berücksichtigung der bestehenden Preisunterschiede zwischen Koks und Erdgas kann die direkte Erzreduktion in verschiedenen Ländern große wirtschaftliche Bedeutung erlangen.

Um dieses Ziel zu erreichen, sind allerdings noch gründliche Entwicklungsarbeiten notwendig, vor allem dann, wenn die Wirtschaftlichkeit neuzeitlicher Hochöfen erreicht werden soll. Die Frage, ob die direkten Reduktionsverfahren zu ernsthaften Wettbewerbspartnern für den Hochofen werden können, ist zumindest jetzt noch nicht endgültig zu beantworten. Immerhin verdienen von N. N. Dobrochotow [9] angestellte Wirtschaftlichkeitsberechnungen große Aufmerksamkeit. Danach liegen die Investitionskosten beim Bau eines Hüttenwerks mit einer jährlichen Erzeugung von 2 Millionen t Stahl bei Berücksichtigung des Hochofenverfahrens höher als bei Anwendung der direkten Eisenerzreduktion. Dabei ist zu beachten, daß Dobrochotow sich bei seinen Berechnungen auf ein Verfahren der Eisenerzreduktion mit Wasserstoff bezieht. Demgegenüber arbeitet die Erzreduk-

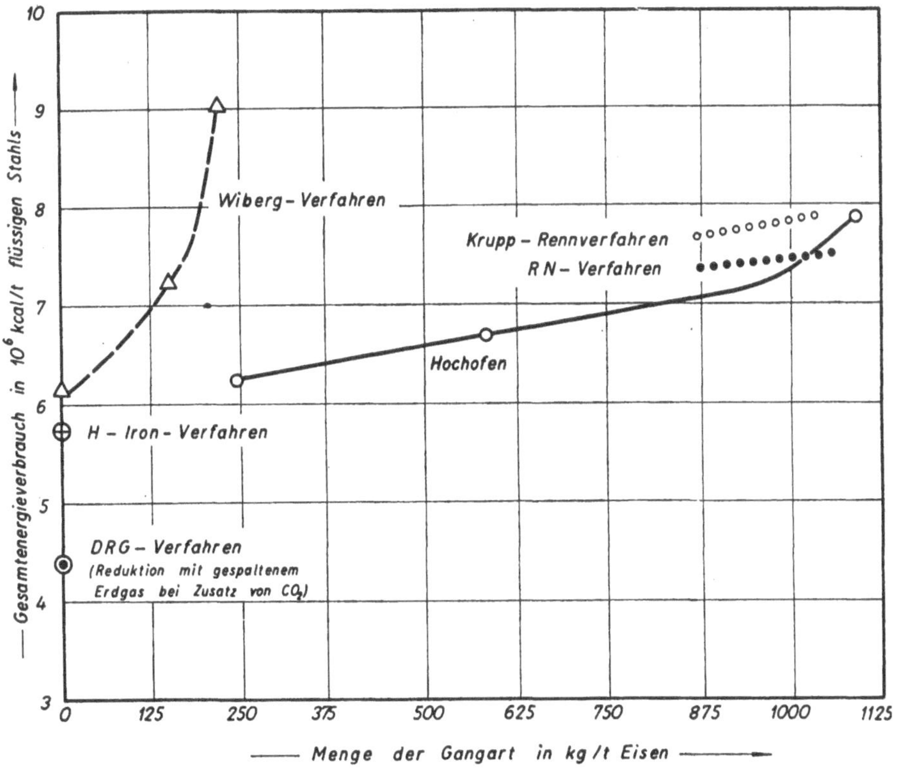

Abb. 6. Gesamtenergieverbrauch zur Erzeugung einer Tonne flüssigen Stahls in Abhängigkeit von der Gangartmenge des nach verschiedenen Verfahren verhütteten Erzes

tion im Schachtofen unter Verwendung von gespaltenem Erdgas bei Zusatz von Kohlendioxid noch billiger, da sie mit einem um etwa 18% niedrigerem Gesamtenergieverbrauch auskommt.

Diese Angaben sind recht vielversprechend. Sie deuten die Möglichkeiten an, die sich aus einer zielstrebigen Weiterentwicklung der Verfahren zur direkten Reduktion von Eisenerzen für die Zukunft der Eisenhüttenindustrie ergeben.

Literatur

[1] Tripşa, J., Theorie der Eisenhüttenprozesse. E. S. D. P., Bukarest 1963, S. 139.
[2] C. E. C. A., Procedes de reduction directe de minerais de fer. — Juni 1958.
[3] Wiberg, M., C. I. J. (1959) Nr. 1.
[4] Bogdandy, L. von, Stahl u. Eisen **82** (1962) 869—883.
[5] Hătărăscŭ, O., Informationsber. des Metallurgischen Forschungsinstituts, Bukarest **4** (1962) 7—20.
[6] Celada, J., Mader, C. K., Lawrence jun., R., Iron Steel Engr. **37** (1960) 87—91.
[7] Masi, O., Cannizzo, P., J. Iron Steel Inst. **200** (1962) 199—211.
[8] Fourt, P., Rev. Métallurgie **58** (1961) 931—937.
[9] Dobrochotow, N. N. und Mitarbeiter, Исвестия высщих учебныу заведении. Черная металлургия (1958) № 10.

Dr.-Ing. Rolf Ebert

Leiter der Forschungsstelle des VEB Niederschachtofenwerk Calbe (Saale)

DIE GESTELLBELASTUNG, EINE WICHTIGE BETRIEBS- UND LEISTUNGSKENNGRÖSSE VON HOCH- UND NIEDERSCHACHTÖFEN

Die Leistung eines Hoch- oder Niederschachtofens ist durch die in 24 Betriebsstunden durchgesetzte sowie durch die je Tonne Roheisen benötigte Koksmenge festgelegt; d. h., die täglich erzeugte Menge Roheisen ist um so größer, je höher der Koksdurchsatz auf der einen und je geringer der spezifische Koksverbrauch auf der anderen Seite ist (Tabelle 1).

Der spezifische Koksverbrauch ist in seiner Größenordnung durch die mittels des Möllerausbringens gekennzeichnete Eigenart des Möllers vorbestimmt, so daß

Tabelle 1. Zusammenhang zwischen der täglich erzeugten Roheisenmenge und dem Koksdurchsatz sowie dem spezifischen Koksverbrauch für Hoch- und Niederschachtöfen

1. Leistungsformel

$$Q = 1000 \frac{K}{k} \tag{1}$$

oder

$$Q = 24 \frac{G \cdot F}{k} \tag{2}$$

oder

$$Q = 1000 \frac{J \cdot V}{k} \tag{3}$$

2. Kenngrößen für den Koksdurchsatz

Gestellbelastung:

$$G = \frac{1000 \cdot K}{24 \cdot F} \tag{4}$$

Verbrennungsintensität:

$$J = \frac{K}{V} \tag{5}$$

darin bedeuten:

Q = täglich erzeugte Roheisenmenge in t/24 h
K = täglicher Koksdurchsatz in t/24 h
k = spezifischer Koksverbrauch in kg/t Roheisen
G = Gestellbelastung in kg/m² und h
F = Gestellfläche in m²
J = Verbrennungsintensität in t/m³ und 24 h
V = Nutzvolumen in m³

— bei gegebenem Möllerausbringen — die Leistung des Hoch- oder Niederschachtofens in erster Linie vom Koksdurchsatz abhängt.

Der Koksdurchsatz selbst ermöglicht jedoch keine Aussagen über die Intensität des Ofenganges, wenn Hochöfen unterschiedlicher Größe verglichen werden sollen. Damit erhebt sich die Frage, welches konstruktive Merkmal als kennzeichnend für den bei näherer Betrachtung keineswegs fest umrissenen Begriff „Ofengröße" stehen soll. Grundsätzlich sind zwei Kenngrößen denkbar, der Gestelldurchmesser und das Nutzvolumen. Das Nutzvolumen bedarf der genauen Definition, wobei die zugrunde zu legenden Ansichten metallurgisch nicht einwandfrei belegt sind. Darüber hinaus verändert das an Hand der Bauzeichnung errechnete Nutzvolumen durch den Abtrag des feuerfesten Materials während der Ofenreise seine absolute Größe.

Demgegenüber ist der Gestelldurchmesser durch die während der gesamten Ofenreise unveränderte Lage der Windformen recht eindeutig festgelegt, wobei zu berücksichtigen ist, daß die Formen im allgemeinen 250 mm in das Gestell hineinragen.

Legt man den Gestelldurchmesser oder richtiger den Gestellquerschnitt zugrunde, dann kommt man zur „Gestellbelastung", die die je m^2 Gestellfläche und Betriebsstunde durchgesetzte Koksmenge angibt (Tabelle 1). Dagegen kennzeichnet die „Verbrennungsintensität" die je m^3 nutzbaren Ofenraums in 24 Betriebsstunden durchgesetzte Koksmenge.

Tabelle 2. Gestellbelastung und Verbrennungsintensität für einige Hoch- und Niederschachtöfen der DDR

Werk	Ofen Nr.	Gestell-abmessungen in m	Gestellbelastung in kg Koks/m^2 u. h	Verbrennungs-intensität in t Koks/m^3 u. 24 h
Eisenhüttenkombinat Ost (1960/61)	3	5,6 ∅	1040	0,87
	4	6,1 ∅	1010	0,97
	2	6,7 ∅	880	0,96
Maxhütte Unterwellenborn (1961)	2; 3	5,0 ∅	875	0,80
Niederschachtofenwerk Calbe (1960)	II	7,0 × 1,8	630	2,40
	IV	7,0 × 1,8	740	2,80

Es ist bekannt, daß zwischen dem spezifischen Koksverbrauch einerseits und der Gestellbelastung oder der Verbrennungsintensität andererseits ein Zusammenhang besteht, nämlich, daß, wie in Abb. 1 für den Fall der Gestellbelastung schematisch dargestellt, unter sonst gleichen Bedingungen bei einer bestimmten Höhe der Gestellbelastung bzw. der Verbrennungsintensität ein minimaler Koksverbrauch auftritt. Der erhöhte Koksverbrauch bei niedriger Gestellbelastung ist auf die je t Roheisen stark ansteigenden Wärmeverluste zurückzuführen. Dagegen

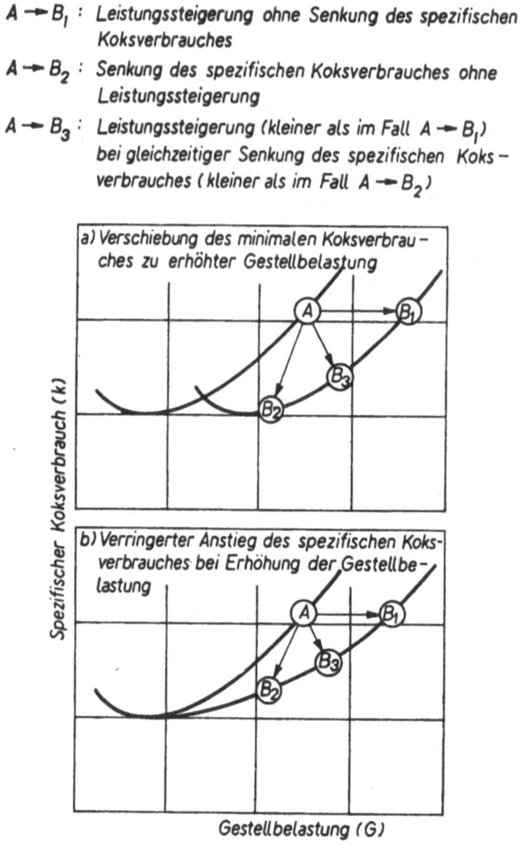

Abb. 1. Mögliche Auswirkung von Veränderungen im Zusammenhang zwischen der Gestellbelastung und dem spezifischen Koksverbrauch

verschlechtern sich mit steigender Gestellbelastung die Wärmeübergangs- und Reduktionsverhältnisse im Schacht des Hochofens, d. h., die fühlbare und die chemische Energie des Gases werden durch den Anstieg der Gasgeschwindigkeit im Schacht immer weniger weit ausgenutzt. Die Menge und damit die Geschwindigkeit des Schachtgases ist annähernd der eingeblasenen Windmenge und diese wiederum in erster Annäherung der verbrannten Koksmenge proportional. Somit ist die Gestellbelastung letzten Endes ein Maß für die mittlere Gasgeschwindigkeit im Schacht. Sie stellt also nichts anderes dar als einen Sonderfall des in der letzten Zeit im Schrifttum viel genannten Begriffs ,,Formengasmenge", und zwar für den Fall, daß ohne Sauerstoffanreicherung und ohne Einblasen von gasförmigen, flüssigen oder festen Brennstoffen gearbeitet wird. Demgegenüber ist die Verbrennungsintensität letztlich eine der Aufenthaltszeit des Gases im Ofen umgekehrt proportionale Größe.

Der Anstieg des spezifischen Koksverbrauchs bei erhöhter Gestellbelastung führt dazu, daß die in der Zeiteinheit erzeugte Roheisenmenge bei einer bestimmten Gestellbelastung ihr Maximum ereicht und dann wieder abfällt. Der Arbeitspunkt des Hochofens liegt, mit Rücksicht auf das Kostengefüge des Roheisens, im allgemeinen bei einer gegenüber dem minimalen Koksverbrauch gesteigerten Gestellbelastung.

Es gibt nun gemäß Abb. 1 technologische und metallurgische Maßnahmen, die eine Veränderung des Zusammenhangs zwischen Koksverbrauch und Gestellbelastung gestatten, und zwar einmal in der Form, daß wohl der Zusammenhang in seiner ursprünglichen Form erhalten bleibt, die Lage des minimalen Koksverbrauchs aber zu höheren Werten der Gestellbelastung hin verschoben wird. Zum anderen ist es möglich, daß zwar das Minimum seine Lage beibehält, der Mehrverbrauch an Koks jedoch bei steigender Gestellbelastung geringer ist als im Vergleichsfall.

In beiden Fällen ergeben sich für den weiteren Betrieb des Ofens zwei Grenzfälle. Entweder wird die Leistung soweit gesteigert, daß sich der ursprüngliche Koksverbrauch wieder einstellt. In diesem Falle, in Abb. 1 durch den Verlauf $A \rightarrow B_1$ gekennzeichnet, ist die Leistungssteigerung direkt proportional der Erhöhung der Gestellbelastung. Der andere Grenzfall, im Bild als $A \rightarrow B_2$ angegeben, ist dadurch bestimmt, daß die ursprüngliche Leistung beibehalten und der Koksverbrauch merklich gesenkt wird, wobei sich wegen des erniedrigten Koksverbrauchs auch die Gestellbelastung verringert. In der Praxis kommen beide Fälle kaum vor; vielmehr werden sowohl ein Leistungsanstieg als auch eine Senkung des spezifischen Koksverbrauchs angestrebt, was dem Verlauf $A \rightarrow B_3$ in Abb. 1 entspricht. Das ist der Grund dafür, daß die Auswirkungen moderner technologischer Verfahrensweisen, wie Hochdruckverfahren, Einblasen von Wasserstoffträgern, Einsatz von selbstgängigem Sinter usw., auf Koksverbrauch und Ofenleistung im Schrifttum zum Teil stark unterschiedlich angegeben werden.

Bei einer zu geringen Kapazität der Winderhitzer bzw. der Gebläse kann mit steigender Gestellbelastung die Heißwindtemperatur zurückgehen, so daß sich die tatsächliche Zunahme des spezifischen Koksverbrauchs bei Steigerung der Gestellbelastung um 100 kg/m^2 u. h, die im allgemeinen zwischen 20 und 100 kg Koks je t Roheisen liegt, entsprechend der verringerten Heißwindtemperatur weiter erhöht.

Die Entwicklung der Hochöfen im Eisenhüttenkombinat Ost — im folgenden EKO bezeichnet — ist durch die Vergrößerung des Gestelldurchmessers von ursprünglich 5,6 auf 6,1 und schließlich auf 6,7 m gekennzeichnet (Abb. 2). Hervorgerufen durch einen gleichbleibenden Gichtdurchmesser von 5,6 m und durch die im wesentlichen unveränderte Ofenhöhe hat sich das Nutzvolumen nicht im gleichen Maße erhöht wie die Gestellfläche.

Diese Hochöfen bieten somit einen beachtenswerten Fall bei der Betrachtung der Frage, wie sich die Gestellbelastung bei Vergrößerung des Gestelldurchmessers entwickelt. Tabelle 2 ist zu entnehmen, daß insbesondere beim Übergang vom Ofentyp II mit 6,1 zum Typ III mit 6,7 m Gestelldurchmesser die Gestellbelastung stark zurückgegangen ist. Aus Tabelle 2 geht weiter hervor, daß die im Werk Calbe betriebenen Niederschachtöfen erwartungsgemäß eine zwei- bis dreimal so große Verbrennungsintensität aufweisen wie die Hochöfen der DDR. Demgegenüber ist die Gestellbelastung, zumindest für den Niederschachtofen IV, nur wenig geringer als die der Hochöfen. Somit erlaubt die Gestellbelastung im Gegensatz

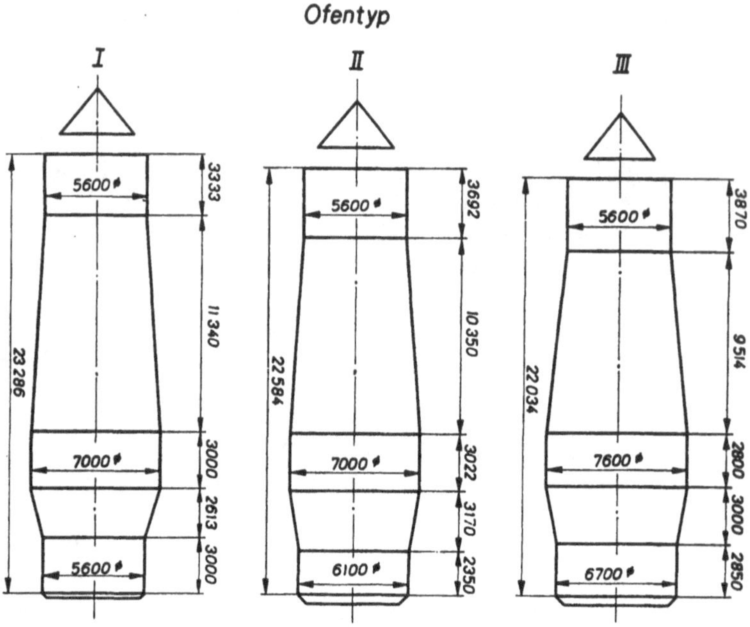

Abb. 2. Konstruktive Merkmale der drei Ofentypen im Eisenhüttenkombinat Ost

zur Verbrennungsintensität einen unmittelbaren Vergleich von Öfen mit stark unterschiedlicher Schachthöhe.

Für die Beurteilung der Hochofenentwicklung in einem bestimmten Werk erweist es sich als vorteilhaft, die Kenngröße anderer Hochöfen, vor allem des Auslands, zum Vergleich heranzuziehen. Den nachfolgenden Ausführungen liegt eine Erfassung der konstruktiven, metallurgischen und technologischen Kennziffern von Hochöfen zugrunde, die dem eisenhüttenmännischen Schrifttum der Jahre 1954 bis 1961 entnommen worden sind [1]. Insgesamt erfaßt die Auswertung 125 Öfen.

Beim Vergleich von Hochöfen anhand der Gestellbelastung oder der Verbrennungsintensität wird im allgemeinen eine proportionale Entwicklung beider Größen auftreten, da nach Abb. 3 ein enger Zusammenhang zwischen Nutzinhalt und Gestelldurchmesser besteht.

Ebenso ausgeprägt ist nach Abb. 4 der Zusammenhang zwischen dem Gestelldurchmesser und dem Gichtdurchmesser, wobei die bekannte Tendenz deutlich wird, daß sich mit steigendem Gestelldurchmesser das Verhältnis von Gichtdurchmesser zu Gestelldurchmesser verringert. Durch die bereits erläuterte Eigenart der Hochofenentwicklung im EKO hat diese Verhältniszahl beim Ofentyp III den für die betrachtete Ofengröße international üblichen Wert von 0,84 erreicht.

Abb. 3. Zusammenhang zwischen dem Gestelldurchmesser und dem Nutzinhalt für in- und ausländische Hochöfen

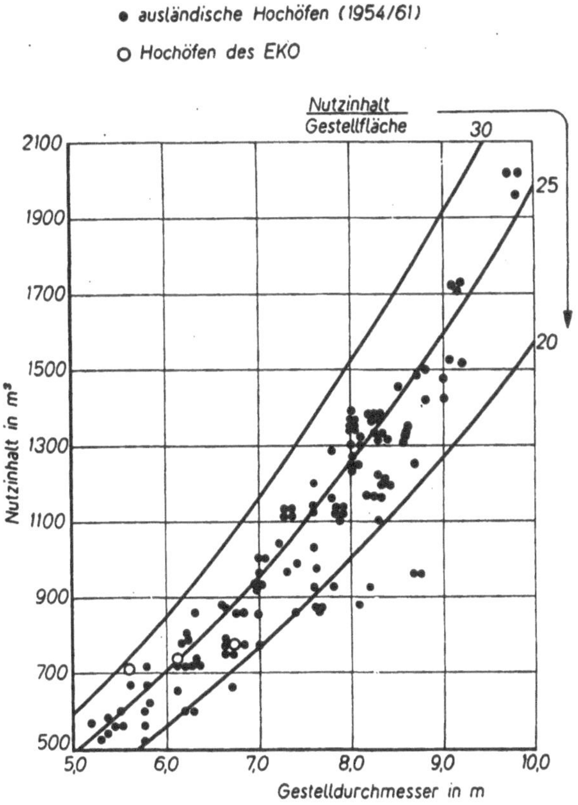

Abb. 4. Zusammenhang zwischen dem Gestelldurchmesser und dem Gichtdurchmesser für in- und ausländische Hochöfen

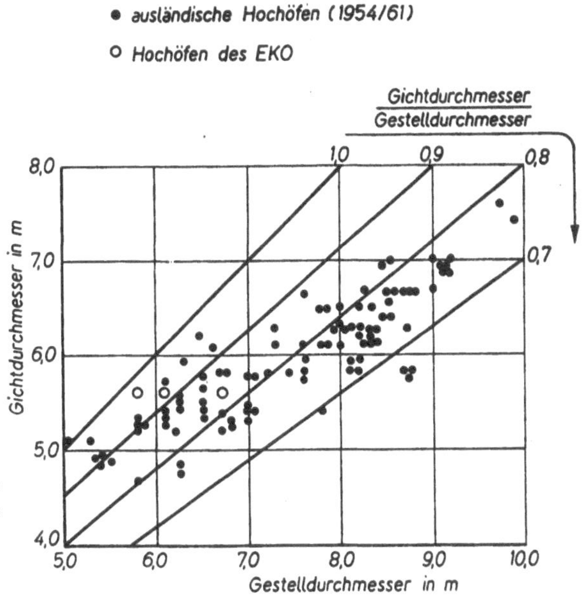

In Abb. 5 ist der tägliche Koksdurchsatz ausländischer Hochöfen dem Gestelldurchmesser gegenübergestellt. Danach liegt im internationalen Maßstab die Gestellbelastung üblicherweise zwischen 600 und 1200 kg/m² u. h. Es bedarf

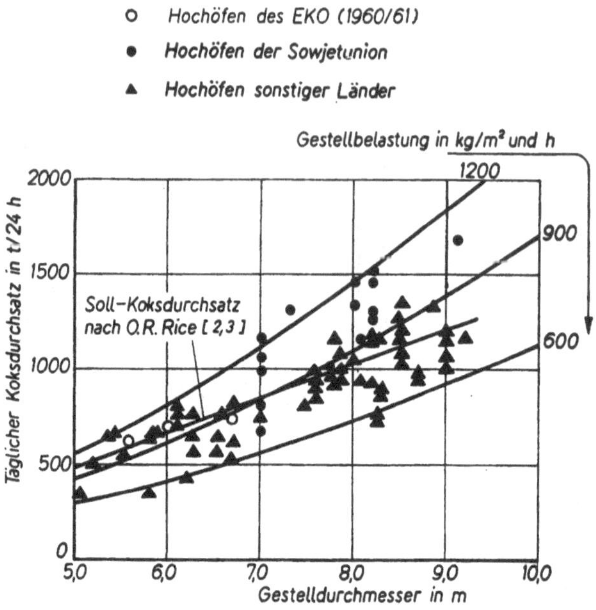

Abb. 5. Zusammenhang zwischen dem Gestelldurchmesser und dem täglichen Koksdurchsatz für in- und ausländische Hochöfen

keines Hinweises, daß in diese Darstellung keine Öfen aufgenommen sind, in die Gas oder Öl eingeblasen wird. Auffällig ist, daß die besonders gekennzeichneten sowjetischen Öfen durchweg mit einer höheren Gestellbelastung betrieben werden als die übrigen, vorwiegend westeuropäischen und nordamerikanischen, Hochöfen. Letztere gehorchen den von O. R. Rice [2, 3] angegebenen Werten des Soll-Koksdurchsatzes sehr gut. Es sei hier nur soviel gesagt, daß O. R. Rice von der Vorstellung ausgeht, daß nicht die gesamte Gestellfläche für die Berechnung der Gestellbelastung zugrunde gelegt werden darf, sondern nur eine Ringfläche vor den Formen. Diese Ansicht wird offensichtlich von den sowjetischen Öfen widerlegt. Die Hochöfen des EKO liegen in einem Bereich, in dem auch die Sollkurve nach O. R. Rice noch keine nennenswerte Verringerung der Gestellbelastung mit steigendem Gestelldurchmesser bringen würde. Somit sollten sich auch die Öfen mit 6,7 m Gestelldurchmesser mit einer Gestellbelastung von mehr als 1000 kg/m² u. h betreiben lassen. Gegenwärtig steht dem entgegen, daß sich mit steigendem Gestelldurchmesser der minimale Koksverbrauch zu niedrigeren Werten der Gestellbelastung verschiebt, so daß letzten Endes alle Öfen unabhängig vom Gestelldurchmesser mit einer Gestellbelastung betrieben werden, die um rund 100 kg/m² u. h höher als jene liegt, bei welcher der minimale Koksverbrauch eintritt.

Trotz der verringerten Gestellbelastung an den Ofen mit 6,1 bzw. 6,7 m Gestelldurchmesser weisen diese Öfen, wie aus Abb. 6 hervorgeht, eine erhöhte Gichtgastemperatur und dementsprechend einen erniedrigten Kohlendioxidgehalt des Gichtgases auf. Da die Möllerverhältnisse der betrachteten Öfen annähernd gleich waren, kann dieses Verhalten nur dadurch erklärt werden, daß mit steigendem Gestelldurchmesser die Randgängigkeit der Öfen zunimmt. Die hiermit verbundene starke Beaufschlagung der Randzone des Ofens führt insgesamt zu einem verschlechterten Wärmeübergang und zu einem verringerten Grad der indirekten Reduktion. Das hat wiederum auch einen nachteiligen Einfluß auf die Roheisenqualität.

Eine Erklärung für dieses Verhalten findet sich im Zusammenhang zwischen dem Blasquerschnitt und der dem Ofen zugeführten Windmenge, wie er in Abb. 7 für in- und ausländische Hoch- und Niederschachtöfen wiedergegeben ist. Danach weisen alle in der DDR betriebenen Öfen einen vergleichsweise stark überhöhten Gesamtblasquerschnitt auf. Entspre- ▶

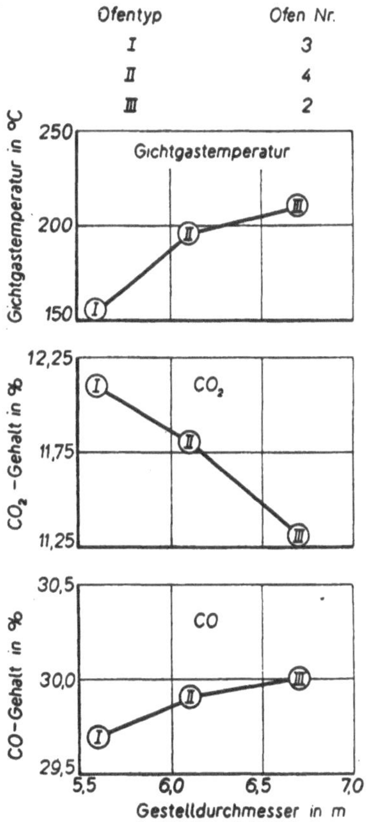

Abb. 6. Temperatur und Zusammensetzung des Gichtgases für die drei Ofentypen des EKO (Durchschnittswerte für August 1960 bis Februar 1961)

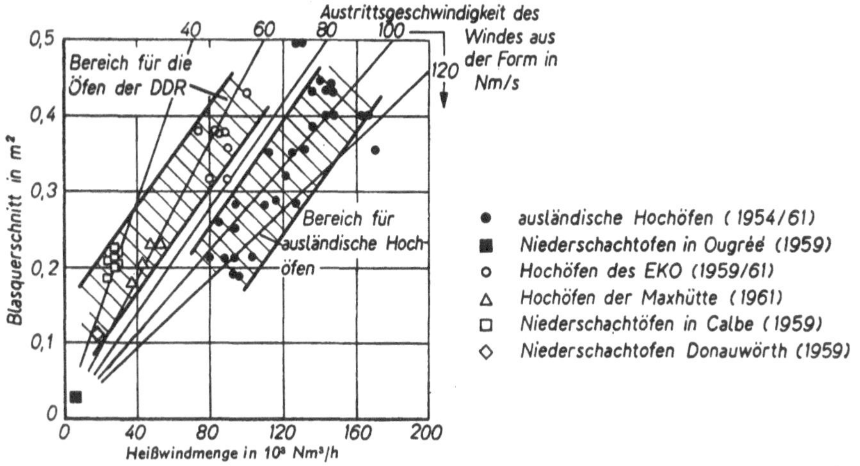

Abb. 7. Zusammenhang zwischen der dem Ofen zugeführten Heißwindmenge und dem Blasquerschnitt für in- und ausländische Hoch- und Niederschachtöfen

chend liegt die auf Normbedingungen bezogene Windgeschwindigkeit mit rund 60 Nm/s für die Hochöfen des EKO zu niedrig. Demgegenüber arbeiten die ausländischen Hochöfen mit einer durchschnittlichen Windgeschwindigkeit von rund 100 Nm/s. In letzter Zeit hat M. JA. OSTROUCHOW [4] anhand der Ergebnisse sowjetischer Großhochöfen ebenfalls nachweisen können, daß eine Windgeschwindigkeit von 100 Nm/s als optimal gelten kann.

Die zu geringe Windgeschwindigkeit an den Hochöfen des EKO ist mit Sicherheit die Folge eines zu großen Querschnitts der Blasformen und nicht einer zu großen Anzahl von Formen, wie aus Abb. 8 hervorgeht. Die Hochöfen des EKO ordnen sich gut in den Streubereich ausländischer Öfen entsprechender Größe ein. Bemerkenswert ist, daß bei neuzeitlichen großen Hochöfen von der alten Regel abgewichen wird, die Blasformenanzahl solle ungefähr das Zweifache des Gestelldurchmessers betragen. Öfen mit 9 m Gestelldurchmesser besitzen in allen Fällen mehr als 18 Blasformen.

Eine Ursache für den zu hohen Blasquerschnitt an den Hoch- und Niederschachtöfen der DDR liegt in der ungenügenden Auslegung der Gebläse, was wiederum eine Folge der in der Zwischenzeit gesteigerten Leistung der Öfen ist. Nur so ist zu verstehen, daß die Hochöfen des EKO mit einem vergleichsweise niedrigen

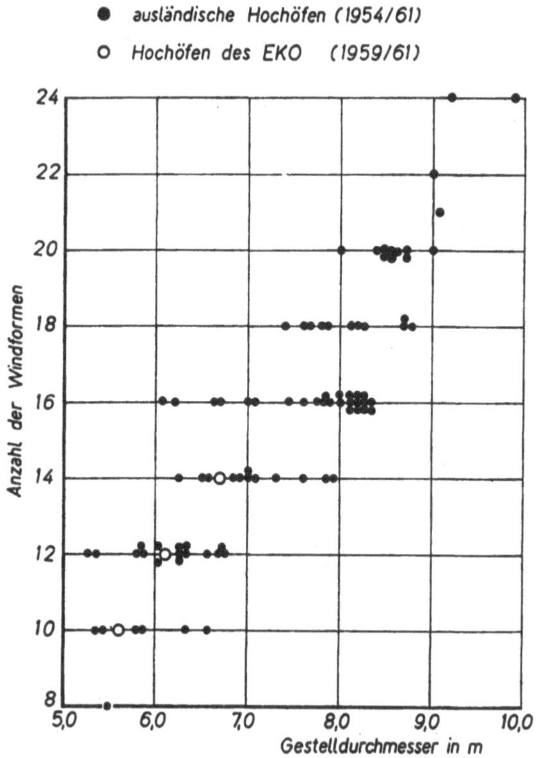

Abb. 8. Zusammenhang zwischen dem Gestelldurchmesser und der Anzahl der Windformen für in- und ausländische Hochöfen

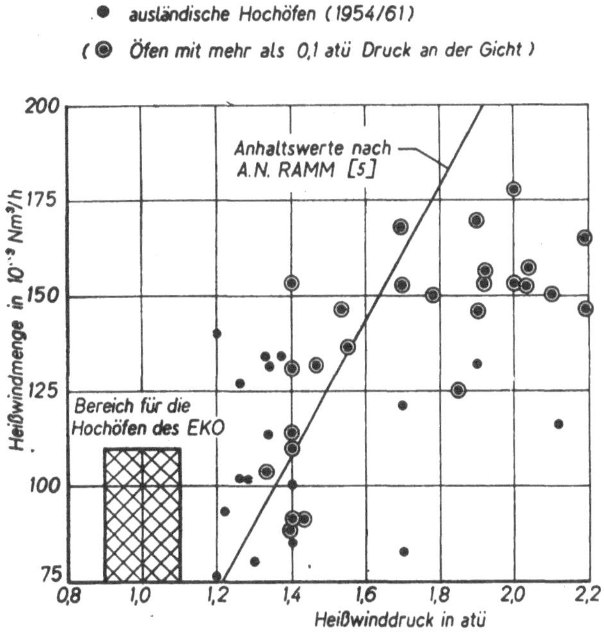

Abb. 9. Zusammenhang zwischen dem Heißwinddruck und der Heißwindmenge für in- und ausländische Hochöfen

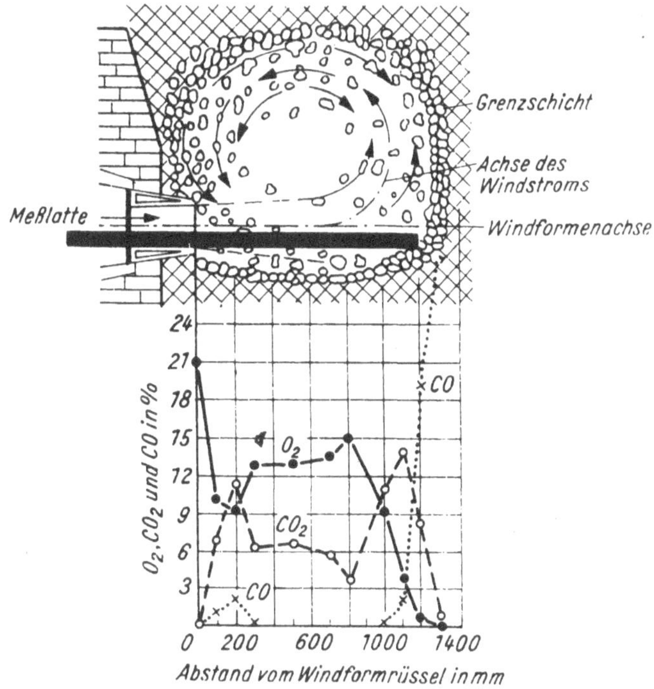

Abb. 10. Ausbildung der Zirkulationszone vor der Windform (nach I. P. BARDIN u. a. [6])

Heißwinddruck gegenüber ausländischen Hochöfen gleicher Größe betrieben werden, wie aus Abb. 9 hervorgeht. Zum Vergleich können hierbei selbstverständlich nur Öfen ohne erhöhten Druck an der Gicht herangezogen werden.

Die relativ geringe Windgeschwindigkeit an den Hochöfen des EKO führt dazu, daß die Eindringtiefe der Zirkulationszone vor den Blasformen ebenfalls verhältnismäßig gering ist.

Zum besseren Verständnis ist in Abb. 10 die Ausbildung der Zirkulationszone schematisch dargestellt. Der aus der Form austretende Heißwindstrahl schafft sich auf Grund seiner kinetischen Energie den als Zirkulationszone bezeichneten freien Raum vor den Formen. Ihre Eindringtiefe kann zumindest in Richtung der Formenachse sehr leicht gemessen werden.

In Erkenntnis der Bedeutung, die den Vorgängen vor den Formen für das Geschehen im Hoch- und Niederschachtofen zukommt, wurden vom Eisenhütten-Institut rund 6000 Einzelmessungen über die Eindringtiefe der Zirkulationszone an nahezu allen Hoch- und Niederschachtöfen der DDR durchgeführt [7, 8]. Die wesentlichen Ergebnisse dieser Messungen sind in Abb. 11 dargestellt, und zwar — mit Rücksicht auf vergleichbare Ergebnisse englischer Öfen, von denen allerdings

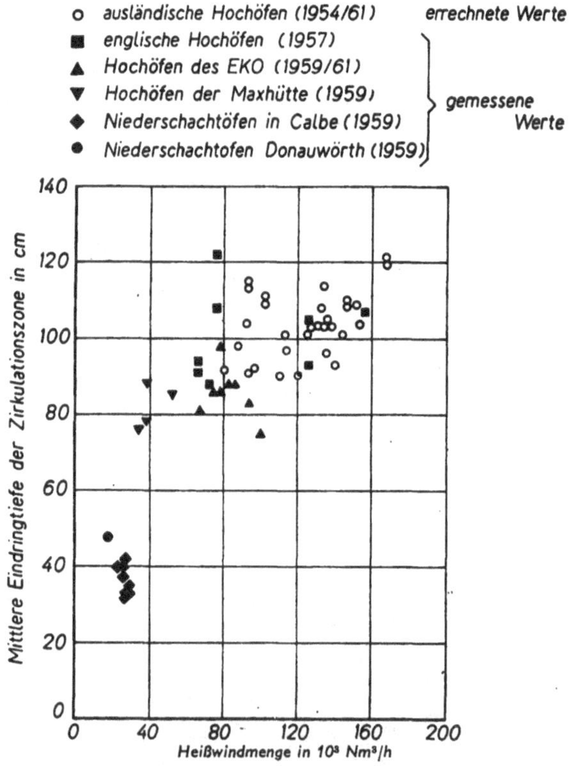

Abb. 11. Zusammenhang zwischen der dem Ofen zugeführten Heißwindmenge und der mittleren Eindringtiefe der Zirkulationszone für in- und ausländische Hoch- und Niederschachtöfen

keine Angaben über den Gestelldurchmesser vorlagen – in Abhängigkeit von der dem Ofen zugeführten Heißwindmenge. Dieses Vorgehen ist insofern gerechtfertigt, als nach den Ergebnissen von H. TAYLOR, G. LONIE und R. HAY [9] neben dem Blasquerschnitt die Heißwindmenge die wichtigste Einflußgröße auf die Eindringtiefe der Zirkulationszone ist. Es ergibt sich, daß die Hochöfen des EKO, verglichen mit den englischen Hochöfen, eine um wenigstens 20 cm zu geringe Eindringtiefe haben, wobei wiederum der Ofentyp mit einem Gestelldurchmesser von 6,7 m am weitesten abweicht.

Auf der anderen Seite widerlegt Abb. 11 die Ansicht, daß man den Koksdurchsatz auf die aktive Ringfläche vor den Formen beziehen müsse, wobei deren Ausdehnung in Richtung der Formenachse unabhängig von der Ofengröße mit rund 1,8 m angegeben wird. Eine so große Eindringtiefe wird bei keinem der untersuchten Öfen erreicht; wobei andererseits kleine Öfen auch geringe Eindringtiefen der Zirkulationszone aufweisen.

Entscheidend ist, daß sich der aufsteigende Gasstrom oberhalb der Windformebene gleichmäßig über den gesamten Ofenquerschnitt verteilt. Dazu bedarf es aber nachweislich nicht des Eindringens der Zirkulationszone vor den Formen bis in die Ofenmitte, da andernfalls niemals ein Hochofen mittelgängig sein könnte. Vielmehr ist es notwendig, daß der aus der Form austretende Windstrahl eine hohe kinetische Energie besitzt, so daß er sich eine genügend große Zirkulationszone schaffen und darüber hinaus zur Ofenmitte hin vordringen kann. Nach den heute bekannten Werten für mittelgroße und große Hochöfen ist das bei einer Windgeschwindigkeit von 100 Nm/s der Fall.

Außerdem verhindert eine genügend große Windgeschwindigkeit, daß sich die flüssigen Schmelzprodukte in der Nähe der Form sammeln können, da nicht zuletzt auch die Ausdehnung der Zirkulationszone unterhalb der Formenebene begünstigt wird. Daher ist in den meisten Fällen eine außergewöhnlich große Anzahl durch Eisenangriff zerstörter Formen wie auch ein häufiges Eindringen von Schlacke in die Formen ein Zeichen für eine zu geringe Windgeschwindigkeit. So gingen die metallurgisch bedingten Stillstände zurück, als man an einigen Hochöfen des EKO den Durchmesser der Blasformen verkleinerte, ohne daß sich die Windmenge wesentlich verändert hätte [10].

Ein besonders kennzeichnendes Beispiel für die Bedeutung einer richtigen Windversorgung bieten die Niederschachtöfen in Calbe. Die zehn Öfen dieses Werks waren ursprünglich für einen Koksdurchsatz von rund 150 t gebaut, während sie gegenwärtig rund 200 t Koks in 24 Betriebsstunden durchsetzen. Infolgedessen arbeiten die Gebläse bei einer Windmenge von 24000 Nm^3/h an der oberen Grenze ihrer Leistungsfähigkeit. Lediglich Ofen IV ist mit einem leistungsstarken dreistufigen Gebläse ausgerüstet worden, so daß er mit einer Windmenge von rund 30000 Nm^3/h betrieben werden kann. Dementsprechend liegt die Gestellbelastung dieses Ofens mit durchschnittlich 710 kg/m^2 u. h (im Gegensatz zu Tabelle 2 auf Vergleichskoks mit 10% Asche und 4% Wasser bezogen) wesentlich höher als die des Ofens II mit durchschnittlich 600 kg/m^2 u. h, wie Abb. 12 zeigt.

Die Öfen II und IV in Calbe weisen die gleichen Hauptabmessungen auf, die aus Abb. 13 ersichtlich sind, sowie die gleichen Einsatzbedingungen. Da somit der

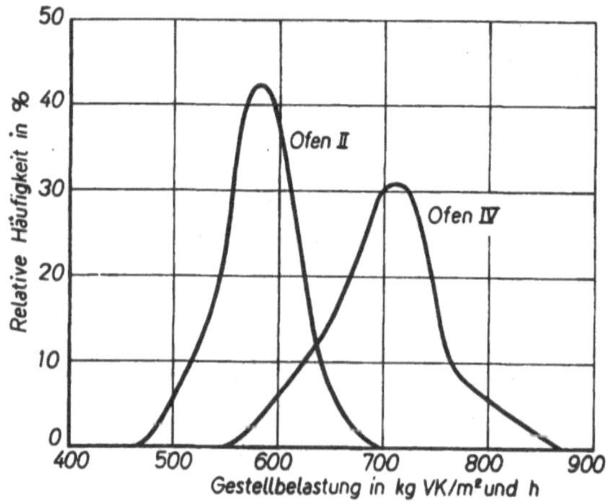

Abb. 12. Häufigkeitsverteilung der Gestellbelastung für die Niederschachtöfen II und IV in Calbe im Jahre 1960 (nach Untersuchungen von F. CLAUS [11])

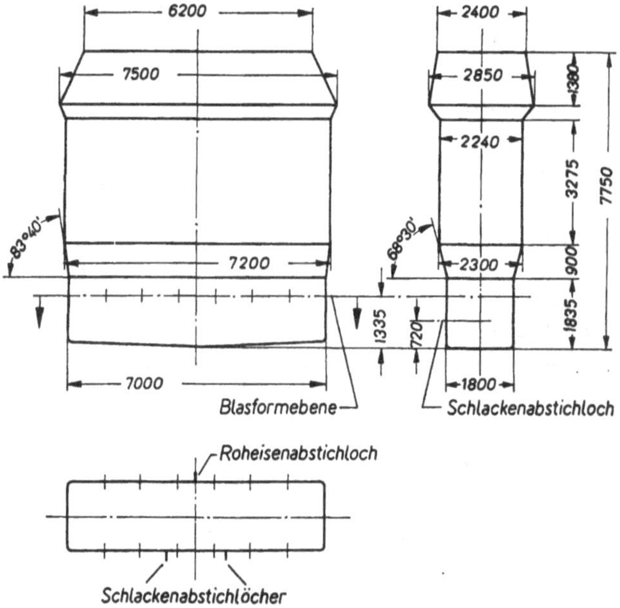

Abb. 13. Konstruktive Merkmale der Niederschachtöfen II und IV in Calbe

einzige Unterschied beider Öfen in der Art der Windversorgung liegt, sind sie für einen entsprechenden Vergleich besonders geeignet. Trotz erhöhter Gestellbelastung könnte Ofen IV nach Abb. 14, die die Ergebnisse von Regressionsanalysen enthält, mit dem gleichen spezifischen Koksverbrauch betrieben werden wie Ofen II.

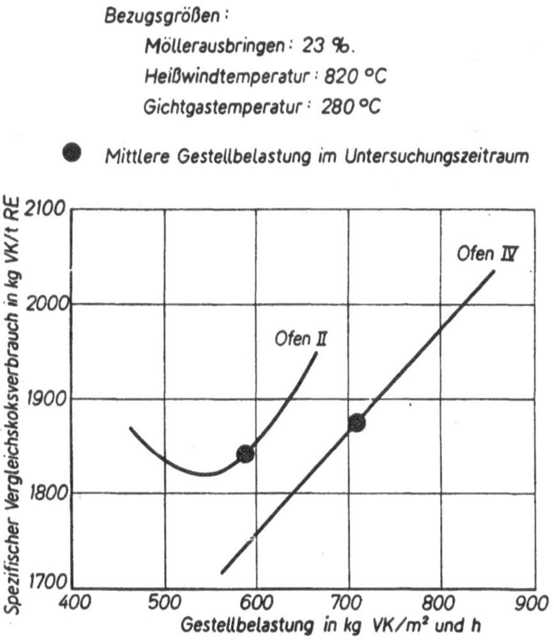

Abb. 14. Abhängigkeit des spezifischen Koksverbrauches von der Gestellbelastung für die Niederschachtöfen II und IV in Calbe (nach dem Ergebnis von Regressionsanalysen [11])

Der Zusammenhang zwischen Gestellbelastung und spezifischem Koksverbrauch muß für gegebene Betriebsbedingungen jeweils ermittelt werden. Da es üblicherweise kaum möglich ist, einen Ofen über längere Zeiträume mit einer stark von den Normalwerten abweichenden Gestellbelastung zu betreiben, erweisen sich bei diesen Untersuchungen die modernen Verfahren der mathematischen Statistik, insbesondere die multiple Regressionsanalyse, als vorzügliche Hilfsmittel. Es darf aber nicht übersehen werden, daß hierbei bestimmte Voraussetzungen erfüllt sein müssen, wenn man entmutigende Mißerfolge vermeiden will. Bei der Auswertung von Kennzahlen des Hochofenbetriebs ergibt sich eine besondere Schwierigkeit dadurch, daß wegen der Durchsatzzeit eine einwandfreie Zuordnung der verschiedenen Größen mitunter Schwierigkeiten bereitet. Deshalb ist es sinnvoll, *vor* Anwendung der Regressionsanalyse auf Probleme der Roheisenerzeugung die Zusammenhänge qualitativ zu klären, damit das Vorzeichen der zu errechnenden Regressionskoeffizienten bekannt ist.

Eingehender Überlegungen bedarf die Festlegung des Zeitraums, der jeweils durch die entsprechenden Ziel- und Einflußgrößen gekennzeichnet werden soll.

So dürfte z. B. die täglich erzeugte Roheisenmenge wegen der Durchsatzzeit des Ofens nicht der im gleichen Zeitraum eingesetzten Koksmenge zugeordnet werden. Dieser Sachverhalt zwingt zur Mittelwertbildung über einen Zeitraum von mehr als einen Tag. Hier ergibt sich eine unerwünschte Einengung des Variationsbereichs der Ziel- und Einflußgrößen. Dies ist um so bedenklicher, als eine nachträgliche Extrapolation nur in Ausnahmefällen und bei hohen Bestimmtheitsmaßen gerechtfertigt und möglich ist. Unter den Möllerbedingungen der DDR haben sich Mittelwerte aus zwei Tagen oder gegebenenfalls auch aus drei Tagen als zweckmäßig erwiesen.

Die Regressionsanalyse deckt schonungslos alle Mängel in den Betriebsaufschreibungen und damit letztlich auch in der Stoffwirtschaft des Betriebes auf. Es ist selbstverständlich, daß man von der Regressionsanalyse keine größere Genauigkeit verlangen kann, als jene, mit der die den Betrieb durchlaufenden Stoffmengen gewogen oder gemessen werden.

Die durchgeführten Regressionsrechnungen lieferten für Ofen IV (Abb. 14) einen linearen Zusammenhang zwischen Gestellbelastung und Koksverbrauch. Das ändert nichts an den eingangs getroffenen Feststellungen über die Art des Zusammenhangs beider Größen; vielmehr ist lediglich der Bereich niedriger Gestellbelastung für Ofen IV nicht genügend belegt gewesen.

Auf Abb. 14 kann man sehr deutlich den Vorteil eines Gebläses mit genügend hoher Leistung und Druckreserve erkennen. Würde Ofen IV mit der gleichen Gestellbelastung wie Ofen II betrieben werden, so ergäbe sich unter sonst unveränderten Bedingungen eine Senkung des spezifischen Koksverbrauchs um 100 kg/t Roheisen, wobei die Leistung des Ofens immer noch um 5% höher als die des Ofens II läge.

Man könnte einwenden, daß die Verhältnisse am Niederschachtofen nicht unmittelbar auf den Hochofen übertragbar seien. Deshalb erscheint es sinnvoll, einmal die Frage zu stellen, warum überhaupt durch ein stärkeres Gebläse die Leistung am Niederschachtofen IV in Calbe ohne Anstieg des spezifischen Koksverbrauchs gesteigert werden konnte. Es steht außer Zweifel, daß unter sonst gleichen Bedingungen eine bestimmte kritische Gasgeschwindigkeit nicht überschritten werden darf, falls nicht ein starker Mehrverbrauch an Koks eintreten soll. Wenn über dem gesamten Querschnitt des Ofens diese Gasgeschwindigkeit herrscht, so ist die für die gegebenen Verhältnisse optimale Gestellbelastung erreicht.

Eine weitere Steigerung wird in diesem Fall nur durch folgende Maßnahmen ermöglicht:

a) Senkung der Gasgeschwindigkeit durch Erhöhen des mittleren Gasdrucks im Ofen,

b) Verbesserung der Reduzierbarkeit der Eisenträger,

c) Erhöhung der Reduktionskraft des Gases durch Einblasen von Wasserstoffträgern.

Gelingt es jedoch ohne Anwendung einer dieser Maßnahmen, allein durch veränderte Bedingungen der Windzuführung oder durch veränderte Schüttverhältnisse die Gestellbelastung zu erhöhen, ohne den Koksverbrauch zu vergrößern, dann ist das ein Beweis dafür, daß im Ofen noch Zonen vorhanden waren, die nicht oder nur geringfügig an der metallurgischen Arbeit teilgenommen haben. Diese Erkenntnis ist ohne Einschränkung auf das Hochofenverfahren übertragbar.

Eine hohe Austrittsgeschwindigkeit des Heißwinds aus der Form kann schließlich nicht ohne Auswirkung auf die Qualität des erblasenen Roheisens bleiben. Es ist bekannt, daß die Temperatur in der Formenebene von der aktiven Zone zur Ofenmitte hin stark absinkt. Die für die Roheisenqualität wichtige Gestelltemperatur wird um so größer sein, je weiter die Zirkulationszone in den Ofen ragt und je weiter also das Formengas zur Ofenmitte hineindringt.

Das im Niederschachtofen IV in Calbe erblasene Gießereiroheisen hat trotz der wesentlich erhöhten Gestellbelastung an diesem Ofen einen um 0,16% höheren Kohlenstoffgehalt als das Roheisen des Ofens II, wobei die sonstigen Bedingungen wie Schlackenbasizität, Silizium- und Mangangehalt des Roheisens nahezu die gleichen sind. Auch der Umfang der Entschwefelung und Manganreduktion wie auch der Grad der indirekten Reduktion war an beiden Öfen annähernd gleich.

Es ist bekannt, daß die Gestellbelastung einen wesentlichen Einfluß auf die Verblasbarkeit von Thomasroheisen hat. Man kann aus den vorliegenden Ergebnissen schlußfolgern, daß nur dann mit erhöhter Gestellbelastung ein Roheisen mit ungenügender Verblasbarkeit erzeugt wird, wenn gleichzeitig eine Verschlechterung der Reduktionsbedingungen eingetreten ist. Konnte die Gestellbelastung auf Kosten einer wenig durchgasten Zone im Ofen gesteigert werden, dann dürfte die Verblasbarkeit des Eisens unverändert bleiben.

Bei der Beantwortung der Frage, wie hoch die Gestellbelastung im Niederschachtofen getrieben werden darf, kann man die Betriebsergebnisse der Öfen in Calbe nicht ohne Einschränkung hinnehmen. Neuere sowjetische und chinesische Untersuchungen [12] haben ergeben, daß die durchgesetzte Koksmenge an einem Hochofen um so höher sein kann, je geringer die spezifische Schlackenmenge ist. So konnte der Koksdurchsatz um 35% gesteigert werden, indem die Schlackenmenge von 800 auf 500 kg/t Roheisen verringert wurde.

Die Ursache für diese Erscheinungen liegt in den Zonen unmittelbar über der Formenebene. Dort fließen Schlacke und reduziertes Eisen in den Kanälen zwischen den Koksstücken abwärts. Gleichzeitig bewegt sich das vor den Formen durch die Koksverbrennung gebildete Gas durch die Kanäle der Schüttung nach oben. Bei einer Leistungssteigerung können diese Vorgänge bald zu einem Engpaß führen, dessen Eintreten noch dadurch wesentlich unterstützt wird, daß die Schlacke zum Schäumen neigen kann.

Dieser Sachverhalt kann nicht ohne Einfluß auf die Bemessung der Gestellbelastung an den Hoch- und Niederschachtöfen der DDR bleiben, die ohne Ausnahme mit einer Schlackenmenge von mehr als 1100 kg je t Roheisen betrieben werden müssen, wobei die Niederschachtöfen in Calbe mit einer Schlackenmenge von mehr als 2000 kg je t Roheisen am ungünstigsten liegen. Auch im vorliegenden Fall gilt, daß die geschilderten Auswirkungen der spezifischen Schlackenmenge auf die Bemessung der Gestellbelastung um so mehr wirksam werden, je weniger gleichmäßig der gesamte Querschnitt des Ofens beaufschlagt wird.

Schließlich hat der spezifische Koksverbrauch selbst Einfluß auf die Gestellbelastung, da bei deren Berechnung die gesamte durchgesetzte Koksmenge berücksichtigt wird. Ein Teil des eingesetzten Kohlenstoffs wird im Hoch- oder Niederschachtofen jedoch für die direkte Reduktion, für die Aufkohlung des Roheisens und, soweit im Möller enthalten, für die Zersetzung der ausgetriebenen Karbonatkohlensäure verbraucht. Diese Menge ist, in erster Annäherung gesehen, unabhängig von der insgesamt je t Roheisen benötigten Kohlenstoffmenge; d. h., ihr relativer Anteil sinkt mit steigendem spezifischen Koksverbrauch. Man kann annehmen, daß bei einem Koksverbrauch von 700 kg je t Roheisen rund 72% des eingesetzten Kohlenstoffs vor die Formen gelangen, an den Niederschachtöfen in Calbe aber wegen des spezifischen Koksverbrauchs von annähernd 2000 kg rund 81%. Somit erhöht sich in diesem Falle die je t Koks freigesetzte Gasmenge wegen des Stickstoffgehalts der Verbrennungsluft um rund 8%.

Es ist also die Feststellung berechtigt, daß mit steigendem Möllerausbringen, d. h. mit sinkendem spezifischen Koksverbrauch, die Gestellbelastung grundsätzlich gesteigert werden kann. In besonderen Fällen ist es möglich, daß die Größe der Gestellbelastung nicht vom Anstieg des spezifischen Koksverbrauchs, sondern vom gesteigerten Gichtstaubanfall bestimmt wird. Sofern die Steigerung der Gestellbelastung dadurch erreicht wird, daß sich die Gasverteilung über den gesamten Querschnitt gleichmäßiger gestaltet, braucht kein erheblicher Mehranfall an Gichtstaub die Folge zu sein. In Übereinstimmung mit den Ergebnissen von O. R. Rice [3] an amerikanischen Hochöfen zeigten neueste Untersuchungen in Calbe, daß bei Steigerung der Gestellbelastung am Ofen IV der Gichtstaubanfall nicht proportional zur eingeblasenen Windmenge ansteigt.

Beim Bau runder Niederschachtöfen wird es in besonderem Maße darauf ankommen, für eine genügend große Eindringtiefe der Zirkulationszone Sorge zu tragen, da andernfalls ein solcher Ofen mit großer Wahrscheinlichkeit randgängig werden würde. Zweifellos verteilt sich das Gas beim Aufsteigen auch auf die Ofenmitte; die stark verringerte Schachthöhe schränkt aber die Wirksamkeit dieses Vorgangs erheblich ein. Inwieweit hierin die Begrenzung der Größe runder Niederschachtöfen liegt, muß abgewartet werden.

Letzten Endes muß es gelingen, am Niederschachtofen die gleiche Gestellbelastung wie am Hochofen zu erreichen, ohne daß ein gegenüber dem Hochofen erhöhter Koksverbrauch eintritt. Nur in diesem Falle kann das Niederschachtofenverfahren einen vollwertigen Ersatz für das Hochofenverfahren bei Fehlen von metallurgischem Hochofenkoks darstellen.

Zusammenfassung

Anhand von Auswertungen der Kennziffern ausländischer Hochöfen sowie anhand von Untersuchungen an einigen Hoch- und Niederschachtöfen der Deutschen Demokratischen Republik wurde der Frage nach der optimalen Gestellbelastung von Hoch- und Niederschachtöfen nachgegangen. Die wesentlichen Ergebnisse dieser Arbeiten sind folgende:

1. Die Gestellbelastung, die die Strömungsverhältnisse im Schacht kennzeichnet, erlaubt einen Vergleich von Öfen mit stark unterschiedlicher Schachthöhe.
2. Die Einhaltung einer Gestellbelastung von mehr als 1000 kg/m² u. h ist auch an Hochöfen mit mehr als 1000 m³ Nutzinhalt möglich, und sie sollte auch am Niederschachtofen angestrebt werden. Von dieser Forderung ist jedoch abzusehen, wenn der betreffende Hoch- oder Niederschachtofen mit einem geringen Möllerausbringen arbeiten muß.
3. Die Eindringtiefe der Zirkulationszone in Richtung der Formenachse, welche die Ausdehnung der aktiven Zone vor den Formen am sichersten kennzeichnet, hängt unmittelbar von der Windgeschwindigkeit ab. Wenn auch das Formengas über die Zirkulationszone hinaus zur Ofenmitte hin vordringt, so ist doch eine genügend große Zirkulationszone die wichtigste Voraussetzung für eine gleichmäßige Gasverteilung im Ofen. Entsprechend ihrer Bedeutung für das Geschehen im Ofen sollten die Vorgänge vor den Formen mehr als bisher Gegenstand eingehender Untersuchungen sein, wobei auch die Art der Möllerverteilung an der Gicht in die Betrachtung einbezogen werden muß.
4. Eine genügend stabile Zirkulationszone vor den Formen vermindert die Gefahr, daß flüssiges Eisen die Formen zerstört und daß flüssige Schlacke in die Formen eindringt. Außerdem ist es möglich, die Schlacke länger im Ofen zu halten, was zu einer Verbesserung der metallurgischen Arbeit im Gestell führt.
5. Die Gestellbelastung kann ohne Erhöhung des spezifischen Koksverbrauchs gesteigert werden, solange im Ofen noch eine Zone vorhanden ist, die an der metallurgischen Arbeit nur ungenügend teilnimmt.
6. Der Rückgang der Gestellbelastung mit steigendem Gestelldurchmesser, der dann auftritt, wenn bei Ofenvergrößerungen die Gebläse die Grenze ihrer Leistungsfähigkeit erreichen, darf nicht verallgemeinert werden.
7. Die Abhängigkeit des spezifischen Koksverbrauchs wie auch der Erzeugungskosten des Roheisens von der Gestellbelastung sollte ständig ermittelt und überwacht werden. Die insgesamt zu erzeugende Roheisenmenge kann dann so auf die vorhandenen Öfen verteilt werden, daß die durchschnittlichen Selbstkosten so niedrig wie möglich gehalten werden. Bei Untersuchungen dieser Art erweist sich die mathematische Statistik, insbesondere die multiple Regressionsanalyse, als ein vorzügliches Hilfsmittel.
8. Bei der Entwicklung des Niederschachtofenverfahrens zum runden Ofen muß es möglich sein, die Gestellbelastung in der gleichen Größenordnung wie am Hochofen zu halten. Wegen der stark verringerten Schachthöhe kommt hierbei der Ausbildung einer genügend großen Zirkulationszone erstrangige Bedeutung zu.

Literatur

[1] Hellriegel, V., Unveröffentlichte Studienarbeit am Eisenhütten-Institut, Freiberg 1962.
[2] Rice, O. R., Three blast furnace questions. Blast Furnace **33** (1945) 1523–29.
[3] Rice, O. R., Some aspects of the blast furnace situation in the United States. Blast Furnace **40** (1952) 513–21; 657–62; 787–92; 926–27.

[4] OSTROUCHOW, M. JA., Über Störungen der Gestellarbeit bei großen Hochöfen. Metallurg. 5 (1960) H. 9, 7–8.
[5] NOWOSSPASKI, A. F., Konstruktion moderner Hochöfen. VEB Verlag Technik, Berlin 1954.
[6] BARDIN, I. P., ZYLJEW, L. M., OSTROUCHOW, M. JA., CHODAK, L. S., Neue Auffassungen über den Verbrennungsprozeß des Kokses an den Windformen des Hochofens. Neue Hütte **1** (1956) 238–44.
[7] EBERT, R., LÜDEMANN, K.-F., Investigations on the tuyere and combustion zones in blast-furnaces and low-shaft furnaces. J. Iron Steel Inst. **196** (1960) 46–50.
[8] EBERT, R., LÜDEMANN, K.-F., Untersuchungen über die Zirkulations- und Verbrennungszone von Hoch- und Niederschachtöfen. Freiberger Forschungsh., Reihe B 44 (1961) 21–29.
[9] TAYLOR, J., LONIE, G., HAY, R., A study of the tuyere combustion zone. J. Iron Steel Inst. **187** (1957) 330–41; seihe auch Neue Hütte **3** (1958) 763–65.
[10] SPINDLER, H., Unveröffentlichte Diplomarbeit am Eisenhütten-Institut der Bergakademie Freiberg, Freiberg/Sa. 1962.
[11] CLAUS, F., Unveröffentlichte Diplomarbeit am Eisenhütten-Institut der Bergakademie Freiberg, Freiberg/Sa. 1962.
[12] HANSEN, M., Strömungsvorgänge im Hochofen zwischen Rast und Gestell. Stahl u. Eisen **82** (1962) 1061–62.

Akademiemitglied Prof. Dr.-Ing. EDUARD MAURER

Eisenforschungsinstitut Hennigsdorf, Berlin

WASSERSTOFF, KOHLENSTOFF UND SAUERSTOFF IM STAHL

Bearbeitung auf Grund der Themen wissenschaftlichen Charakters im zweiten Fünfjahresabschnitt des Eisen-Forschungsinstituts, Hennigsdorf, 1955 bis 1959

(Kurzauszug)

Das Schwergewicht der Arbeiten des vom Verfasser von 1949 bis Ende 1959 geleiteten Eisen-Forschungsinstituts, Hennigsdorf, lag bis 1957 in der Beratung der Stahl erzeugenden und verbrauchenden Industrie der DDR und in der Erstattung von Gutachten. Erst im Jahre 1958 konnte die „gezielte Grundlagenforschung" mehr in den Vordergrund treten. Dieser Entwicklung entsprechend kann jetzt über Arbeiten auf folgenden Gebieten berichtet werden:

Wasserstoff im flüssigen Stahl,
Sauerstoff im Stahl nach dem Vergießen an Luft und im Vakuum,
Schlackeneinschlüsse und Methoden zu ihrer Identifizierung,
Oxid- und Sulfideinschlüsse im Kugellagerstahl,
Rolle des feuerfesten Verschleißmaterials beim Entstehen der Schlackeneinschlüsse,
Kohlenstoff im Stahl als Ursache der Karbidzeiligkeit von Kugellager- und von Schnellarbeitsstahl.

In einer zusammenfassenden Schlußbetrachtung werden Ergebnisse herausgestellt, die bei der Nutzung der auf obengenannten Gebieten erlangten Erkenntnisse in mehreren Stahlwerken der DDR erzielt worden sind.

Der Vortrag ist im vollen Wortlaut in der Zeitschrift „Neue Hütte", 8. Jg. (1963) Heft 5, Seite 258 bis 273, erschienen.

Prof. Dipl.-Ing. Georg Juretzek
Direktor des Instituts für Metallformung der Bergakademie Freiberg
Dr.-Ing. Gerhard Richter
VEB Edelstahlwerk „8. Mai 1945", Freital

UNTERSUCHUNGEN ÜBER DAS RECKSCHMIEDEN MIT UND OHNE STAUCHEN DES ROHBLOCKS BEIM FREIFORMSCHMIEDEN SCHWERER BLÖCKE

Zusammenfassung des Standes der Erkenntnis und Aufgabenstellung

Die Entwicklung in den Schmiedebetrieben ist nicht nur durch eine ständige Erhöhung der Produktion, durch die Vergrößerung der Stückgewichte und durch die Entwicklung schwerer und schwerster Aggregate und der dazu erforderlichen Hilfseinrichtungen bestimmt. Die Anforderungen der Verbraucher, insbesondere des Energiemaschinenbaus und der Großschmieden, zwingen die Erzeuger großer Schmiedestücke dazu, die Qualität ihrer Erzeugnisse ständig zu verbessern.

In den zwanziger und dreißiger Jahren unseres Jahrhunderts war man bemüht, sich Klarheit darüber zu verschaffen, welche Werkstoffeigenschaften an bestimmten Stellen großer Schmiedestücke mit Sicherheit erwartet werden konnten, wobei man die Einwirkungen des Verschmiedungsgrads (1, 2, 3 und 4), der Legierung und der Wärmebehandlung als die wichtigsten Veränderlichen erkannte, die dem Metallurgen zur Verfügung stehen, um die Eigenschaften seiner Schmiedestücke zu beeinflussen. Es müssen hier die klassischen Arbeiten von Prof. Dr.-Ing. habil. E. Maurer besonders erwähnt werden. In den vergangenen Jahren wurde die Herstellung eines Schmiedestücks nicht mehr als ein feststehender Verformungsvorgang aufgefaßt, sondern als ein in einzelne Stufen aufgegliederter Vorgang. Der richtigen Wahl der Reihenfolge der einzelnen Schmiedeoperationen und der Art und Höhe der Verformung in den einzelnen Stufen des Gesamtschmiedeprozesses wurde mehr Aufmerksamkeit geschenkt. Obwohl sich das Stauchen in den Jahren nach dem Zweiten Weltkrieg immer mehr durchsetzte, vermochten die wenigen, nicht umfassenden Arbeiten das Für und Wider nicht zu klären.

Eingehende Untersuchungen über den Einfluß des Verschmiedungsgrads durch Reckschmieden auf die mechanischen Werte und das Primärgefüge liegen vor, wenn auch die Schmiedebedingungen, unter denen die Ergebnisse erzielt wurden, nicht immer bekannt sind, so daß ein Vergleich nicht ohne weiteres möglich ist. Über den Einfluß des Reckschmiedens auf die Durchschmiedung, d. h. auf innere Lockerstellen, bei großen Schmiedestücken sind nur die Arbeiten von E. Maurer und H. Korschan [3] und von E. Maurer und H. Gummert [4] bekannt. Der Einfluß des Stauchens auf die mechanischen Werte wurde nur an kleinen Blöcken untersucht. Die Ergebnisse widerlegten die Ansicht, daß die mechanischen Werte in Querrichtung durch das Stauchen verbessert werden. Der Einfluß des Stauchens auf das Gefüge ist noch nicht untersucht worden. Die Arbeit von A. Tomlinson und J. D. Stringer [5] untersucht lediglich an kleinen Proben den Einfluß unterschiedlicher Stauchgrade auf das Schließen von inneren Hohlräumen und vernachlässigt dabei den Einfluß auf die mechanischen Werte.

In der Arbeit von O. Krifka [6] wurden zu geringe Stauchgrade angewendet, so daß die Ergebnisse nicht aussagekräftig sind. Die vorliegenden Arbeiten [1, 2, 3, 4 und 7] lassen einen Widerspruch zwischen der Höhe des Reckschmiedegrads zur Erreichung optimaler mechanischer Werte und den in der Praxis üblichen Verschmiedungsgraden zur Erreichung einer guten Durchschmiedung offen.

So empfehlen R. Ferry und C. Roques [8] sowie A. Bartocci und E. Marianeschi [9] zur Beseitigung dieses Widerspruchs das Schmiedestück abwechselnd zu stauchen und zu strecken, während H. H. Burton [10] der Meinung ist, daß ein abwechselndes Stauchen und Recken keinen Vorteil bringt. Die Arbeiten von F. E. Feeg [11], F. Drastik [12, 13] und O. Krifka [6] besagen, daß das Stauchen keine Verbesserung der mechanischen Eigenschaften bedingt.

Die Arbeit von A. Tomlinson und J. D. Stroinger [5] gibt hohe Stauchgrade an, um innere Fehlstellen verschweißen zu können, die in der Schmiedepraxis nicht üblich sind und nur mit sehr schwerem Pressen erreicht werden können.

Aus der nachfolgend angeführten Formulierung von F. Rapatz [14] aus dem Jahre 1952 geht die Unsicherheit in der Beurteilung des Stauchprozesses hervor: „Die Entscheidung der Frage, ob es zweckmäßig ist, bei der Herstellung von Schmiedestücken den Block zuerst zu stauchen und dann zu recken, wird davon abhängen, ob man dadurch bessere Querwerte erzielt. Dies dürfte wohl zutreffen. Es entsteht aber die Frage, ob die Verbesserung der Mehrarbeit entspricht. Außerdem ist die Neigung zum Aufreißen beim Stauchen zu beachten.“

Es schien erforderlich, zur Klärung der offenen Fragen eine vergleichende Untersuchung des Reckens und Stauchens großer Schmiedeblöcke von einem umfassenderen Standpunkt aus durchzuführen.

Auf Grund der durchgeführten Arbeiten wurde der Einfluß des Reckens und des Stauchens mit anschließendem Reckschmieden auf die mechanischen Werte in Längs-, Quer- und in radialer Richtung auf die Ausbildung des Gefüges, auf die Ausbildung der vom Rohblock herstammenden inneren Fehl- und Lockerstellen und auf die Durchschmiedung untersucht und vergleichend gegenübergestellt.

Ziel der Untersuchungen war es, erstens zu entscheiden, ob der aufwendige Stauchprozeß die Qualität des Schmiedeerzeugnisses fördert, schmälert oder nicht beeinflußt und zweitens zu klären, wie stark ein Schmiedeblock gestaucht werden muß, damit durch den Stauchvorgang die Erreichung optimaler mechanischer Werte, besonders in Querrichtung, eine günstige Gefügeausbildung und die Beseitigung von Lockergefüge gefördert werden.

Eigene Untersuchungen

Aus der Zielstellung der Arbeit ergaben sich zwei Hauptversuchsreihen. Der erste Teil der Untersuchungen soll Aufschluß darüber geben, wie einerseits das einfache Recken und andererseits das Stauchen mit anschließendem Recken die

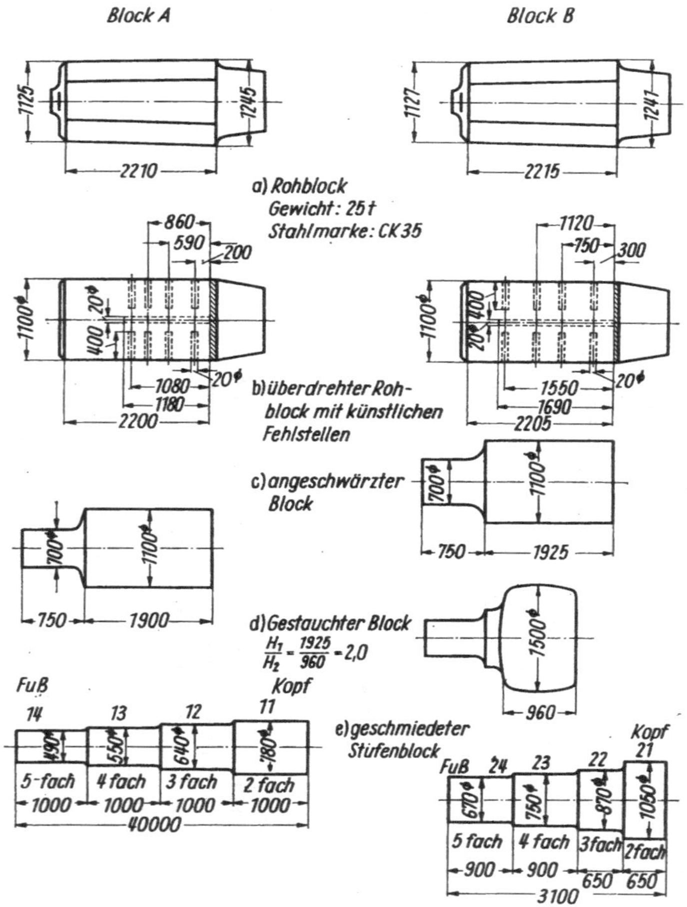

Abb. 1. Abmessungen der Versuchsblöcke A und B in den verschiedenen Fertigungsstufen

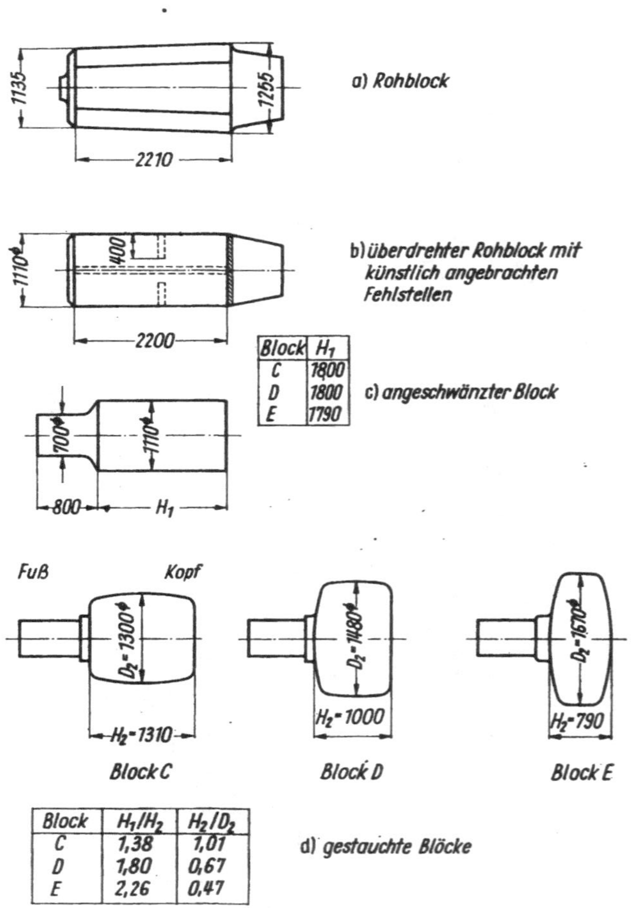

Abb. 2. Abmessungen der Versuchsblöcke C, D und E in den verschiedenen Fertigungsstufen

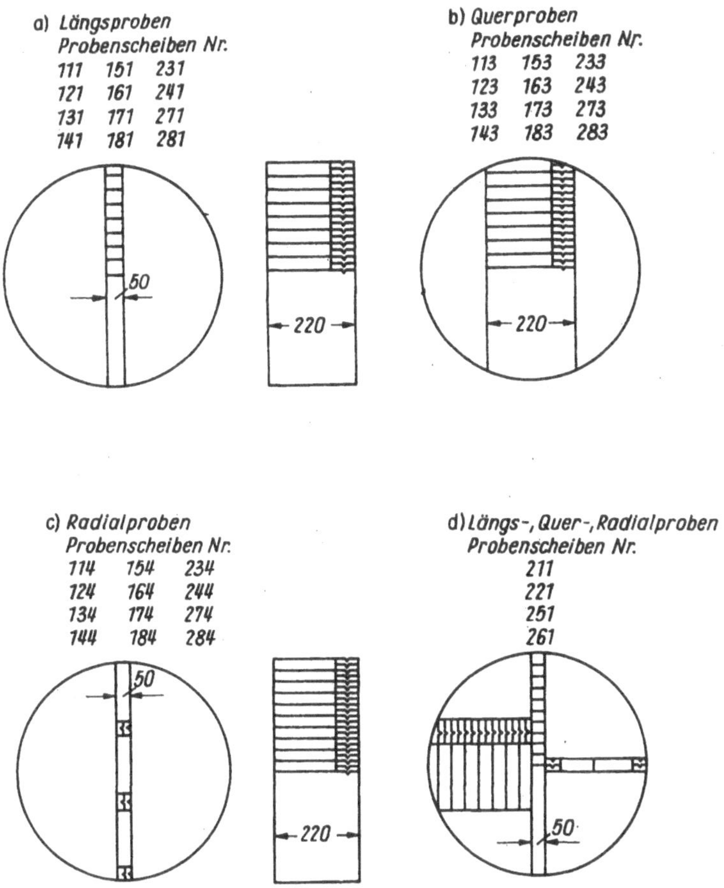

Abb. 3. Anordnung der Zerreiß- und Kerbschlagproben in den einzelnen Probescheiben der Versuchsblöcke A und B

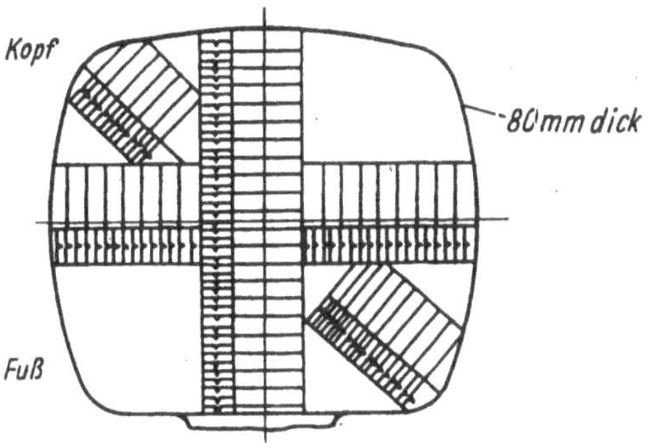

Abb. 4. Anordnung der Zerreiß- und Kerbschlagproben in den Versuchsblöcken C, D und E

mechanischen Werte bei unterschiedlich großer Längsverschmiedung beeinflussen. Gleichzeitig wurde untersucht, wie sich diese beiden Schmiedeverfahren auf die Veränderung der vom Rohblock herstammenden inneren Fehler, d. h. auf die Durchschmiedung des Blockinneren auswirken.

Im zweiten Teil der Arbeit wurde der Stauchvorgang selbst untersucht. Das Ziel war es, die Frage zu klären, wie stark ein Block gestaucht werden muß, um eine Verbesserung der mechanischen Werte in radialer und Querrichtung und die Durchschmiedung des Blockinneren zu erzielen. Abb. 1 und 2 zeigen die Abmessungen der im SM-Ofen erschmolzenen 25-t-Versuchsblöcke in den einzelnen Fertigungsstufen. Aus den Abb. 3 und 4 ist die Probenlage ersichtlich.

Versuchsergebnisse

Die für einen Vergleich der beiden Schmiedeverfahren untersuchten zwei Blöcke A und B sind aus einer Schmelze, wurden auf einem Schmiedeofen an- und zwischengewärmt und auf einem Glühofen wärmebehandelt. Die Herstellungsbedingungen wurden, soweit das bei der Durchführung von Versuchen im Rahmen der laufenden Produktion möglich war, für beide Versuchsschmiedestücke konstant gehalten. Bei der Einschätzung der Ergebnisse muß berücksichtigt werden, daß die Schmiedeenddurchmesser der einzelnen Stufen des gestauchten Blocks B infolge des größeren Ausgangsdurchmessers größer waren als die des Blocks A, so daß für die Durchschmiedung und die Wärmebehandlung für Block B ungünstigere Voraussetzungen bestanden. Obwohl beim Vergleich beider Blöcke bei den einzelnen Vergleichsgrößen nicht immer eindeutige Ergebnisse erzielt werden konnten, ergaben sich doch insgesamt beim Vergleich beider Schmiedeverfahren eindeutige Unterschiede, die eine Einschätzung des reinen Reckschmiedens und der Längsverschmiedung nach vorhergehendem Stauchen des Rohblocks gestatten. Die chemische Untersuchung ergab bei beiden Blöcken das bekannte Seigerungsbild bei großen Schmiedeblöcken mit der Anreicherung des Kohlenstoffs, Phosphors und Schwefels im oberen Blockteil und die bekannten ringförmigen Seigerungszonen, wie sie bei den Baumannabzügen und Ätzscheiben deutlich zu erkennen sind. Die Anreicherung des Kohlenstoffs, Phosphors und Schwefels ist bei Block B, der die Gießnummer 2 hat, ausgeprägter als bei Block A. Eine Beeinflussung der Seigerungszonen durch das Schmiedeverfahren ist nicht erfolgt. Der Verlauf der mechanischen Werte über den Querschnitt in den einzelnen Verformungsstufen zeigt die gleiche Tendenz wie die chemischen Werte (Abb. 5).

Zugfestigkeit und Streckgrenze werden durch das Schmiedeverfahren nicht beeinflußt. Unterschiede ergeben sich bei der Dehnung, Einschnürung und den Qualitätszahlen, während die Unterschiede in der Kerbschlagzähigkeit keine Aussagen zulassen. Eine 2fache Längsverschmiedung nach dem Stauchen hat nicht den gleichen Einfluß auf die Zähigkeitswerte der Längsproben wie eine 2fache reine Längsverformung (Abb. 6). Bei 4- und 5facher Verschmiedung werden die Längswerte durch das Stauchen im Kern des Schmiedestücks verbessert (Abb. 7). Bei den Querproben für die Zähigkeitswerte ist eine eindeutige Verbesserung der

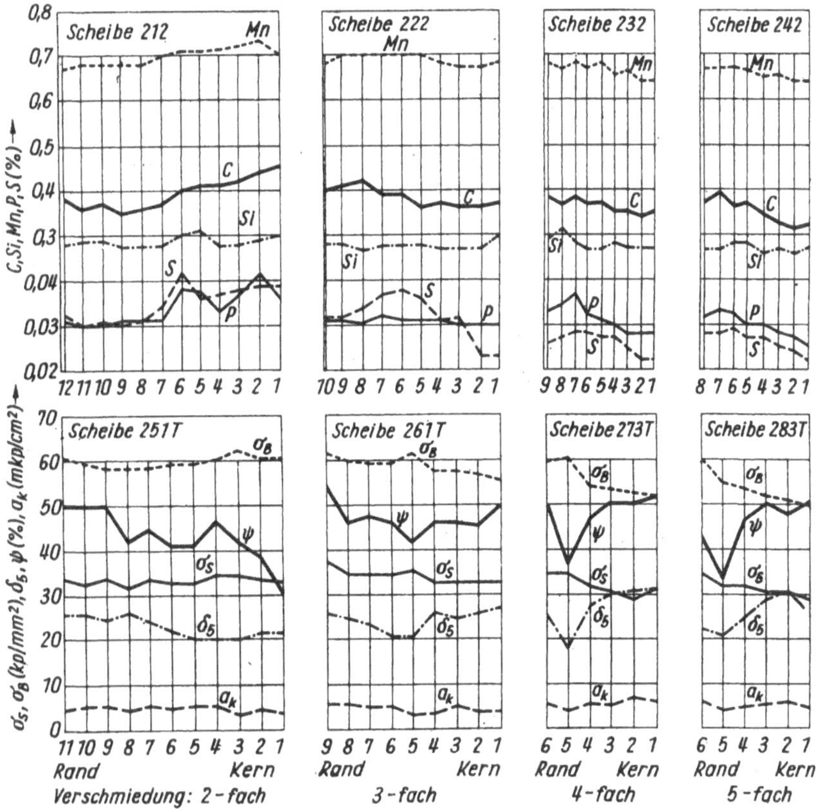

Abb. 5. Verlauf der chemischen Zusammensetzung und der mechanischen Werte über den Querschnitt, Block B

Dehnung und Einschnürung bei 3-, 4- und 5facher Verschmiedung und im Kern des Blocks durch das Stauchen zu erkennen (Abb. 8). Das Stauchen des Rohblocks verbessert die Durchschmiedung.

Der Vergleich der mechanischen Werte in Abhängigkeit vom Verschmiedungsgrad bestätigt die schon erwähnte Tatsache, daß nach dem Stauchen eine 2fache Verschmiedung nicht ausreicht, um die gleichen Zähigkeitswerte in Längsrichtung zu erreichen, die bei 2facher Verschmiedung ohne Stauchen gemessen wurden (Abb. 9). Bei beiden Schmiedeverfahren steigen die Werte mit zunehmender Verschmiedung an. Beim gestauchten Block B ist dieser Anstieg steiler, so daß bei 4- und 5facher Längsverschmiedung die Werte für beide Schmiedeverfahren gleich sind. Bei den Querwerten wurden die besten Ergebnisse bei einer 3fachen reinen Längsverschmiedung erzielt, während der optimale Verschmiedungsgrad beim gestauchten Block bei 4facher Längsverschmiedung liegt (Abb. 9 und 10). Der Abfall der Zähigkeitswerte nach dem Überschreiten des optimalen Verschmiedungsgrads wird durch das Stauchen des Blocks erheblich verringert, wobei gleichzeitig die absoluten Werte erhöht werden. Die Zähigkeitswerte der Radialproben wer-

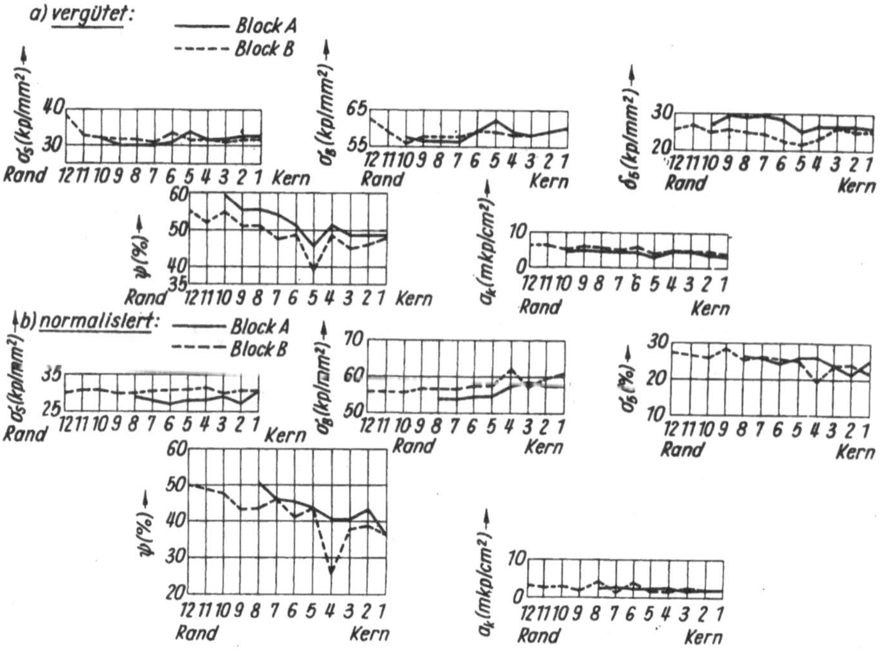

Abb. 6. Verlauf der mechanischen Werte über den Querschnitt, 2fache Verschmiedung, Längsproben

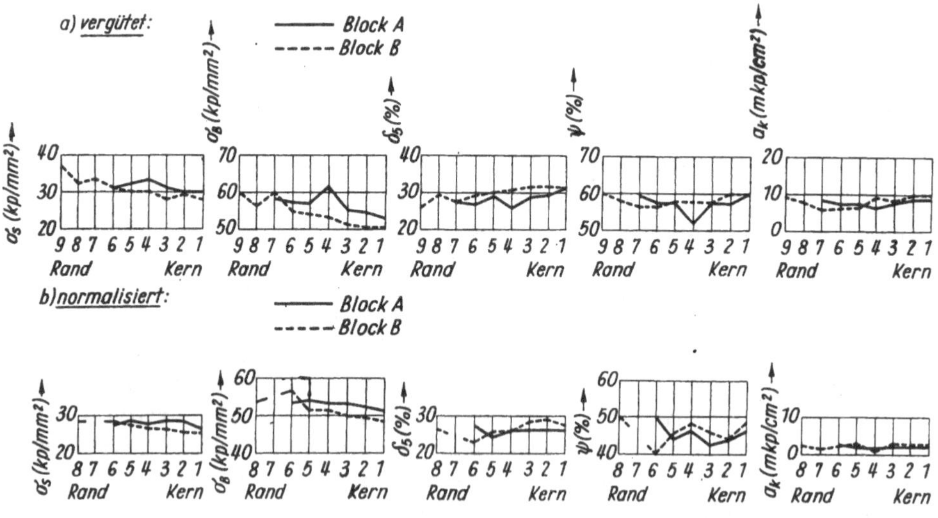

Abb. 7. Verlauf der mechanischen Werte über den Querschnitt, 4fache Verschmiedung, Längsproben

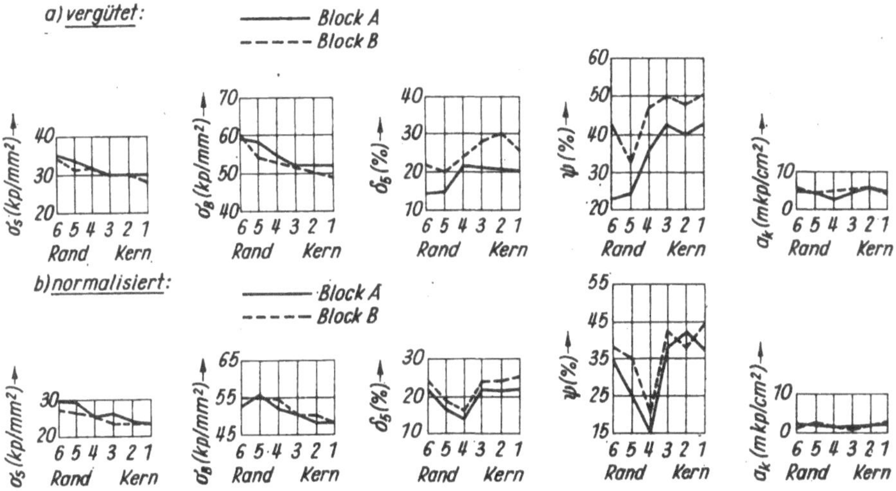

Abb. 8. Verlauf der mechanischen Werte über den Querschnitt, 5fache Verschmiedung, Querproben

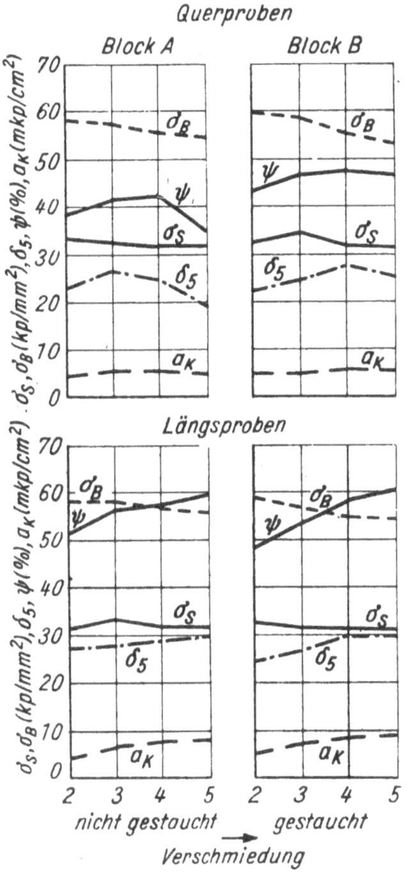

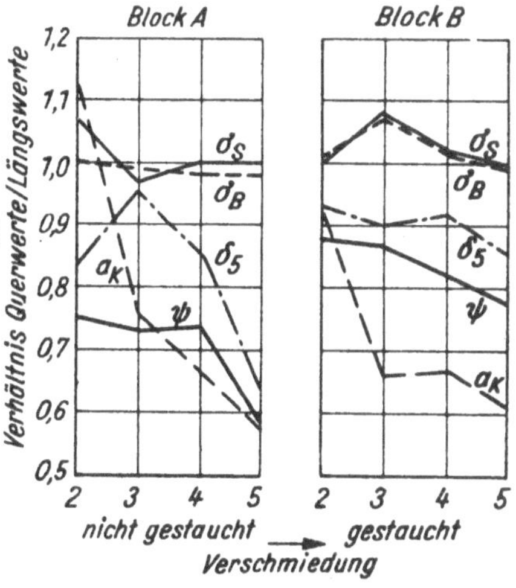

Abb. 10. Abhängigkeit des Verhältnisses der Querwerte zu den Längswerten vom Verschmiedungsgrad, vergütet

◀

Abb. 9. Mechanische Werte in Abhängigkeit vom Verschmiedungsgrad, Längsproben und Querproben, vergütet den durch das Stauchen stark verbessert. Das ist besonders bei 4- und 5facher Verschmiedung augenscheinlich (Abb. 11).

Auf Hinweis von Prof. Dr.-Ing. E. Maurer wurden die Abhängigkeit der Einschnürung von der Dehnung und die Abhängigkeit der Kerbschlagzähigkeit von der Einschnürung und von der Dehnung untersucht. Dabei ergab sich zwar eine Beziehung zwischen Einschnürung und Dehnung, der Streubereich ist aber so beträchtlich, daß eine praktische Anwendung nicht möglich sein wird.

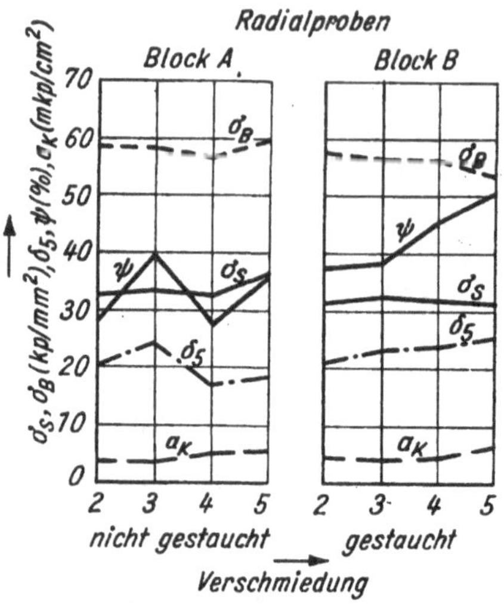

Abb. 11. Mechanische Werte in Abhängigkeit vom Verschmiedungsgrad, Radialproben

Die Werte des gestauchten Blocks B liegen in größerer Anzahl im Bereich höherer Dehnung und Einschnürung. Im normalisierten Zustand haben beim nicht gestauchten Block A 44% der Werte eine Einschnürung unter 36% und 24,5% eine Dehnung unter 20%. Beim gestauchten Block B sind es 27,2 bzw. 17% der Werte, die unter 36% Einschnürung bzw. 20% Dehnung liegen. Im vergüteten Zustand liegen bei Block A 31,3% der Werte unter 36% Einschnürung und 20,5% unter 20% Dehnung. Bei Block B lauten die entsprechenden Zahlen 8,1 bzw. 4,0% (Abb. 12 und 13).

Der Vergleich der Ergebnisse der mechanischen Prüfung von Verformungsstufen gleicher Abmessung läßt erkennen, daß die durch das Stauchen erzielte Verbesserung der Zähigkeitswerte in Quer- und radialer Richtung bei einer 5fachen Verschmiedung zu einem gewissen Teil wieder rückgängig gemacht wird, obwohl im Kern des Schmiedestücks bessere Werte als beim nur gereckten Block erzielt werden. Es ist besser, mit einer 4fachen Längsverschmiedung nach dem Stauchen zu schmieden, als auf das Stauchen zu verzichten und nur eine 2fache Längsverschmiedung zu wählen. Die Ergebnisse der mechanischen Prüfung finden ihre Bestätigung in den Gefügeuntersuchungen. Schlacken, Seigerungen und Primärgefüge werden durch das Stauchen des Blocks weniger stark gestreckt als beim

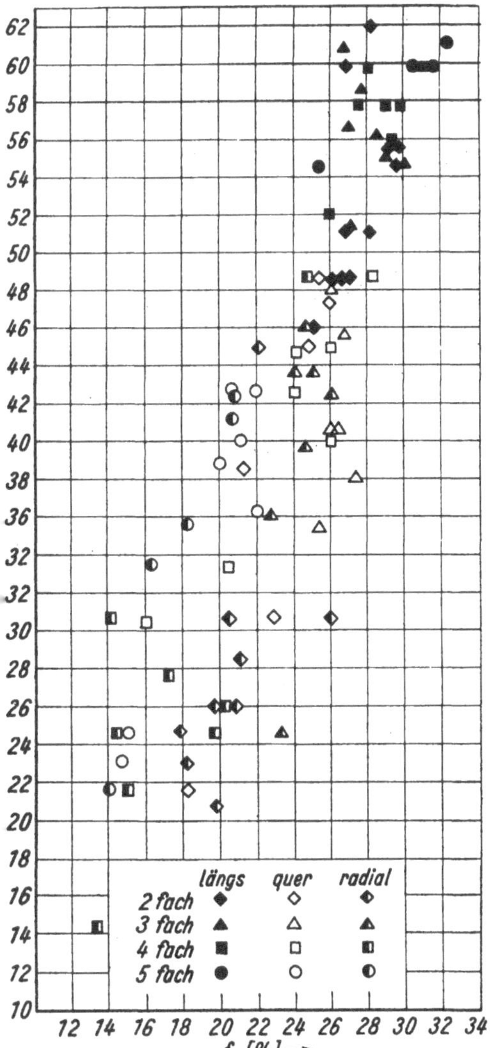

Abb. 12. Abhängigkeit der Einschnürung von der Dehnung, Block A, vergütet

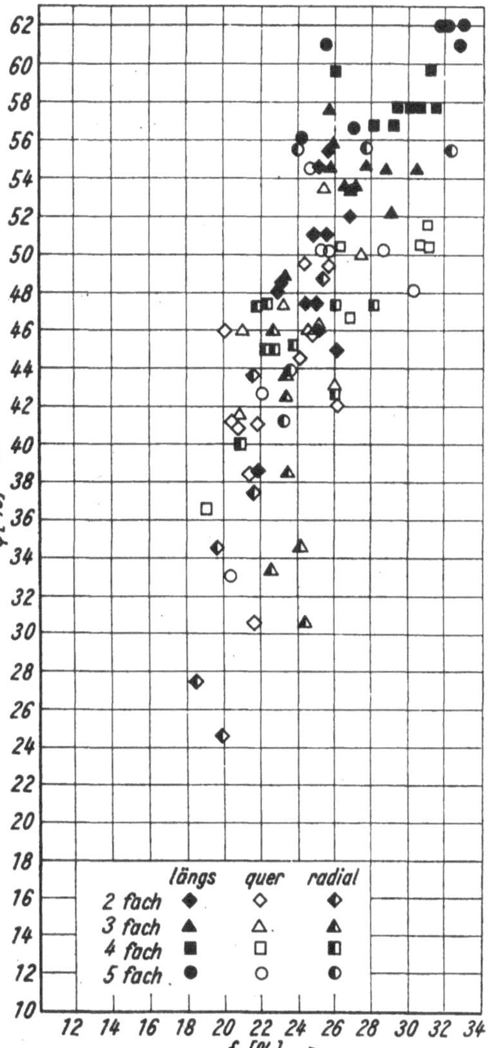

Abb. 13. Abhängigkeit der Einschnürung von der Dehnung, Block B, vergütet

reinen Längsschmieden (Abb. 14 und 15). Diese Streckung und Zeiligkeit kann nach dem Stauchen genauso ausgeprägt sein, wenn die darauffolgende Längsverschmiedung zu groß wird, so daß dadurch die Wirkung des Stauchvorgangs aufgehoben wird. Die unterschiedlich starke Ausrichtung des Primärgefüges nach der Schmiederichtung ist auch nach der Wärmebehandlung noch wirksam und beeinflußt so die Quer- und Radialwerte.

Die Untersuchung der künstlich angebrachten Fehlstellen nach dem Schmieden mit Ultraschall, Prüfrot und durch Sichtprüfung zeigte, daß durch das Stauchen

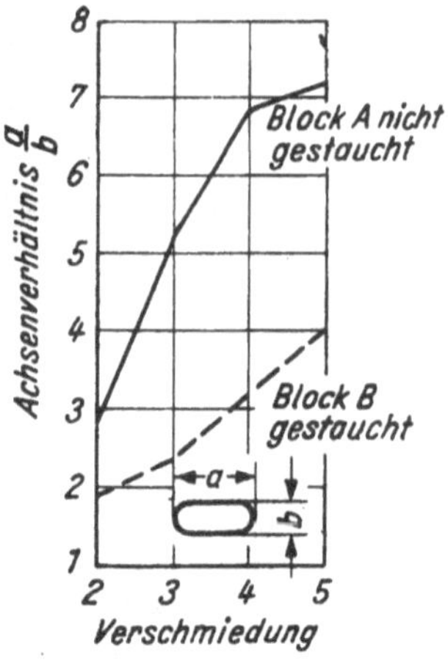

Abb. 14. Verformung der nichtmetallischen Einschlüsse in Abhängigkeit vom Verformungsgrad und der Verformungsart

des Rohblocks ein erheblich größerer Teil der Bohrung beseitigt werden konnte (Abb. 16). Während bei einer 2fachen Längsverschmiedung bei beiden Blöcken nur ungefähr 24% der ursprünglichen Länge der Fehlstellen verschweißt werden konnten, wurden diese bei 5facher Längsverschmiedung zu 96,0% beim gestauchten Block und zu 33,8% beim nur gereckten Block verschweißt. Das Stauchen des Blocks auf die Hälfte der ursprünglichen Länge fördert entscheidend die Beseitigung von inneren Hohlräumen. Das Schließen der Bohrung erfolgt durch die Bewegung des Materials in radialer Richtung zur Bohrungsmittellinie. Erst wenn der Materialtransport so weit gediehen ist, daß sich die Materialschichten berühren, beginnt der eigentliche Schweißprozeß. Das Stauchen fördert den Materialtransport, und das anschließende Reckschmieden mit 4- und 5facher Verschmiedung beseitigt die Hohlräume vollständig.

Aus den Ergebnissen der ersten Versuchsreihe ergeben sich zusammenfassend folgende Schlußfolgerungen:

Das Stauchen des Rohblocks erfordert eine höhere Längsverschmiedung nach dem Stauchen, um die gleiche Wirkung wie bei einer reinen Längsverschmiedung zu erreichen.

Durch das Stauchen werden die Zähigkeitswerte in Quer- und in radialer Richtung sowie im Kern verbessert.

Der Verschmiedungsgrad zur Erreichung optimaler Quer- und Radialwerte liegt beim gestauchten Block bei 4, beim nur längsverschmiedeten Block bei 3.

Die Ausrichtung von Seigerungsstreifen und nichtmetallischen Einschlüssen nach der Schmiederichtung wird durch das Stauchen vermindert, wenn die nachfolgende Längsverschmiedung nicht größer als 4- bis 5fach ist.

Es ist möglich, nach dem Stauchen eine höhere Längsverschmiedung anzuwenden, ohne daß die Quer- und Radialwerte sich verschlechtern.

Durch die mögliche höhere Längsverschmiedung nach dem Stauchen wird die Beseitigung von inneren Fehlstellen begünstigt.

Das stellten auch J. Zlatnik und H. Zlatnikova [15] in einer neueren Arbeit aus dem Jahre 1962 fest. Sie werteten 260 Rotoren, die in den Jahren 1926 bis

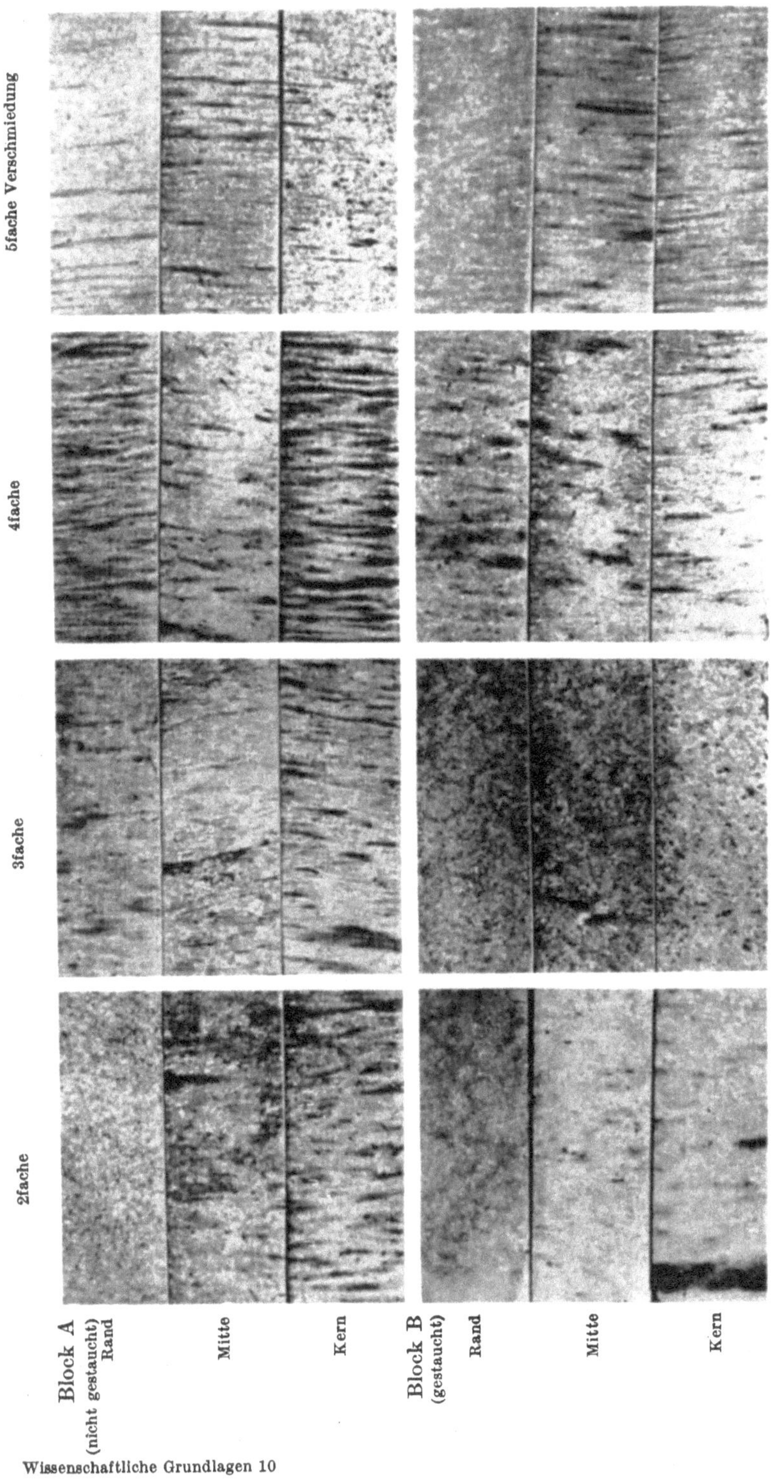

Abb. 15. Primärgefüge der Versuchsblöcke A und B bei 2-, 3-, 4- und 5facher Verschmiedung normalisiert

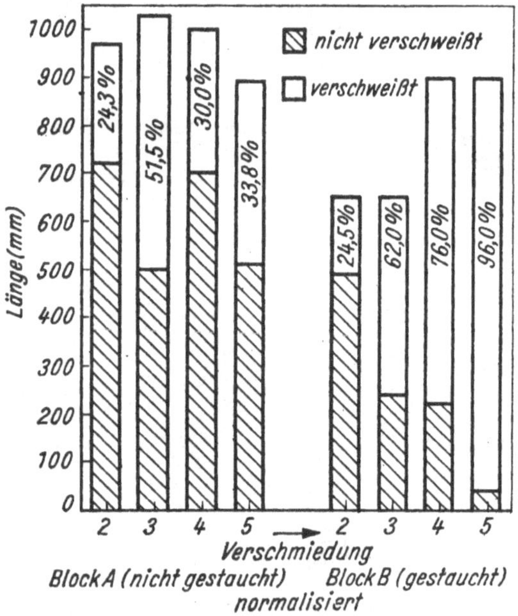

Abb. 16. Abhängigkeit der fehlerfreien Länge bei den Versuchsblöcken A und B vom Verschmiedungsgrad und vom Schmiedeverfahren

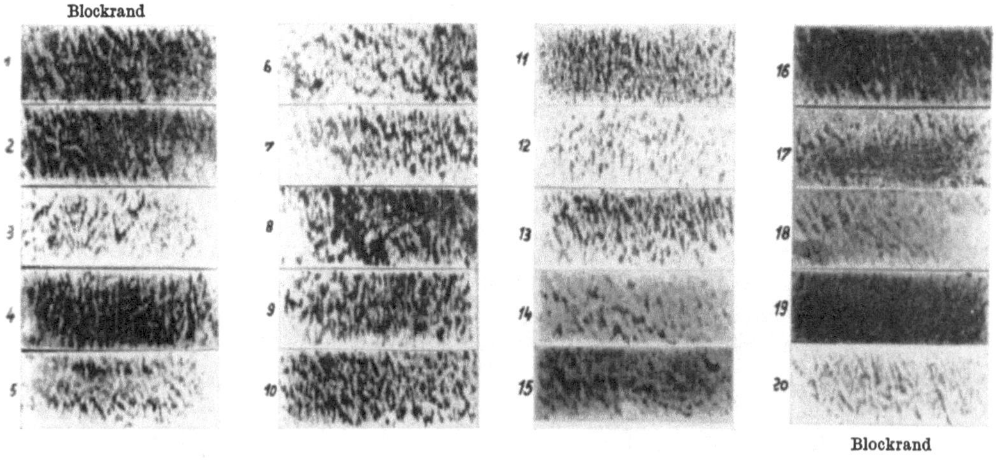

Abb. 17. Primärgefüge des gestauchten Blocks D senkrecht zur Blocklängsachse

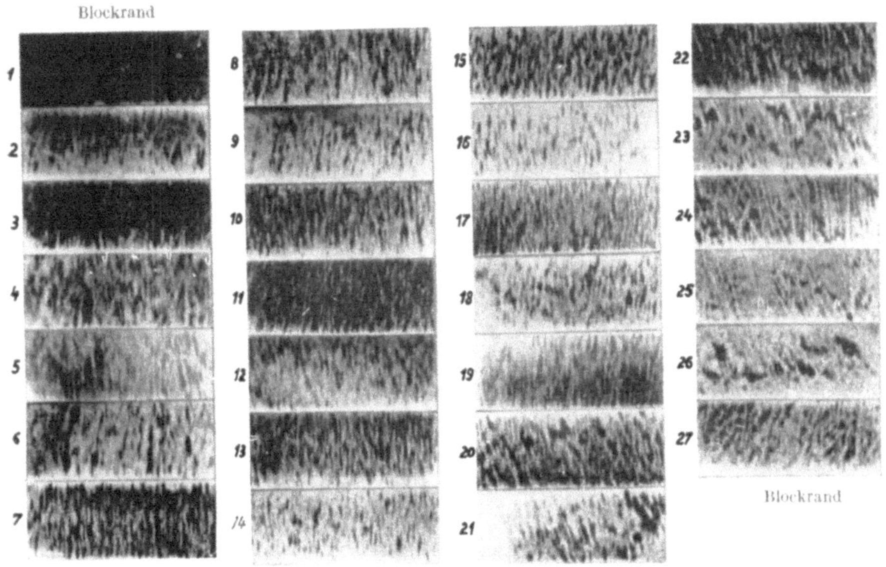

Abb. 18. Primärgefüge des gestauchten Blocks E senkrecht zur Blocklängsachse

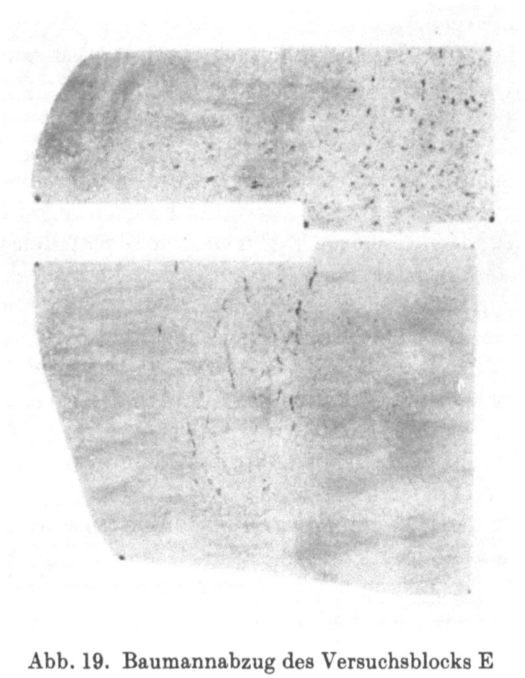

Abb. 19. Baumannabzug des Versuchsblocks E

1958 in der Schmiede in Pilsen erzeugt wurden, aus. Danach fielen bei den ohne Stauchen geschmiedeten Rotoren ca. 54%, bei einmaligem Stauchen auf 1/4 bis 1/3 der Ausgangshöhe 12% und bei dreimaligem Stauchen auf 1/3 oder bei einmaligem Stauchen auf die Hälfte der Ausgangshöhe 0% der Rotoren durch innere Hohlräume und Auflockerung, die nicht verschweißt werden konnten, aus.

Das Stauchen auf die Hälfte der Rohblocklänge fördert das Schließen von inneren Hohlräumen.

Es muß möglich sein, durch wiederholtes Recken und Stauchen eine gute Durchschmiedung des Schmiedestücks zu erreichen, ohne daß die Quer- und Radialwerte sich verschlechtern, weil die Ausrichtung von Verunreinigungen nach der Schmiederichtung durch das Stauchen immer wieder aufgehoben wird, obwohl rein rechnerisch eine hohe Längsverschmiedung angewendet wird.

Die Untersuchung der drei unterschiedlich stark gestauchten Versuchsblöcke C, D und E ergibt, daß sich auch bei großen Schmiedeblöcken mit einem Gewicht von 25 t im Stauchkörper Zonen unterschiedlich starken Werkstoffflusses ausbilden. Der Werkstofffluß ist im Kern des Blocks am stärksten (Abb. 17 und 18). Dort erfolgt eine im Primärgefüge auch nach einem normalisierenden Glühen noch sichtbare Ausrichtung der Seigerungen.

Die Stärke der Zeiligkeit ist abhängig von der Höhe des Werkstoffflusses, d. h. vom Stauchgrad. Die Ausdehnung des Gebietes, in dem die Zeiligkeit festzustellen ist, nimmt von der Kernzone ausgehend ebenfalls mit steigendem Stauchgrad zu. Das Makrogefüge der Baumannabzüge und der Ätzscheiben zeigt eine bei allen drei Blöcken gleiche Form der Ausbildung der Seigerungszonen. Doch ist auch hier bei dem mit einem Stauchgrad von 2,26 am stärksten gestauchten Block zu erkennen, daß die Verformung durch das Stauchen am stärksten ist (Abb. 19). Die Seigerungsteilchen haben sich hier in den senkrecht zur Blocklängsachse erfolgten Werkstofffluß eingeordnet. Während die Seigerungen bei Block C und D grob sind, sind sie bei Block E fein verteilt.

Bei der Untersuchung der Zähigkeitswerte wurde festgestellt, daß in Blocklängsrichtung die Werte auf Grund verstärkter Seigerungen im Blockkopf am Blockfuß am höchsten sind und nach dem oberen Blockteil zu abfallen (Abb. 20 und 21). Der Abfall ist bei dem am stärksten gestauchten Block E am geringsten. Quer zur Blocklängsrichtung durchlaufen die Zähigkeitswerte bei allen drei Blökken ein Minimum in der ringförmigen Seigerungszone. Bei einem nur geringen Stauchgrad von 1,38 sind die Werte im Kern ebenfalls niedrig. Sie steigen mit zunehmendem Stauchgrad im Kern an, der Abfall in den seigerungsreichen Zonen wird geringer, wobei sich gleichzeitig das Gebiet guter mechanischer Werte im Kern in radialer Richtung ausdehnt (Abb. 22). Bei einem Stauchgrad von 2,26 sind die Unterschiede in den mechanischen Werten im Stauchkörper am geringsten.

Die Untersuchung der Verformung an der Deformation der künstlich angebrachten Fehlstellen in Blocklängsrichtung steht in Übereinstimmung mit den Ergebnissen der Gefügeuntersuchung und der Bestimmung der mechanischen Werte. Mit zunehmendem Stauchgrad finden eine verstärkte Deformation und ein verstärkter Werkstofffluß im Blockkern statt. Die 20 mm starken Bohrungen in

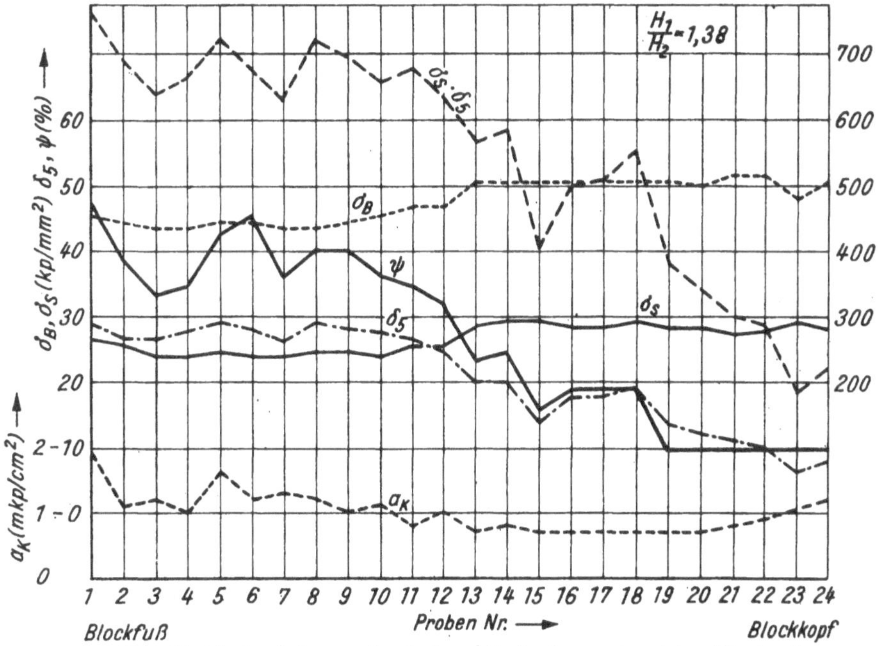

Abb. 20. Verlauf der mechanischen Werte des gestauchten Blocks C in Richtung der Blocklängsachse

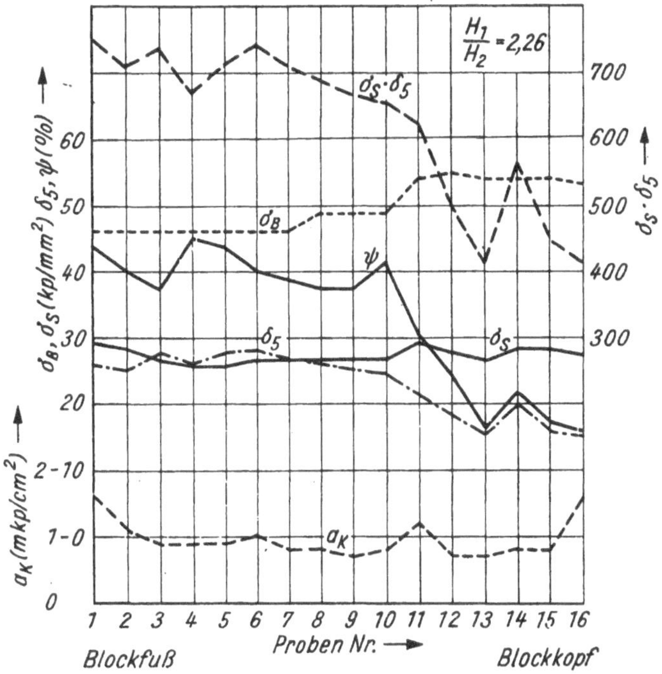

Abb. 21. Verlauf der mechanischen Werte des Versuchsblocks E in Richtung der Blocklängsachse

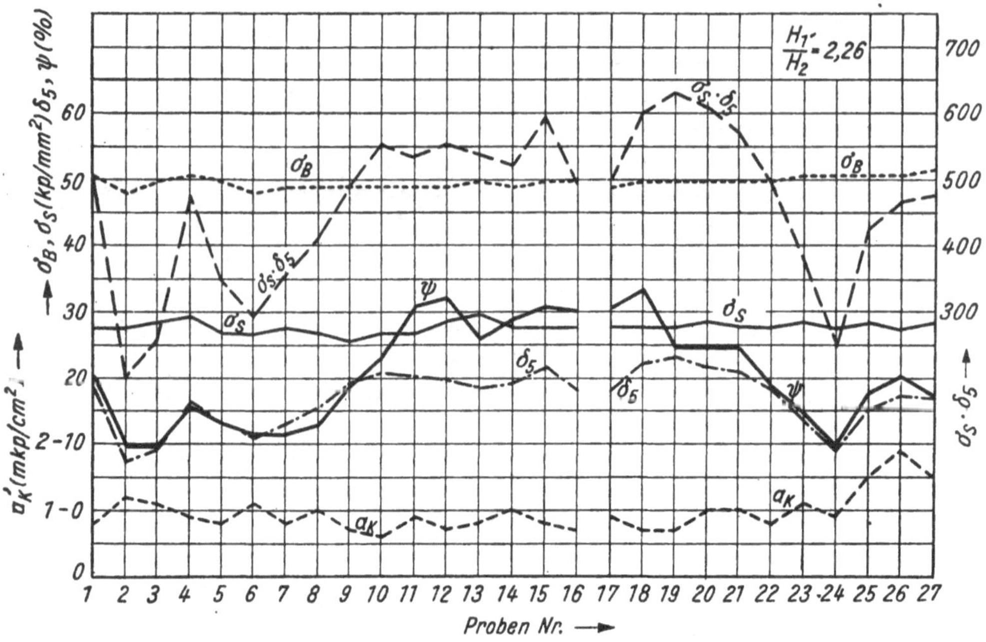

Abb. 22. Verlauf der mechanischen Werte des gestauchten Blocks E senkrecht zur Blocklängsachse.

Längsrichtung und in radialer Richtung konnten in keinem Fall beseitigt werden. Das wurde durch die Ultraschall- und Sichtprüfung festgestellt. Mit zunehmendem Stauchgrad wird die Deformation der Fehlstellen größer, wobei bei einem Stauchgrad von 1,38 eine geringfügige Vergrößerung des Bohrungsdurchmessers festzustellen ist (Abb. 23). Die Vergrößerung wird bei einem Stauchgrad von 1,80 in Blockmitte noch größer, während aber an den Blockenden schon eine geringfügige Verengung festgestellt werden kann. Bei einem Stauchgrad von 2,26 verengt sich die Bohrung über die gesamte Blocklänge. Die stärkste Verengung erfolgt in Blockmitte. Dabei fließt das Material radial zum Bohrungsmittelpunkt hin. Mit zunehmendem Stauchgrad verschiebt sich der Ort des stärksten Werkstoffflusses mehr zum Blockkopf hin.

Aus den Ergebnissen der zweiten Versuchsreihe ergeben sich zusammenfassend folgende Schlußfolgerungen:

Ein Block muß so stark wie möglich gestaucht werden. Der Stauchgrad muß mindestens 2,25 betragen.

Ein zu geringer Stauchgrad vergrößert die Inhomogenitäten im Block. Die Zonen unterschiedlich starker Verformung sind auch Zonen unterschiedlich hoher Zähigkeitswerte.

Durch das Stauchen werden grobe Seigerungen feiner verteilt.

Ein zu geringer Stauchgrad vergrößert innere Hohlräume. Ein genügend hoher Stauchgrad begünstigt die Beseitigung von Fehlstellen. Das Schließen oder

Abb. 23. Vergrößerung und Verkleinerung der Längsbohrungen der Blöcke C, D und E durch das Stauchen

das Verschweißen der Fehlstellen beginnt, wenn die örtliche Verformung in der Umgebung der Fehlstelle eine Mindesthöhe erreicht hat.
Durch den Stauchprozeß wird der Blockkern plastisch am stärksten beansprucht. Dadurch wird die Durchschmiedung des Blockkerns erheblich verbessert.
Beim Stauchen fließt das Material radial nach außen. Seigerungen richten sich nach dem Werkstofffluß aus. Diese Ausrichtung steht senkrecht zur Reckschmiederichtung. Dadurch werden durch das Stauchen die Werte in Quer- und in radialer Richtung verbessert.

Die auf Grund der Ergebnisse der vorliegenden Arbeit erhobene Forderung nach einem Stauchgrad von mindestens 2,25, die sich mit den Angaben verschiedener Autoren [16, 17, 18, 19, 21 und 22] deckt, verlangt die Beantwortung der Frage, welche Pressen erforderlich sind, um große Schmiedeblöcke — beispielsweise von 60, 100 und 125 t, wie sie für die Fertigung von 50-, 100- und 200-MW-Induktorwellen benötigt werden — mit dem geforderten Stauchgrad zu stauchen. Die erforderliche Preßkraft ist vor allem abhängig von der Höhe des Stauchgrads, vom Verhältnis Höhe zu Durchmesser des Schmiedestücks vor dem Stauchen und, allerdings zu einem geringeren Grade, von der Schmiedetemperatur, der Gleichmäßigkeit der Durchwärmung und der Stahlzusammensetzung. Es muß allerdings darauf hingewiesen werden, daß bei einer maximalen Auslastung der Preßkraft einer Presse die Höhe der maximal zulässigen Schmiedetemperatur und eine gute Durchwärmung für das Gelingen des Stauchprozesses ausschlaggebend sind.

Die Angaben in der Literatur sind sehr spärlich und allgemein gehalten. Auch eine Rechnung führt zu keinem Erfolg, da die Bedingungen, unter denen die Stauchoperation durchgeführt wird, sehr unterschiedlich und rechnerisch nicht zu erfassen sind. J. A. SANDERSON und J. G. FRITH [23] machen für einen Stauchgrad von 1,4 bis 3,0 folgende Angaben:

Preßkraft, t	Blockgewicht, t
6000	30– 60
8000	45– 90
10000	60–120
12000	75–150
15000	100–200

Aus den Angaben in der Literatur ist zu erkennen, daß in Amerika die Blöcke vor dem Stauchen kürzer und gedrungener sind als es in der italienischen und tschechoslowakischen Schmiedeindustrie üblich ist. Der Stauchgrad ist nach den amerikanischen Angaben auch rein rechnerisch geringer. Das kann seine Ursache bei ausreichend vorhandener Preßkraft in einer unterschiedlichen Auffassung über die erforderliche Höhe des Stauchgrads und zum anderen in der geringeren Arbeitshöhe der amerikanischen Pressen haben.

In der Deutschen Bundesrepublik hat man sich nach dem zweiten Weltkrieg entschlossen, keine Schwerstpressen wieder aufzustellen [24], obwohl auch heute noch im In- und Ausland das in Deutschland entwickelte Stauchverfahren, nach dem das Schmiedestück zuerst stark gestaucht und dann erst gereckt wird, anerkannt und angewendet wird [24]. Die an gleicher Stelle gemachten Ausführungen von H. GUMMERT, daß es durch die Einführung des Vakuumgusses möglich ist, auch mit 6000-t-Pressen „die heute benötigten schwersten Stücke in einwandfreier Beschaffenheit zu liefern", steht im Widerspruch zu der italienischen und tschechoslowakischen Schmiedepraxis. B. GUARNIERI und A. VINCENZONI [25] führen aus, daß die Fertigung hochbeanspruchter Schmiedestücke das Stauchen des Blockes als günstigste Technologie verlangt. Sie meinen, daß der moderne Großschmiedebetrieb, um dem neuesten Stand der Technik zu entsprechen, über eine Presse von mindestens 10000 t Preßkraft verfügen muß, um Blöcke von 160 t Stückgewicht stauchen zu können, während für die sonstige Schmiedearbeit an solchen Stücken eine 6000-t-Presse ausreicht. Nach den Andeutungen in der Literatur und nach den in Gröditz gemachten Erfahrungen *ist es möglich, einen 60-t-Block unter der 6000-t-Presse mit einem Stauchgrad von 2,25 zu stauchen.* Bei richtiger Gestaltung des Vorschmiedestücks und durch Abhauen des Fuß- und Kopfabfalls vor dem Stauchen *ist es auch möglich, ein Schmiedestück aus einem 100-t-Block an einer 7000-t-Presse in dem geforderten Maße zu stauchen. Für einen 125-t-Block wird eine 10000-t-Presse für erforderlich gehalten.* Die Arbeitshöhe dieser Presse muß groß genug sein, damit das Verhältnis Höhe zu Durchmesser des Schmiedestücks vor dem Stauchen 2 betragen kann.

Zusammenfassung

Untersuchung eines gestauchten und eines nur längsverschmiedeten 25-t-Blocks der Stahlmarke CK 35 bei 2- bis 5facher Verschmiedung. Einfluß auf die mechanischen Werte, das Gefüge und künstliche Fehlstellen. Untersuchung des Einflusses eines unterschiedlichen Stauchgrades auf die mechanischen Werte, das Gefüge und auf künstliche Fehlstellen an drei weiteren 25-t-Blöcken.

Literatur

[1] Charpy, G., Influence of Hot-Deformation on the Qualities of Steel. J. Iron Steel Inst. **98** (1918) 7–42.

[2] Descolas, J., Über Ungleichmäßigkeiten in Schmiedestücken. Ref. Stahl u. Eisen **41** (1921) 1903 aus Rev. Métallurgie **17** (1920) 16–17.

[3] Maurer, E., Korschan, H., Beitrag zur Kenntnis der mechanischen Eigenschaften größter Schmiedestücke. Stahl u. Eisen **53** (1933) 209–215; 243–251; 271–281.

[4] Maurer, E., Gummert, H., Gefüge und Festigkeitseigenschaften großer Schmiedestücke. Stahl u. Eisen **54** (1934) 1281–1289; 1309–1320.

[5] Tomlinson, A., Stringer, J. D., The Closing of Internal Cavities in Forgings by Upsetting. J. Iron Steel Inst. **188** (1958) 209–217.

[6] Krifka, O., Stahl für radialbeanspruchte schwere Schmiedestücke. Stahl u. Eisen **74** (1954) 760–768.

[7] Coupette, W., Der Einfluß der Seigerungen und Verschmiedung auf die Festigkeitseigenschaften großer Schmiedestücke aus Stahl. Stahl u. Eisen **61** (1941) 1013–1022 1036–1042.

[8] Ferry, R., Roques, C., Fehler in großen Schmiedestücken. Rev. Métallurgie **54** (1957) 175–180.

[9] Bartocci, A., Marianeschi, E., Die Herstellung von Schmiedestücken für einen 200-MVA-Rotorgenerator für die Atomkraftzentrale „Senn". Vortrag auf der internationalen Schmiedetagung 1961 in Terni, Italien. Offizielle Protokolle der ersten italienischen Großschmiedetagung, Terni (Italien) vom 26. bis 29. Sept. 1961, Poligrafico Alterocca – Terni.

[10] Burton, H. H., Die Erzeugung und die Eigenschaften eines Rotorschmiedestückes aus legiertem Stahl. C. R. Journées de la Groses Forge, Paris (1948) 157–175.

[11] Feeg, F. E., Ein Beitrag über den Einfluß verschiedener Schmiedevorgänge auf die mechanischen Eigenschaften von Freiformschmiedestücken aus Stahl. Der Maschinenmarkt (1960) H. 15, 15–20.

[12] Drastik, F., Wird die Durchschmiedung durch das Stauchen der Blöcke verbessert? Hutnik (1958) H. 3, 87–88.

[13] Drastik, F., Anisotropie der mechanischen Eigenschaften bei verschiedenen Verschmiedungsarten. Technisch-wissenschaftliche Arbeit der Hochschule für Eisenbahnwesen in Prag, 1955.

[14] Rapatz, F., Erörterungsbeitrag zu: Ammareller, S. und Grün, P., Stähle für größere Schmiedestücke. Stahl u. Eisen **72** (1952) 653–662.

[15] Zlatnik, J., Zlatnikova, H., Die Schmiedetechnologie und ihr Einfluß auf die Güte großer Schmiedestücke. Hutnické listy **17** (1962) 240–249.

[16] Mowat, J. M., Packham, P., Internal Defects in Large Forgings and Castings. Iron Coal Trades Rev. **181** (1960) 793–796.

[17] Novak, J., Rotorschmiedestücke für Turbogeneratoren aus vanadinlegierten Stählen. Hutnické listy **14** (1959) 436–442.

[18] Scalise, V., Die Anwendung der Vakuum-Gießtechnik für die Erzeugung großer Schmiedestücke. The West Scotland Iron and Steel Institute, Glasgow (1960).

[19] RICHTER, G., LOTZE, H., Ein Beitrag zur Frage der Durchschmiedung großer Schmiedestücke. Unveröffentlichter Vortrag.
[20] NOVAK, J., Rotorschmiedestücke für Turbogeneratoren. Bull. schweiz. elektrotechn. Ver. (1949) 943–951.
[21] WEBER, Die Technologie des Freiformschmiedens großer Schmiedestücke. Vortrag auf dem XIV. Berg- und Hüttenmännischen Tag 1962 in Freiberg.
[22] Blocktabelle der Schmieden des VŽKG Vitkovice und des NHKG Kunčice, ČSSR.
[23] SANDERSON, J. A., FRITH, J. G., A Review of the Application and Design of Heavy Forging Presses. Iron Steelworks Engineering (1949) 231–246.
[24] GUMMERT, H., Beiträge deutscher Hüttenwerke zur Entwicklung des Großschmiedestückes. Stahl u. Eisen 80 (1960) 1517–1524.
[25] GUARNIERI, B., VONCENZONI, A., Einige Betrachtungen über die moderne Großschmiedewerkstatt. Vortrag auf der internationalen Schmiedetagung 1961 in Terni, Italien.

Diskussion

Obering. GERHART TSCHORN,

Leiter der Chemisch-physikalischen Materialprüfanstalt im VEB Schwermaschinenbau Ernst Thälmann, Magdeburg:

Die Bedeutung des Stauch-Reckschmiedens anstelle des Reckschmiedens der Blöcke für hochbeanspruchte Maschinenbauteile wird durch zwei Schadensfälle unterstrichen, die an Gelenkköpfen des Antriebs einer 1120er Blockstraße in Brandenburg auftraten. Lieferant der Rohblöcke waren die Vitkovicer Stahlwerke (ČSSR). Die Gelenkköpfe, die eine Fertigmasse von 5,1 t, einen größten Durchmesser von 960 mm und eine größte Länge von 1355 mm haben, rissen schon nach einigen hundert Stunden Betriebszeit in Längsrichtung auf. Das Bruchaussehen deutete auf Gewaltbruch. Nach dem Ultraschallbefund war der beanspruchte Querschnitt von Werkstofftrennungen durchgesetzt, die sich im Tiefätzversuch und bei der Bruchprobe als Seigerungsrisse erwiesen. Die analytische Untersuchung ergab im Kern einen doppelt so hohen Wasserstoffgehalt wie in den Randpartien. Die mechanischen Prüfwerte entsprachen in Längsrichtung durchaus den vom Hersteller der Rohblöcke attestierten Werten. Die Zugfestigkeit wurde im Mittel zu 78 kp/mm², die Streckgrenze zu 43 kp/mm², die Bruchdehnung zu 21,5% und die Brucheinschnürung zu 49% ermittelt. Die Kerbschlagzähigkeit betrug 3,4 bis 6 mkp/cm². In Querrichtung war die Zugfestigkeit nur um 4 kp/mm² und die Streckgrenze nur um 2 kp/mm² geringer. Die Bruchdehnung fiel stark ab; sie erreichte nur 6,5 bis 8,5%. Auch die Querkerbschlagzähigkeit lag mit nur 1,0 bis 2,5 kpm/cm² wesentlich niedriger als in Längsrichtung. Diese geringen Werte kommen durch die durch das Reckschmieden ohne vorangegangenes Stauchen hervorgerufene ausgesprochene Längsfaser zustande. Offenbar neigt der vom Lieferer verwendete Chrom-Silizium-Mangan-Vanadinstahl besonders zur Längszeiligkeit, wenn nur reckgeschmiedet wird. Da die noch in Betrieb befindlichen Gelenkköpfe praktisch den gleichen Ultraschallbefund zeigen wie die gebrochenen Köpfe, wird nunmehr schnellstens für Ersatz aus stauchreckgeschmiedeten Chrom-Molybdänstahlblöcken gesorgt, die zur Vermeidung von Seigerungsrissen und Flocken flockenfrei geglüht und anschließend zäh vergütet werden müssen. In dieser Weise hergestellte Gelenkköpfe werden infolge der besseren Zähigkeit in Querrichtung durch die konstruktiv und technologisch bedingten Schrumpfspannungen und die beim Arbeiten der Gerüste auftretenden Betriebsspannungen nicht zu Bruch gehen.

Akademiemitglied Prof. Dr.-Ing. EDUARD MAURER

Eisenforschungsinstitut Hennigsdorf, Berlin

EINTEILIGE INDUKTORWELLEN FÜR GROSSTURBOGENERATOREN

(Kurzauszug)

Induktorwellen sind als Test für den Produktions- und Qualitätsstand auf dem Gebiet des legierten Stahls zu werten. Jahrzehntelange Erfahrungen des Verfassers bilden die Grundlage für eine kritische Einschätzung der Festigkeits- und Zähigkeitseigenschaften sowie der Wärmebehandlung von Induktorwellen für Turbogeneratoren bis 200 MW verschiedener Herkunft. Besondere Aufmerksamkeit wird der Vermeidung von Fehlern der Schmiedestücke, die sich aus Blockungänzen, Muschelstellen und Flocken ergeben, gewidmet. Nach eingehender Schilderung seiner im VEB Stahl- und Walzwerk Gröditz durchgeführten Versuche zur Herstellung von 50-MW-Induktorwellen kommt der Verfasser zu dem Ergebnis, daß in der DDR — auch nach dem Bau von Großraum-Elektroöfen und nach der Einführung des Gießens im Vakuum — noch umfangreiche Erfahrungen bei der Erzeugung großer Blöcke und deren sachgemäßer Verschmiedung gesammelt werden müssen.

Der Vortrag ist im vollen Wortlaut in der Zeitschrift „Neue Hütte", 8. Jg. (1963) Heft 3, Seite 171 bis 182, veröffentlicht worden.

Akademiemitglied Prof. Dr.-Ing. KARL-FRIEDRICH LÜDEMANN
Leiter der Forschungsstelle Eisen und Stahl
Direktor des Eisenhütten-Instituts der Bergakademie Freiberg
Vorsitzender der Sektion für Hüttenwesen der Deutschen Akademie der Wissenschaften zu Berlin
Dozent Dr.-Ing. HANS-JOACHIM ECKSTEIN
Abteilungsleiter am Eisenhütten-Institut der Bergakademie Freiberg

ART UND VERTEILUNG NICHTMETALLISCHER VERUNREINIGUNGEN IM STAHL UND IHRE AUSWIRKUNGEN AUF DIE WERKSTOFFEIGENSCHAFTEN

Nichtmetallische Verunreinigungen stellen in ihrer Zusammensetzung, Größe und Verteilung besonders schwer erfaßbare Phasen im Werkstoff Stahl dar. Zu ihnen zählen im allgemeinen nichtmetallische Komponenten, die im gesamten Temperaturbereich der Wärmebehandlung des Stahls weitgehend unlöslich sind. Hieraus ergibt sich die Abgrenzung zu den Ausscheidungen, bei denen man in den Anfangsstadien bis zu einer Teilchengröße unter 100 Å Kohärenz zum Metallgitter annehmen kann. Im Gegensatz zu den Ausscheidungen ist das Verfolgen der Entstehung nichtmetallischer Einschlüsse durch Messungen physikalischer Art, z. B. durch Messung der Dämpfung oder der Koerzitivfeldstärke, nicht möglich. Damit entfällt auch die Kennzeichnung der Einschlußphase mit solchen Mitteln. Es besteht kein Zweifel darüber, daß nichtmetallische Verunreinigungen die Gebrauchseigenschaften von Stahl sowohl im günstigen als auch im ungünstigen Sinne beeinflussen können. Allerdings sind die hierzu mitgeteilten Ergebnisse und ihre Deutungen vielfach widersprüchlich. Die Ursache hierfür dürfte vornehmlich in den Mängeln bei der quantitativen Kennzeichnung vorliegender nichtmetallischer Einschlüsse zu suchen sein.

Eine Analyse des theoretisch möglichen Einflusses einer feinverteilten nichtmetallischen Phase führt zunächst zu der bekannten Möglichkeit der Keimwirkung bei den Kristallisationsvorgängen. Ausführungen über die Wirkung artfremder Keime bei der Primärkristallisation erübrigen sich hier; bei den Umwandlungen des Diffusionstyps im festen Zustand kann man ihre Mitwirkung annehmen. Ihr Anteil gegenüber anderen bevorzugten Stellen, z. B. gegenüber den Korngrenzen, steht jedoch nicht fest und sollte nicht überschätzt werden. Ein Einfluß nichtmetallischer Verunreinigungen als fremde Phase ist auch auf das Kornwachstum zu erwarten, wie er bei Kohlenstoffstählen vom Zementit her bekannt ist. Hierbei ergibt sich die Frage nach der wirksamen Teilchengröße. In diesem Zusammenhang sind die Ergebnisse einer neueren Arbeit von D. WEBSTER und G. B. ALLEN [1] über das Kornwachstum von Vanadinstählen bedeutungsvoll, nach denen dem Karbid V_4C_3 bei Temperaturen um 900° nur in Korngrößen über 700 Å eine wachstumshemmende Wirkung zuzuschreiben ist. In beiden Fällen kann man schlußfolgern, daß nichtmetallische Verunreinigungen in Richtung auf eine Kornverfeinerung hin wirken. Daraus wäre ein Einfluß auf die meisten Gebrauchseigenschaften abzuleiten.

Wenn man davon ausgeht, daß Streckgrenze und Plastizität des Stahls mit der Existenz und den Bewegungsmechanismen von Versetzungen zu erklären sind, so kann *jede* Inhomogenität von Einfluß auf die genannten Eigenschaften sein. Je nach Anzahl und Verteilung stellen die Einschlüsse selbst oder ihre bei der Abkühlung durch das unterschiedliche Wärmeausdehnungsverhalten bedingten Spannungsfelder Hindernisse für das Wandern von Versetzungen dar. Bei bestimmter Einschlußanordnung kann es zur Behinderung und schließlich zum Blockieren des Wanderns von Versetzungen und damit zu höherer Streckgrenze oder zur stärkeren Verfestigung kommen. Andererseits besteht die Möglichkeit, daß durch Umlenken der wirksamen Spannung Versetzungen solcher Orientierung zum Gleitmechanismus herangezogen werden, deren Betätigung im homogenen Kristallbereich nicht stattfinden würde. Bei höherer Temperatur besteht die Möglichkeit, daß Versetzungen unter Mitwirkung von Leerstellen oder der Atomdiffusion die Hindernisse umgehen und in einer Gleitebene weiterlaufen. Diese zeitliche Verzögerung des Gleitmechanismus läuft auf eine Erhöhung der Zeitstandfestigkeit hinaus. Es handelt sich hier um den gleichen Vorgang, der in der Legierungstechnik bei ausscheidungshärtenden Stählen und Legierungen schon seit längerem ausgenutzt wird. Die Effekte sind hier jedoch, besonders in den Bereichen noch vorhandener Kohärenz, weit stärker. Derselbe Mechanismus ist grundsätzlich auch auf die Erklärung von Dispersionen anwendbar.

Andererseits kann man sich — in Anlehnung an im Schrifttum geäußerten Ansichten — vorstellen, daß nichtmetallische Einschlüsse zur Bildung von Versetzungsquellen beitragen. Einschlüsse in entsprechenden Abständen können der Verankerung einer Versetzung dienen, die sich dann unter der Wirkung einer Schubspannung als sogenannte „Frank-Read"-Quelle betätigt. Nimmt man die Ausdehnung von Stufenversetzungen mit 10^3 bis 10^4 Gitterparametern an, was beim Eisen etwa 3 bis 4 μm entsprechen würde, so sind solche Abstände zwischen nichtmetallischen Einschlüssen durchaus vorhanden und zwar um so häufiger, je stärker die Abnahme gewesen ist, die der Werkstoff bei der Formgebung erfahren hat. Wenn man die orientierte Verteilung der nichtmetallischen Einschlüsse berücksichtigt, so ist hier sicherlich eine Ursache für den Unterschied zwischen Längs- und Quereigenschaften des Werkstoffs zu suchen.

Die Möglichkeiten der Beeinflussung der Entstehungs- und Bewegungsmechanismen von Versetzungen sind auch für das Umwandlungsverhalten der Stähle bedeutsam. Da die diffusionslosen Umwandlungen die Mitwirkung von Gitterfehlstellen erfordern, kann ihr Ablauf ebenfalls von Einschlüssen beeinflußt werden.

Wichtig ist auch die Betrachtung der Bruchvorgänge. Bekanntlich werden Art und Umfang eines Bruchs von zwei Teilvorgängen, der Auslösung und der Ausbreitung, bestimmt. Es gibt theoretische Deutungen vor allem des spröden Bruchs, die als auslösende Ursache im Gefüge vorhandene Risse ansehen [2]. Zur Begründung wird die zwischen gemessener und theoretischer Reißfestigkeit beobachtete Differenz herangezogen. Demgegenüber erklären die Anhänger der Versetzungstheorie diesen Unterschied damit, daß an der Spitze einer aufgelaufenen Gruppe von Versetzungen örtlich so hohe Spannungen entstehen können, daß das

Gitter aufreißt. Diese Vorstellung besitzt einen hohen Wahrscheinlichkeitsgrad, da kein unumschränkt verformungsloser Bruch beobachtet wird. Für das von vornherein völlig rißfreie Gitter dürfte diese Hypothese deshalb zutreffen. Die Annahme, daß sich je nach Form, Größe und Lage der vorhandenen Kerbe, ein fließender Übergang zwischen Auslösung und Ausbreitung des Bruchs einstellt, erweist sich als brauchbar. Die nichtmetallischen Einschlüsse besitzen daher sowohl mögliche, ausbreitungsfähige Anrisse als auch Hindernisse für die Bewegung von Versetzungen besondere Bedeutung. In beiden Fällen spielen ihre Anzahl, Form und Größe sowie ihre Lage im beanspruchten Körper eine wichtige Rolle. Wenn unmittelbare Beweise für die Mitwirkung von Einschlüssen beim vorwiegend spröden Bruch auch noch ausstehen, so konnte ihre Mitwirkung beim *zähen* Bruch metallographisch nachgewiesen werden [3]. Im eingeschnürten Querschnitt entstehen an Einschlüssen Löcher, die sich infolge einer inneren Einschnürung zu größeren Hohlräumen zusammenschließen.

Ähnliches gilt für den Bruch bei wechselnder Beanspruchung. Der Mechanismus des Dauerbruchs ist zwar noch nicht völlig geklärt; die Mitwirkung ungünstig zur Beanspruchungsrichtung liegender fremder Phasen als erste Anrisse eines Dauerbruchs ist jedoch als sicher nachgewiesen worden [4]. Das gilt für Einschlüsse im Inneren und an der Oberfläche des Werkstoffs, gekennzeichnet durch „innere“ und „äußere“ Kerbe.

Der Vollständigkeit halber sei auf die bekannten schädlichen Einwirkungen nichtmetallischer Verunreinigungen auf die Polierfähigkeit von Metallen und auf ihre Eignung für die Oberflächenveredelung hingewiesen. Der teils günstige, teils ungünstige Einfluß auf die spanabhebende Bearbeitung braucht nicht besonders hervorgehoben zu werden.

Diese einleitenden Ausführungen können wie folgt zusammengefaßt werden: Nichtmetallische Verunreinigungen üben als „Phase“, wie nachgewiesen oder zumindest theoretisch abgeleitet worden ist, einen beachtlichen Einfluß auf die wichtigsten Eigenschaften des Stahls aus. Es sei betont, daß ein und dieselbe Eigenschaft von ganz unterschiedlichen Richtungen her beeinflußt werden kann; so unterliegt die Streckgrenze der Einwirkung der Verunreinigungen einmal als Hindernisse und Quellen für Versetzungen, zum anderen infolge ihrer Auswirkung auf die Korngröße und das Umwandlungsverhalten des Stahls. Maßgebend für die Auswirkung der Einschlüsse sind ihre Anzahl sowie ihre Art, Form und Verteilung. Untersuchungen mit dem Ziel, die Auswirkungen der nichtmetallischen Verunreinigungen auf die Gebrauchseigenschaften von Stählen zu erfassen, müssen diese Vielfalt berücksichtigen und gesicherte Bestimmungsverfahren für diese Kenngrößen anwenden. Im Eisenhütten-Institut der Bergakademie Freiberg wird seit einiger Zeit Fragen der nichtmetallischen Einschlüsse in Stählen nachgegangen. Die Arbeiten behandeln sowohl die metallurgische als auch die werkstoffliche Seite dieser Problematik. Dabei zeigte sich immer wieder, daß die einzelnen Bestimmungsmethoden einer kritischen Durchleuchtung bedürfen.

Von einigen Sonderfällen abgesehen, kommt es bei der Bestimmung der nichtmetallischen Einschlüsse darauf an, einen Kennwert zu ermitteln, welcher der Gesamteinschlußmenge proportional ist. Inwieweit dieses Vorgehen richtig ist, hängt davon ab, ob die Meßgröße tatsächlich eine Funktion der Einschlußmenge ist und ob die subjektiven Arbeitsfehler keine unzulässige Streuung hervorrufen. Beide Einflußmöglichkeiten werden zur Zeit für eine größere Anzahl von Prüfverfahren untersucht. Die bisher gewonnenen Ergebnisse lassen folgende Feststellungen zu:

1. Bei den wichtigsten mikroskopischen Auswerteverfahren, insbesondere unter Benutzung von Richtreihen, sind die möglichen Arbeitsfehler verschiedener Prüfer so groß, daß ein absoluter Vergleich der Ergebnisse untereinander nicht möglich ist. Die Festlegung von Höchstwerten in den Prüfnormen ist deshalb sehr fragwürdig. Dagegen kann ein und derselbe Beobachter durchaus zu richtigen relativen Bewertungen mehrerer Materialien gelangen. Dies wurde für einige Prüfverfahren unter anderem dadurch bestätigt, daß die von einem Prüfer bei der Beurteilung von Oxiden erhaltenen Ergebnisse in statistisch gesichertem Zusammenhang mit den Werten der Sauerstoffbestimmung nach dem Vakuumextraktionsverfahren stehen.
2. Bei niedrigeren Einschlußgehalten, vor allem bei feiner Verteilung der Verunreinigungen, kann die ermittelte Einschlußmenge nicht als sicher angesehen werden.

Im folgenden sollen einige bei der Bestimmung von Art und Verteilung der nichtmetallischen Einschlüsse im Stahl gewonnene Ergebnisse mitgeteilt werden.

Bestimmung der Art nichtmetallischer Einschlüsse

Der eigentlichen Bestimmung muß das Freilegen der nichtmetallischen Einschlüsse vorausgehen. Hierfür stehen folgende erprobte Verfahren zur Verfügung:

1. mechanisches Freilegen, z. B. durch Ausbohren oder Abtrennen vom Blaubruch,
2. chemische und elektrochemische Isolierung,
3. Freilegen einer Einschlußfläche durch Schliff oder Bruch für die licht- oder elektronenmikroskopische Betrachtung.

Für das mechanische Freilegen kommen nur grobe Einschlüsse, etwa solche über 5 μm, in Betracht; bei feineren Verunreinigungen wird der Aufwand unerträglich hoch. Als quantitativ zu wertende Ergebnisse sind jedoch auch im groben Teilchenbereich nicht zu erwarten. Die chemische Isolierung ist für bestimmte Stahlsorten und Einschlußarten anwendbar. Ein Angriff auf die Oberfläche der Einschlüsse und das teilweise Auflösen feinster Verunreinigungen sind meist nicht zu vermeiden. Säuren greifen Oxide in der Regel mehr oder weniger stark an. Beim Lösen mit Halogenen stört der Karbidzerfall, oder das Ergebnis wird durch das unvollständige Inlösunggehen der Karbide verfälscht. Bei der Behandlung mit Gasen, z. B. mit Chlor, können exotherme Reaktionen zu örtlichen Überhitzungen und somit zum Angriff auf die Oxide führen. Bei Verwendung neutraler Salzlösungen werden die Karbide in legierten Stählen nicht aufgelöst. Bei elektrochemischer Auflösung ist die genaue Einstellung des Potentials ausschlaggebend für den Erfolg. Aber auch hier bleibt ein Großteil der Karbide ungelöst. Chemische oder elektrochemische Verfahren dienen deshalb meist nur der Vorisolierung. Hier sollen nur solche Methoden erwähnt werden, die das Ziel haben, nur die metallische Grundmasse zu lösen. Die Rückstände — hauptsächlich Oxide und Karbide, aber auch Sulfide, Nitride und Phosphide — können dann nach einem anderen Verfahren getrennt werden. Das von P. Klinger und W. Koch entwickelte, heute als klassisch zu bezeichnende Verfahren sieht bekanntlich die Chlor-Vakuum-Trennung vor. Es sind jedoch auch andere Möglichkeiten anwendbar, die in der chemischen Trennung, der Trennung auf Grund unterschiedlicher Dichte, der Flotation oder magnetoelektrischen Aufbereitung bestehen. Die chemischen Trennverfahren wirken meist etwas milder; aber auch hier ist eine ungewollte Auflösung bestimmter nichtmetallischer Verunreinigungen nicht immer zu vermeiden.

Den genannten Verfahren gegenüber gestattet die Präparation einer Metalloberfläche in jedem Fall das Freilegen einer oder mehrerer Verunreinigungen, ohne ihre Lage in der Probe zu verändern. Hinsichtlich des Angriffs auf die freizulegende Einschlußfläche hat sich das einfache mechanische Polieren als am günstigsten erwiesen. Bei jedem Ätzverfahren ist mit einer Veränderung bestimmter Einschlüsse zu rechnen. Der Nachteil dieser Methoden besteht in der Einengung der Möglichkeiten zur Identifizierung der Einschlüsse, für die heute verschiedene Möglichkeiten bekannt sind und angewendet werden:

Beobachtung unter dem Lichtmikroskop,
Beobachtung unter dem Elektronenmikroskop,
Untersuchung mittels Mikrosonde,
spektrographische Analyse,
röntgenographische Strukturuntersuchungen.

Unter dem Lichtmikroskop kann aus der Farbe, Form und Größe, den optischen Eigenschaften, der Mikrohärte und dem Ätzverhalten auf die Art der Verunreinigung geschlossen werden. Demgegenüber können bei der elektronenmikroskopischen Beobachtung bis heute nur die Form, das Ätzverhalten und die Elektronenbeugung erfaßt werden. Das Verfahren hat jedoch den Vorteil, daß man über die mit dem Lichtmikroskop erfaßbare Teilchengröße von etwa 1 μm weit hinauskommt. Mit der Mikrosonde sind mit entsprechendem Aufwand bei Einschlußgrößen über 1 μm quantitative Ergebnisse zu erwarten. Die Spektralanalyse erfordert zur genauen Artbestimmung eine Vortrennung. In gewisesn Fällen gestattet schon die Summenanalyse aller Einschlüsse wichtige Schlußfolgerungen. Röntgenographische Strukturuntersuchungen führen zu genauen Ergebnissen, wenn auswertbare Interferenzen auftreten. Je nach der Art der zur Verfügung stehenden Einrichtungen ist die Teilchengröße auch hier begrenzt. Abb. 1 stellt die Möglichkeiten zur Freilegung der Einschlüsse und zur Bestimmung ihrer Art gegenüber. Die am meisten beschränkte Aussage erhält man bei Anwendung einer mechanischen Isolierungsart (Fall A). Arbeitet man mit einer chemischen oder elektrochemischen Vorisolierung (Fall B), so können, zumindest für bestimmte Stähle, in der gleichen Zeit Unterlagen über die gesamte Menge, die Kornverteilung, die Form und die Art der nichtmetallischen Einschlüsse erlangt werden. Voraussetzung hierfür ist die richtige Wahl der Identifizierungsmethode. Auch die schliff-

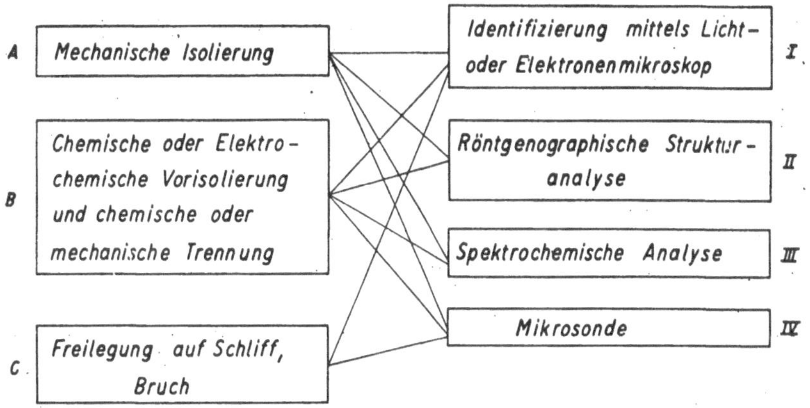

Abb. 1. Erprobte Verfahren zur Bestimmung der Art nichtmetallischer Einschlüsse in Stählen

technische Freilegung (Fall C) gestattet mit gewissen Einschänkungen solche zusammenfassenden Aussagen.

Ausgehend von dieser Voreinschätzung wurde eine Reihe von Untersuchungen an Wälzlagerstählen durchgeführt, die in drei verschiedenen Stahlwerken der DDR erschmolzen worden sind. Die Schlußfolgerungen daraus können wie folgt zusammengefaßt werden: Zu guten Ergebnissen führte die Untersuchung metallographischer Schliffe. Hierfür wurden aus dem Schrifttum Unterlagen über Farbe, Größe, optische Eigenschaften, Mikrohärte und Ätzverhalten herangezogen [5, 6]. Voraussetzungen für einwandfreie Ergebnisse sind eine saubere Herstellung des Schliffs (Diamantpolieren) und ein eingearbeiteter Beobachter. Um Einschlüsse in der Größenordnung von 1 μm bestimmen zu können, müssen Immersionsobjektive verwendet werden. In einigen Fällen konnte erst durch Vergleich mit den an der Mikrosonde erhaltenen Ergebnissen Klarheit erlangt werden.

Form und Zusammensetzung nichtmetallischer Einschlüsse, wie sie bei Wälzlagerstählen der Marke 100 Cr 6 im gegossenen Zustand gefunden worden sind, sollen an einigen Mikroaufnahmen gezeigt werden. Abb. 2 läßt einen Einschluß erkennen, der sich durch sehr hohe Härte auszeichnet und bei dem es sich um Titankarbonitrid handeln dürfte. Ein sehr wenig verunreinigter Kieselsäure-Einschluß ist in Abb. 3 wiedergegeben. Abb. 4 stellt einen Einschluß dar, bei dem Kalziumoxid als Hauptbestandteil ermittelt werden konnte und der vermutlich noch eine gewisse Menge Eisenoxid enthält. Da man beim Mikroanalysator — bei Anwendung einer Beschleunigungsspannung von 25 kV — mit einer Eindringtiefe bis zu 3 μm zu rechnen hat, konnte die Anwesenheit des Eisenoxids allerdings nicht eindeutig nachgewiesen werden.

Auf den Abbildungen 5a bis 5d erkennt man verschiedenartig geformte heterogene Einschlüsse. Der auf Abb. 5a dargestellte Einschluß enthält im Kern eine Phase mit den Komponenten FeO, MnO und Al_2O_3, die von einer hochkalziumoxidhaltigen Phase, ähnlich der in Abb. 4 gezeigten, umgeben ist. Der äußere

Saum des Einschlusses besteht aus Eisen–Mangan–Sulfid. Der Einschluß auf Abb. 5b setzt sich aus FeO · MnO-Schlieren, Titankarbonitrid, Sulfid sowie aus einem grauen Oxidanteil des Typs $Al_2O_3 \cdot SiO_2 \cdot MeO$ zusammen. Abb. 5c zeigt einen Einschluß, bei dem eine hochmanganhaltige Sulfidphase vorherrscht; im Inneren befinden sich Oxide, die denen des Einschlusses auf Abb. 5a entsprechen. Abb. 5d stellt einen Einschluß dar, der als Hülle Sulfid, als kaum sichtbare Phase Titankarbonitrid, weiter eine kalziumoxidreiche Oxidphase und schließlich tonerdehaltige Oxide aufweist. Die Abbildungen 5a bis 5d sagen vor allem aus, daß der weitaus überwiegende Teil der Einschlüsse in Stählen in vergesellschafteten, heterogenen Formen vorkommt.

Es wurde versucht, Einschlüsse auf mechanischem Wege mittels der Blaubruchprobe freizulegen. Beim Brechen der Probe herausfallende Einschlüsse wurden auf Papier aufgefangen; im Bruchgefüge haftende, unter dem Binokular sichtbare Einschlüsse wurden mit einer Nadel herausgehoben und unter dem Mikroskop ausgesondert. Dieses Vorgehen erfordert peinliche Sauberkeit und gestattet das Erfassen nur größerer Einschlüsse mit mittleren Durchmessern über 5 μm. In manchen Fällen läßt sich die heterogene Beschaffenheit bereits äußerlich erkennen, wie Abb. 6 an einem Einschluß von etwa 40 μm zeigt. Grundsätzlich bereitet jedoch die Auslese nach dem Aussehen beträchtliche Schwierigkeiten.

Die mechanisch herausgelösten Einschlüsse wurden nun mit den nach dem Verfahren von P. Klinger und W. Koch elektrolytisch isolierten Rückständen verglichen. Hierbei ergab sich keine Übereinstimmung der aus ein und derselben Stahlprobe nach beiden Methoden freigelegten Einschlüsse hinsichtlich ihrer Form und Größe. Die nach der Chlor-Vakuumtrennung zurückgebliebenen Einschlüsse wiesen vorwiegend streuselartiges Aussehen in Größen bis 200 μm auf (Abb. 7). Die röntgenographische Untersuchung führte zu keinem Erfolg; die Einschlüsse erwiesen sich als amorph. Da vermutet wurde, daß die Chlor-Vakuumtrennung die Einschlüsse stärker angreift oder sogar verändert, wurde der bei der elektrolytischen Isolierung angefallene Anodenschlamm eingehend untersucht. Es wurde zunächst versucht, die Oxide von der in etwa tausendfach größeren Menge an Karbiden durch Aufschlämmen und nach magnetischen Verfahren zu trennen. Selbst nach mehrmaliger Anwendung der Magnettrennung gelang es nur, die oxidischen Einschlüsse auf etwa 15% anzureichern. Die hierbei gewonnenen, unter dem Mikroskop betrachteten Einschlüsse stimmten hinsichtlich Farbe, Form und Größe weitgehend mit den aus der Blaubruchprobe freigelegten Einschlüssen überein (Abb. 8). Die röntgenographische Strukturanalyse war möglich. Die Befunde entsprechen den bei der Untersuchung metallographischer Schliffe ermittelten Komponenten. Ohne endgültige Aussagen machen zu wollen, darf festgestellt werden, daß die übliche Chlor-Vakuumtrennung die im Wälzlagerstahl enthaltenen oxidischen Verunreinigungen weitgehend verändert.

Die bisher geschilderten Ergebnisse können dahingehend zusammengefaßt werden, daß die im gegossenen Wälzlagerstahl vorliegenden, über 1 μm großen nichtmetallischen Verunreinigungen vorwiegend heterogener Natur sind. Als Hauptbestandteile können Sulfide und Silikate, mit Beimengungen von Al_2O_3, CaO und Schwermetalloxiden in wechselnden Anteilen, auftreten. Als selbständige

Abb. 2. Einschluß, bestehend aus Titankarbonitrid

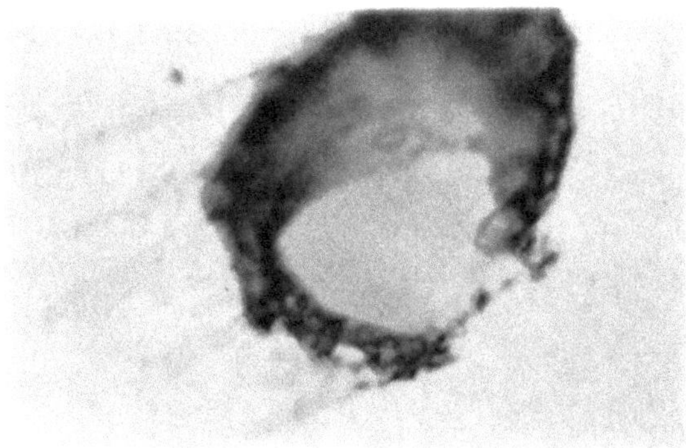

Abb. 3. Überwiegend aus Kieselsäure bestehender Einschluß an einem Mikrolunker

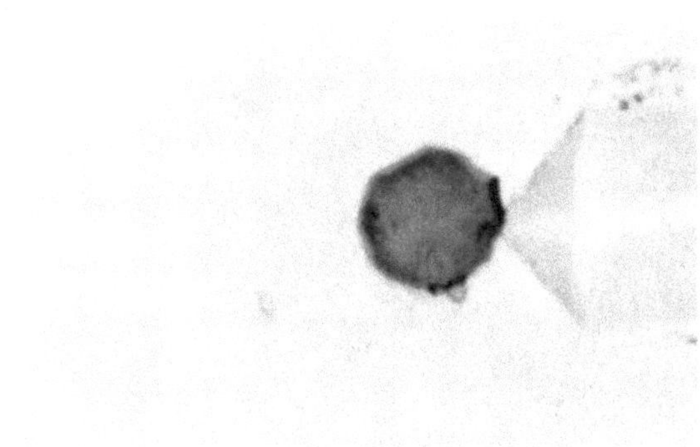

Abb. 4. Überwiegend aus Kalziumoxid bestehender Einschluß

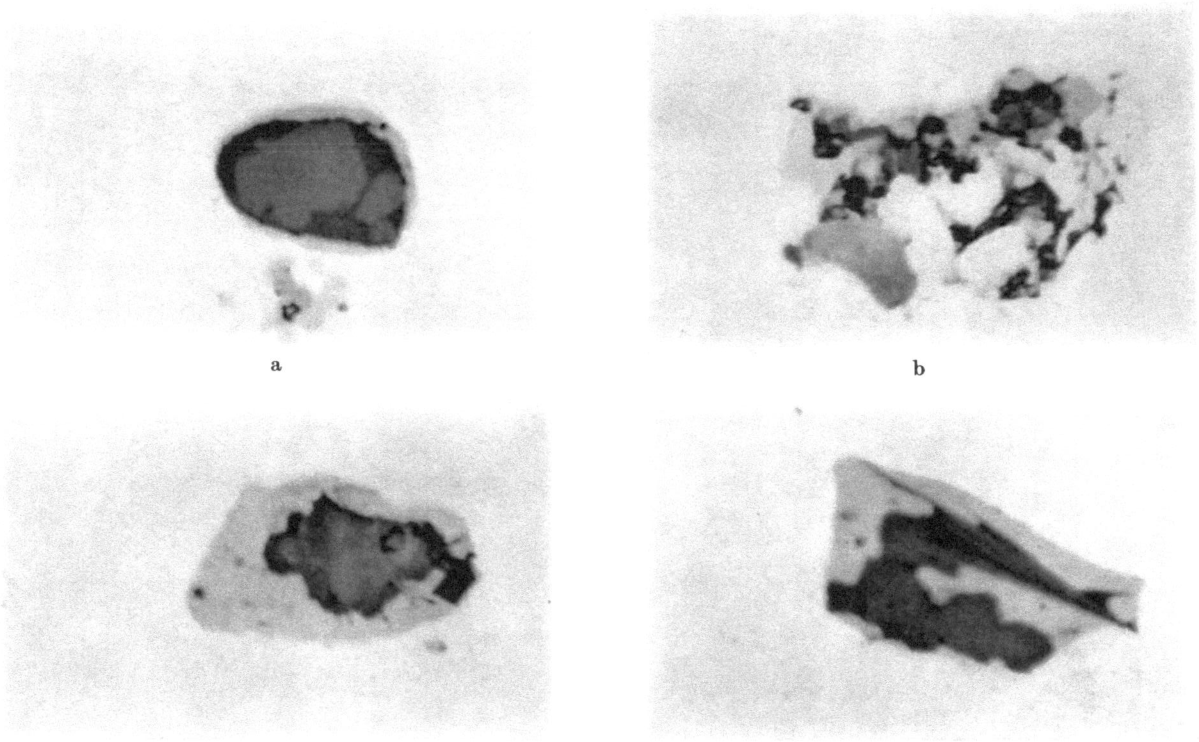

a b c d

Abb. 5a bis 5d. Verschiedenartig geformte heterogene Einschlüsse

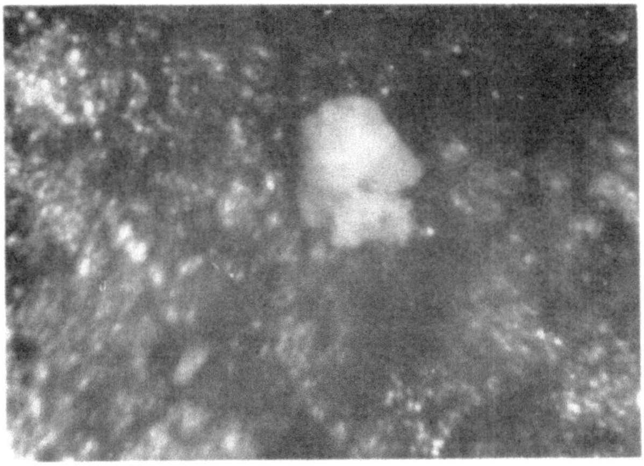

Abb. 6. Aus dem Blaubruch entfernter Einschluß (40 μm)

Abb. 7. Einschluß nach der Chlorierung (100 μm)

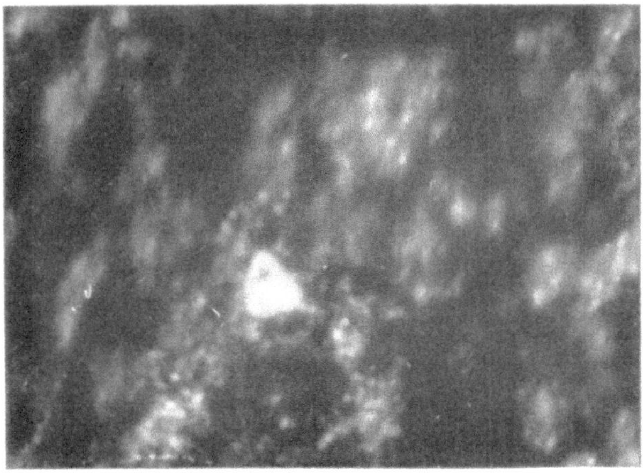

Abb. 8. Einschluß aus dem Anodenschlamm (20 μm)

Phasen kommen in nennenswertem Umfang Sulfide, Titankarbonitrid, komplexe Silikate und vorwiegend aus CaO bestehende Oxide vor. Im verformten Zustand ist eine mehr oder weniger starke Trennung einzelner Phasen zu beobachten.

Verteilung der nichtmetallischen Einschlüsse

Zur Kennzeichnung der möglichen Auswirkungen erweist es sich als notwendig, die Verteilung nichtmetallischer Verunreinigungen in Stählen möglichst genau festzulegen; man unterscheidet:

1. makroskopische Verteilung nach der Unterscheidung zwischen Rand und Kern, ferner Kopf, Mitte und Fuß des Blocks,

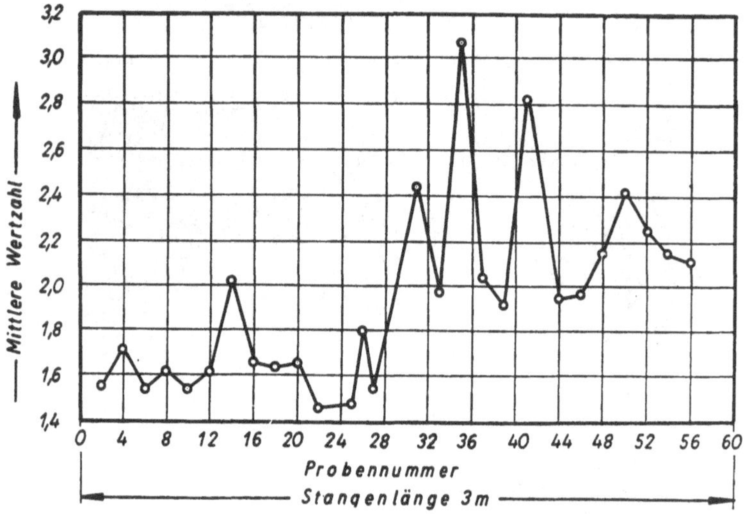

Abb. 9. Änderung der Einschlußwertzahl über die Länge einer Stange von 17 mm ∅ auf Wälzlagerstahl 100 Cr 6

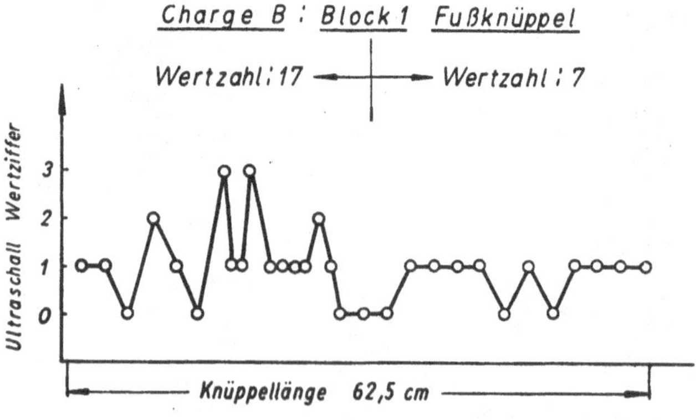

Abb. 10. Änderung des Ultraschallbefunds über die Länge eines Knüppels von 90 mm ⊡ des Stahls CK 22

2. mikroskopische Verteilung im Kristallverband entweder an der Korngrenze oder im Korninneren, bezogen auf das Primär- oder das Sekundärkorn und auf die Seigerungszone,
3. Verteilung unabhängig von der Art der Umgebung, ausgedrückt in der relativen oder absoluten Verteilung entweder aller Einschlüsse oder bestimmter Arten oder auch typischer Formen.

Letztere Art der Verteilung läßt sich in vereinfachter Weise für eine Einschlußart durch die mittlere Größe und die zugehörige Streuung oder Standardabweichung kennzeichnen; für die Kennzeichnung *aller* Einschlüsse ist die Aussagekraft dieser Größen allerdings zweifelhaft.

Die Ausführungen über die Bestimmung der Einschlußarten haben gezeigt, daß nur die licht- und die elektronenmikroskopische Betrachtung eines Schliffs oder eines Bruchs es gestattet, die Gesamtheit der Verteilungsgrößen zu erfassen. Die Anwendung des Lichtmikroskops begrenzt von vornherein die Größe der erfaßbaren Teilchen. Andere Bestimmungsverfahren können nur dann herangezogen werden, wenn nicht alle Merkmale der Verteilung berücksichtigt werden sollen.

Im folgenden soll auf einige Ergebnisse einzelner Untersuchungen eingegangen werden. Über Unterschiede in der makroskopischen Verteilung ist bereits mehrfach ausführlich berichtet worden [7, 8]. Wichtig scheint hier der Befund, daß der Übergang von einer Zone mit einer niedrigen mittleren Einschlußwertzahl zu einer solchen mit hoher Wertzahl sehr plötzlich erfolgen kann. Abb. 9 läßt diesen Übergang an einer 3 m langen, stark verformten Stange des Stahls 100 Cr 6 erkennen, während Abb. 10 die wechselnde Höhe der durch Ultraschall ermittelten Wertziffer über die Länge eines Knüppels des Stahls CK 22 veranschaulicht.

Betrachtet man die Anordnung von Einschlüssen des Wälzlagerstahls im Kristallbereich, so erkennt man, daß ein großer Teil, insbesondere Sulfide und heterogene Verunreinigungen, von einer Anhäufung der Karbide umgeben sind (Abb. 11 und 12). Für diesen Befund spricht auch die mit dem Mikroanalysator

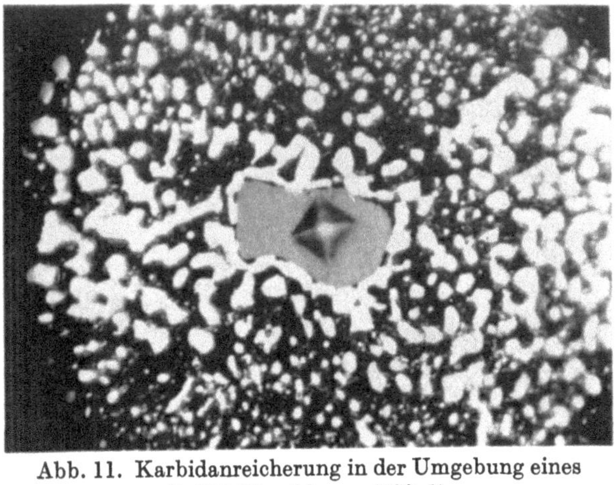

Abb. 11. Karbidanreicherung in der Umgebung eines Sulfid-Einschlusses (800:1)

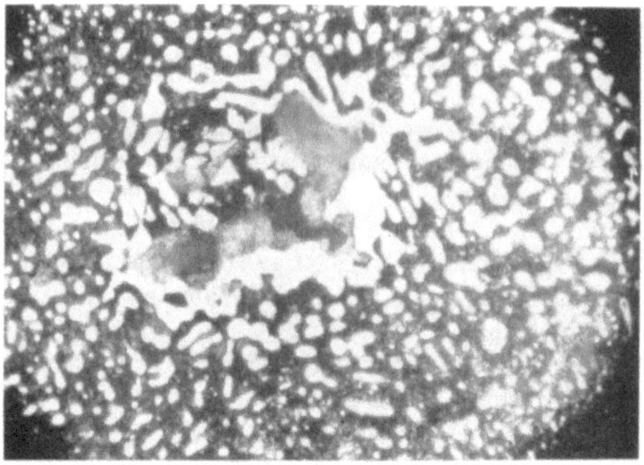

Abb. 12. Karbidanreicherung in der Umgebung eines heterogenen Einschlusses (1250:1)

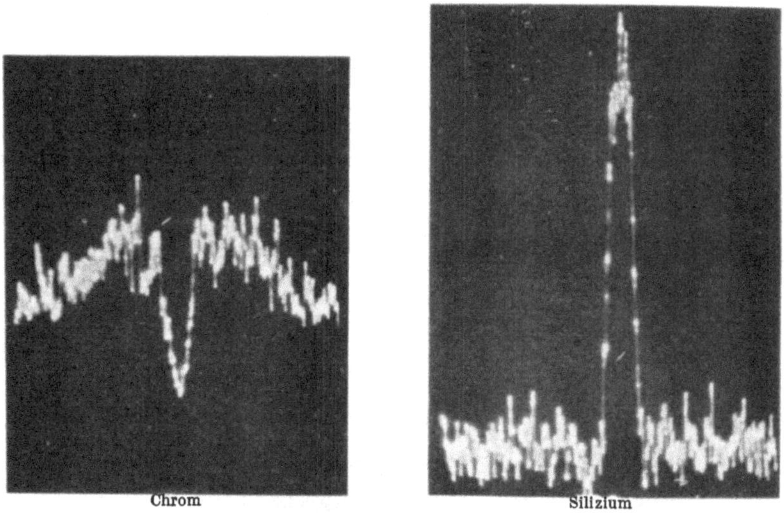

Abb. 13. Qualitative Verteilung der Elemente Chrom und Silizium neben und quer durch einen Einschluß

festgestellte Verteilung des Chroms in unmittelbarer Nähe des Einschlusses (Abb. 13, links). Es ist bekannt, daß die Sulfide sich erst kurz vor sowie während der Erstarrung der Stahlschmelze bilden, so daß ihr Auftreten an mit Kohlenstoff angereicherten Stellen erklärlich ist. Andererseits wurde die Chromanreicherung auch in unmittelbarer Nähe andersgearteter Einschlüsse, z. B. um Silikate herum, beobachtet. Diese Einschlüsse können beim Erstarren in die Seigerungszone gedrängt worden sein; möglich ist allerdings auch, daß sie als „freie Oberfläche" bei der Ausscheidung der Karbide mitgewirkt haben. Die gleichmäßige Verteilung anderer Begleitelemente, wie des Mangans, dürfte einen Anhalt hierfür geben (Abb. 14). Hier bietet sich auch eine Deutung des häufigen Auftretens der Einschlüsse an den Primärkorngrenzen an.

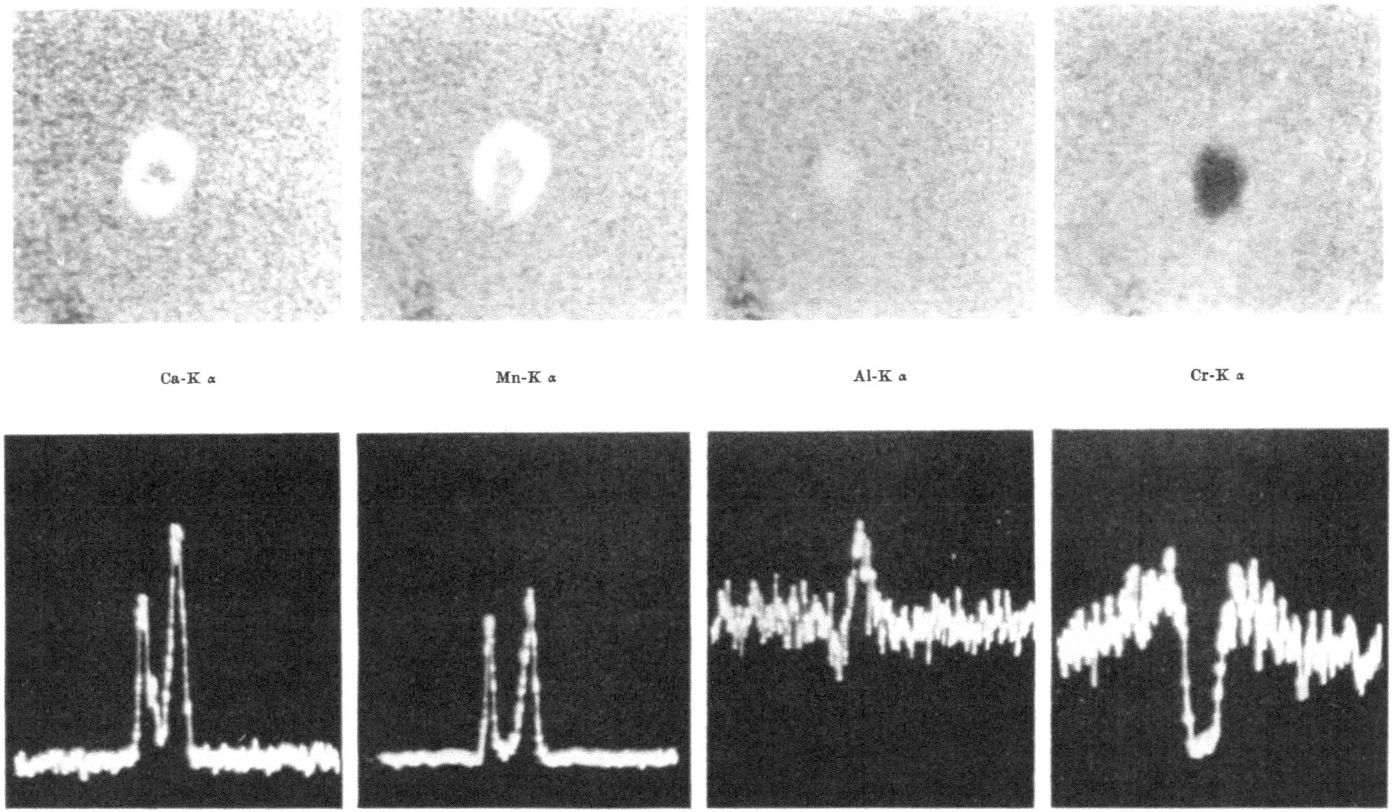

Abb. 14. Qualitative Verteilung der Elemente Kalzium, Mangan, Aluminium und Chrom neben und quer durch einen Einschluß

Um der eigentlichen Verteilung der im Wälzlagerstahl vorhandenen Einschlüsse nachgehen zu können, erfolgte eine vereinfachte Einteilung in solche sulfidischer, oxidischer und heterogener Natur. Die absolute Verteilung der Häufigkeit im Größenbereich über 1 μm geht für drei Stähle verschiedener Herkunft im Gußzustand aus Abb. 15 hervor. Wesentlich stärkere Unterschiede treten bei verformtem Werkstoff auf, so daß versucht wurde, den Einfluß der Warmformgebung auf die Einschlußverteilung zu erfassen. Deshalb sei auf die Ergebnisse einiger

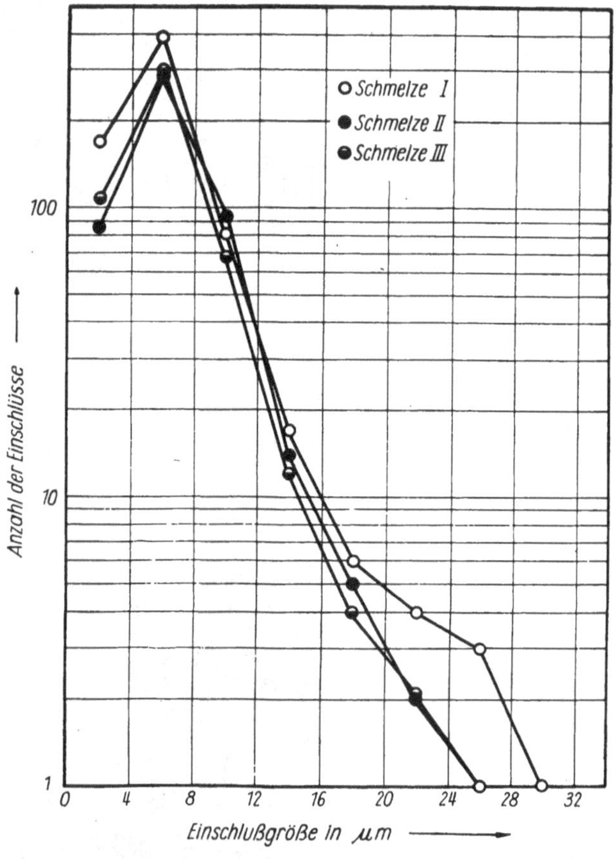

Abb. 15. Häufigkeit der Größenklassen aller nichtmetallischen Einschlüsse in verschiedenen Wälzlagerstählen 100Cr6 im Gußzustand

Walzversuche bei Temperaturen um 900 und 1100 °C eingegangen. Der Verformbarkeit der verschiedenen Einschlüsse entsprechend, ergibt sich zunächst längs und quer zur Formgebungsrichtung des Werkstoffs ein unterschiedliches Bild. Zur *genauen* Einschätzung der Wirkung einer Verformung gelangt man also nur auf Grund der Beurteilung von Längs- *und* Querschliffen. Einige wichtige Hinweise ergeben sich jedoch bereits aus der Beobachtung von Querschliffen, deren Anfertigung einen geringen Arbeitsaufwand erfordert. Auf den Abbildungen 16 bis 18

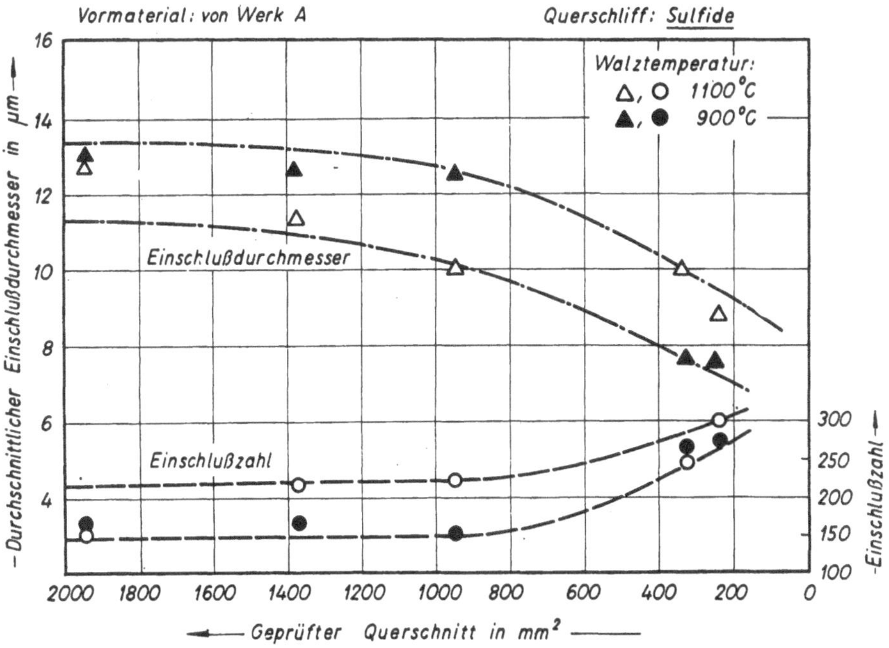

Abb. 16. Änderung des mittleren Durchmessers der *sulfidischen* Einschlüsse und der Einschlußzahl mit stärker werdender Verformung des Stahls 100Cr6

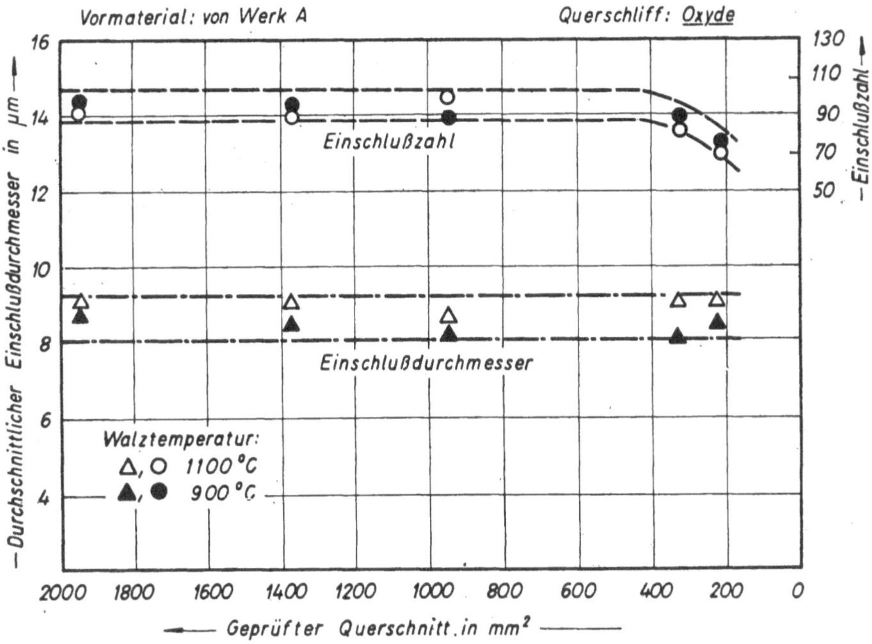

Abb. 17. Änderung des mittleren Durchmessers der *oxidischen* Einschlüsse und der Einschlußzahl mit stärker werdender Verformung des Stahls 100Cr6

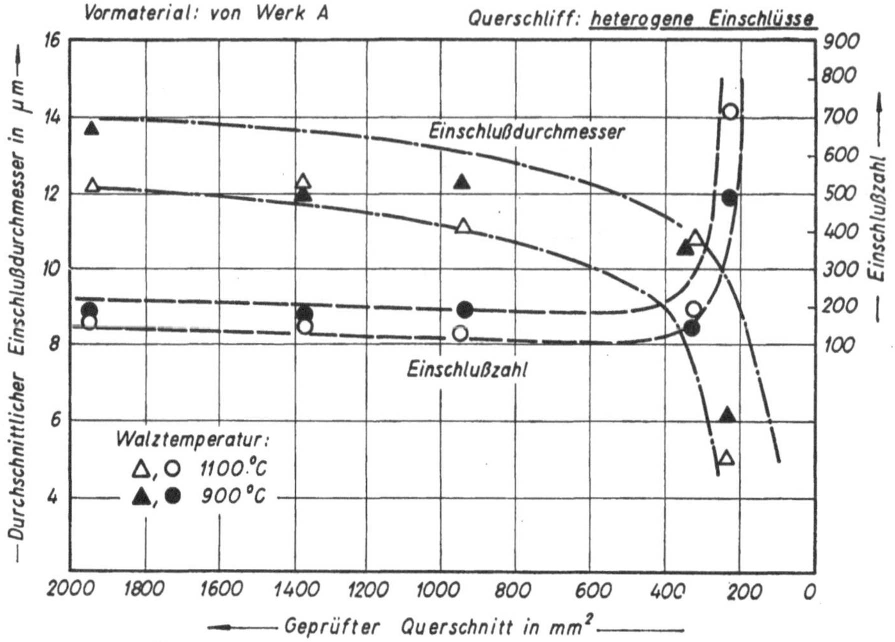

Abb. 18. Änderung des mittleren Durchmessers der *heterogenen* Einschlüsse und der Einschlußzahl mit stärker werdender Verformung des Stahls 100Cr6

ist die Änderung der mittleren Einschlußgröße sowie der Einschlußzahl mit durch stärker werdende Verformung verringertem Querschnitt dargestellt. Für die betrachteten Einschlußarten läßt sich zunächst eindeutig feststellen, daß ihr Verformungsverhalten starke Unterschiede aufweist.

Die *Oxide*, die im Gußzustand meist kleiner anfallen, werden selten verformt; ausgenommen sind hochkieselsäurehaltige Einschlüsse (Abb. 19). Bei der Formgebung treten jedoch häufig Zersplitterungen der Oxide ein, wie die Abbildungen 20a und 20b erkennen lassen. Die auf die untersuchte Schliffläche bezogene Zahl der oxidischen Einschlüsse nimmt deshalb nicht merklich zu (Abb. 17), wobei zu berücksichtigen ist, daß sehr kleine Splitter bei der Auswertung nicht mit erfaßt werden konnten.

Sulfide besitzen im Gebiet der Warmformgebung annähernd die gleiche Plastizität wie der Stahl selbst. Sie werden gelängt und mit höherer Verformungstemperatur deutlich eingeschnürt und in einzelne Teile getrennt (Abb. 21a und 21b). Demzufolge erfolgt, bezogen auf eine Einheit der ausgemessenen Schliffläche, ein beachtliches Anwachsen der Einschlußzahl (Abb. 16). Die Zunahme wird hier durch solche Sulfidanteile verstärkt, die infolge der Verformung von heterogenen Einschlüssen abgetrennt worden sind.

Das Verhalten der Einschlüsse *heterogener* Natur ist am schwierigsten zu übersehen. Hier bewirkt die Verformung in der Regel eine starke Veränderung der Form und schließlich eine Abtrennung der plastischen, meist sulfidischen Anteile (Abb. 22a und 22b) oder auch des hochkieselsäurehaltigen Anteils. Demgegenüber

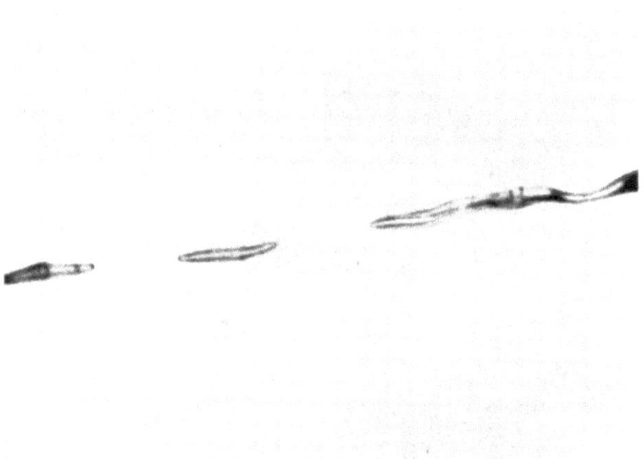

Abb. 19. Stark gereckter und zerteilter hochkieselsäurehaltiger Einschluß (800:1)

a) wenig verformt

b) gereckt und zerteilt

Abb. 20. Oxidische Einschlüsse (800:1)

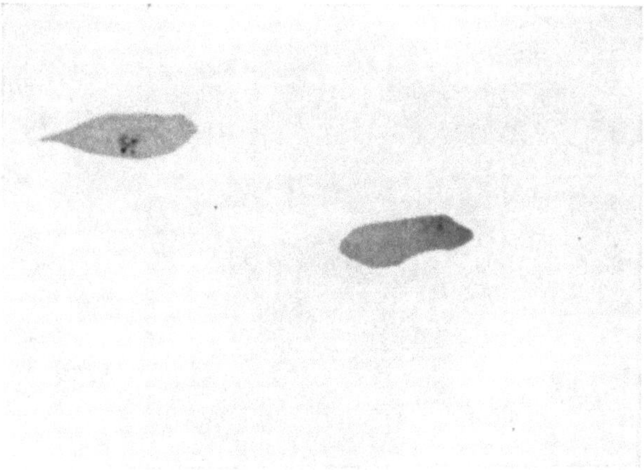

a) wenig verformt

b) stark gereckt und zerteilt

Abb. 21. Suldifische Einschlüsse (800:1)

werden die oxidischen Bestandteile stärker zersplittert (Abb. 22c), denn sie besitzen innerhalb des Gesamteinschlusses, und zwar bereits im Gußzustand, meist eine zerklüftete Form und bieten deshalb der verformenden Kraft eine größere Angriffsfläche. Sehr harte Bestandteile, wie das Titankarbonitrid, bleiben bei der Warmformgebung unverändert (Abb. 22d). Infolge des geschilderten Verhaltens steigt die Zahl der heterogenen Einschlüsse von einem bestimmten Verformungsquerschnitt an stark an (Abb. 18). Die in den Abbildungen 16 bis 18 angegebenen Einschlußzahlen geben natürlich den Sachverhalt nur in erster Annäherung wieder, da — wie bereits gesagt — nur Einschlüsse in Größen über 1 μm berücksichtigt werden konnten.

Zu erwähnen sei noch, daß auch andere Formgebungsverfahren qualitativ ähnliche Ergebnisse geliefert haben. Die absolute Abstufung unterscheidet sich jedoch, und sie dürfte mit den unterschiedlichen Verformungsgeschwindigkeiten und Abnahmen sowie mit der Verformungsart zusammenhängen.

a) mit verformter Sulfidphase

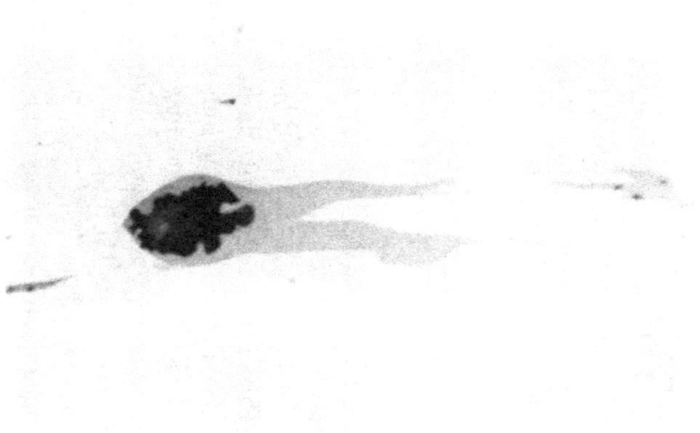

b) mit verformter und zum Teil abgetrennter Sulfidphase

c) mit stark verformter Sulfidphase und teilweise abgesplitterter Oxidphase

d) mit gereckter Sulfidphase, jedoch unverändert gebliebenen Titankarbonitridteilchen

Abb. 22. Heterogene Einschlüsse (800:1)

Im Eisenhütten-Institut wurde eine größere Zahl von Untersuchungen durchgeführt, die dem Einfluß der nichtmetallischen Verunreinigungen auf verschiedene Werkstoffeigenschaften galten. Hierbei wurden Wechselfestigkeit, Schlagzähigkeit, Verhalten beim statischen Biegeversuch, magnetische Eigenschaften, Härterißanfälligkeit und Polierfähigkeit unterschiedlich verunreinigter Stähle geprüft. In den meisten Fällen waren die Ergebnisse nicht eindeutig. Zwar ist in der Regel grundsätzlich eine Veränderung der Eigenschaften zu erkennen; die bei gleichartigen Werkstoffen mit abgestufter Reinheit zu erwartende funktionelle Abhängigkeit konnte jedoch nicht nachgewiesen werden. Die Begründung hierfür ist bei den einleitenden Betrachtungen angedeutet worden. Einerseits waren die Methoden zur Erfassung und Kennzeichnung der tatsächlich vorhandenen Verunreinigungen noch unzureichend. In diesem Zusammenhang muß darauf hingewiesen werden, daß in der Literatur mitgeteilte Ergebnisse meist nur von zwei Werkstoffzuständen, nämlich verunreinigt und nicht verunreinigt, ausgehen und damit die Schwierigkeit der genauen Kennzeichnung umgehen. Andererseits konnten bei unseren Versuchen nicht alle nur möglichen Einflußgrößen beachtet werden. Dies trifft besonders auf die Korngröße zu. Eine Reihe von Versuchen, die zum Teil noch nicht abgeschlossen sind, wurde zu dieser Frage durchgeführt.

An Stählen mit gleicher mengen- und artgemäßer Verunreinigung ließ sich nachweisen, daß der Einfluß der Verteilung der nichtmetallischen Einschlüsse auf die Korngröße recht erheblich ist. So wurde ein Mittelstück eines Blocks aus Stahl 100 Cr 6 mit verschiedenen Abnahmen warmverformt. Proben dieses unter-

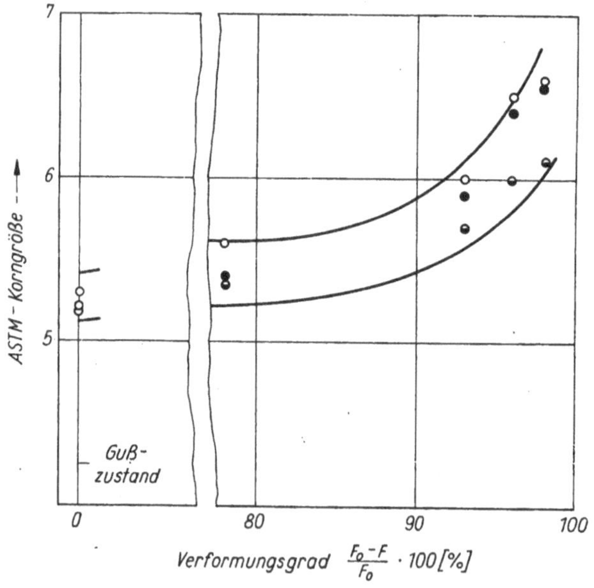

Abb. 23. Die Austenitkorngröße des Stahls 100Cr6 verschiedener Herkunft in Abhängigkeit vom Verformungsgrad

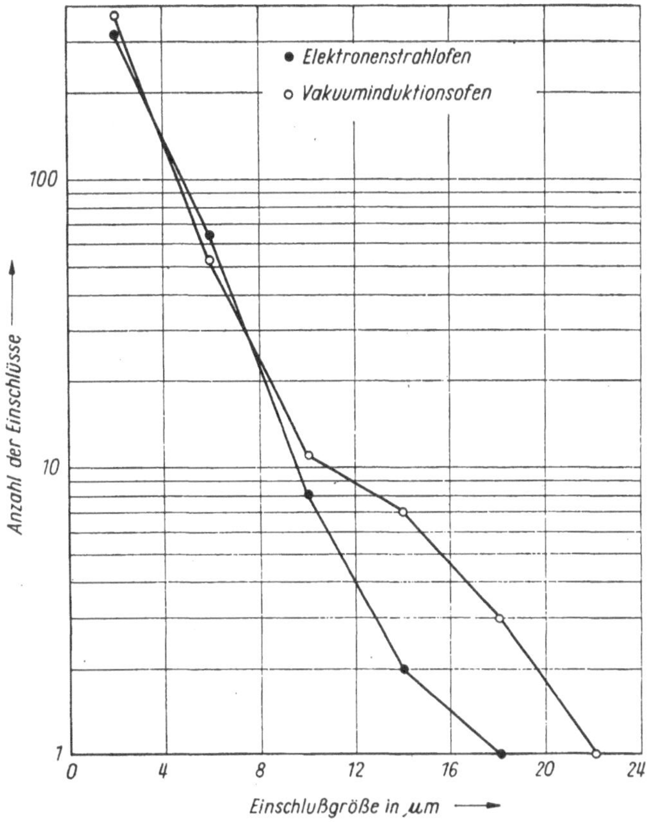

Abb. 24. Häufigkeit der Größenklassen aller nichtmetallischen Einschlüssen in zwei im Vakuum umgeschmolzenen Stählen 100Cr6

schiedlich verformten Materials wurden gemeinsam austenitisiert und langsam abgekühlt. Die anschließend bestimmte Austenitkorngröße ist in Abhängigkeit vom Verformungsgrad in Abb. 23 dargestellt. Die Korngröße verändert sich hiernach etwa in der gleichen Weise wie die Zunahme der Teilchenzahl bei der Warmverformung, wie sie in den vorhergehenden Abbildungen gezeigt wurde. Hinzugefügt werden muß noch, daß auch bei weiteren Austenitisierungsbehandlungen desselben Stahls grundsätzlich die gleiche Neigung beobachtet wurde. Hieraus könnte man den Schluß ziehen, daß jedem Stahl bei bestimmter Zusammensetzung und gegebener Austenitisierung eine bestimmte Austenitkorngröße zukommt, die bei konstanter mengenmäßiger Verunreinigung von der Anzahl der Einschlüsse abhängt. Offen ist die Frage nach der hierauf wirksamen Teilchengröße. Im gegebenen Beispiel konnte zwar ein qualitativ ähnlicher Verlauf mit per Einschlußzahl $>1\,\mu m$ beobachtet werden. Wahrscheinlich steht aber der ausgemessene Teil des Kornbandes stellvertretend für die Gesamtheit der in diesem Falle wirksamen Teilchen. Anders ausgedrückt: man kann entweder annehmen, das der gleiche Ausgangsgußzustand im gesamten Teilchenbereich gleichmäßig verändert worden ist, oder daß die Verformung nur oberhalb einer bestimmten kritischen Teilchengföße, die etwa mit der ausgemessenen übereinstimmt, zerteilend wirkt. Letztere Annahme läßt sich möglicherweise theoretisch begründen. Wenn man für die Zerteilung der Einschlüsse die Oberflächenkräfte zwischen Metall und Einschluß verantwortlich macht, so kann es eine kritische Korngröße geben, unterhalb der die wirksame Spannung nicht mehr für eine Zerteilung ausreicht. Am Beispiel von zwei nach verschiedenen Verfahren im Vakuum umgeschmolzenen Stählen zeigt sich jedoch, daß die submikroskopischen Verunreinigungen das Kornwachstum sehr wesentlich beeinflussen. Diese beiden Stähle unterschieden sich in chemischer Zusammensetzung und anteilmäßiger Verunreinigung in Korngrößen über 1 μm nur unwesentlich (Abb. 24). Trotzdem ergab sich bei der gleichen Austenitisierungsbehandlung ein Unterschied in der ASTM-Korngröße um fast 3 Einheiten. Elektronenoptische Bruchaufnahmen deuten darauf hin (Abb. 25), daß sich die Verunreinigungen im submikroskopischen Bereich stark unterscheiden (Näpfchenbildung). Entsprechende Unterschiede wurden auch in der Kerbschlagzähigkeit beobachtet [9]. Im gesamten untersuchten Temperaturbereich waren die Werte für die Kerbschlagzähigkeit der gehärteten und angelassenen Stähle unterschiedlich. Der Stahl mit dem feineren Austenitkorn wies bei jeder Temperatur um etwa 5 kpm/cm^2 höhere Zähigkeitswerte auf.

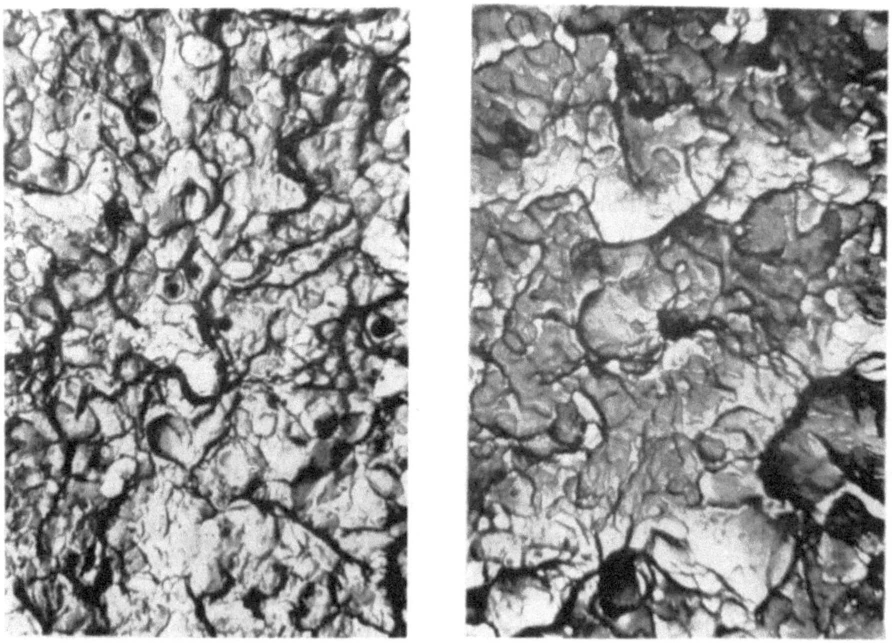

Vakuum-Induktionsofen — Elektronenstrahl-Mehrkammerofen

Abb. 25. Elektronenmikroskopische Aufnahmen der Bruchflächen von zwei im Vakuum umgeschmolzenen Stählen 100Cr6

Zusammenfassung

Es wird zunächst versucht, die Auswirkungen nichtmetallischer Einschlüsse in Stählen auf die Eigenschaften des Werkstoffs mit Hilfe bekannter metallkundlicher Theorien oder Arbeitshypothesen zu kennzeichnen. Dann werden die bekannten Verfahren zur Bestimmung von Art und Menge der Einschlüsse einer kritischen Einschätzung unterzogen.

Man ist auch heute noch nicht imstande, in einem Verfahrensgang alle in einem Stahl vorhandenen Einschlußarten mengenmäßig exakt zu kennzeichnen. Der sicherste Weg zur Ermittlung aller vorkommenden Einschlußarten dürfte nach wie vor vom metallographischen Schliff ausgehen. Unter Anwendung des Diamantpolierens ist eine saubere und verlustlose Präparation der Einschlüsse für die nachfolgende Identifizierung möglich. Alle übrigen Methoden zur Freilegung von Einschlüssen weisen Fehler auf. Die auf dem Schliff freigelegten nichtmetallischen Einschlüsse können unter Anwendung verschiedener Hilfsmittel auf ihre Zusammensetzung hin untersucht werden. Eine große Hilfe stellt hierbei die Mikrosonde dar. Die Betrachtung der Einschlüsse auf dem metallographischen Schliff wird dadurch eingeschränkt, daß die Verfahren zur Ermittlung der Einschlußart bei Einschlußgrößen unter 1 μm meist versagen. Für die submikroskopischen Verunreinigungen müssen die elektronenmikroskopischen Präparationsverfahren in Verbindung mit mikroanalytischen Methoden und der Röntgenfeinstrahlbeugung verbessert werden.

Zur Bestimmung der Einschlußmenge werden nur vorläufige Aussagen gemacht, da die Untersuchungen noch nicht abgeschlossen sind. Es steht jedoch fest, daß die bei uns üblicherweise verwendeten Verfahren Mängel aufweisen.

Für den Wälzlagerstahl 100 Cr 6 wurden die vorkommenden Einschlußarten ermittelt. Im Gußzustand treten die Einschlüsse vorwiegend vergesellschaftet auf. Mit zunehmendem Verformungsgrad werden die Phasen teilweise getrennt. Da bei 100facher Vergrößerung heterogene Einschlüsse nach der Richtreihe meist als Oxide gekennzeichnet werden, führt diese Verschiebung oft zu Unklarheiten beim Vergleich von Stählen mit unterschiedlichem Verformungsgrad. Auch bei der Ermittlung der Einschlußverteilung versprechen die Freilegung durch Schliff oder Bruch sowie die Betrachtung unter dem Licht- oder Elektronenmikroskop gute Ergebnisse. Das ergibt sich schon daraus, daß dabei die sehr wesentliche Lage der Einschlüsse im Kristallverband nicht verändert wird.

Eine Kennzeichnung der Teilchengrößenverteilung über 1 μm bei Wälzlagerstahl im Gußzustand ergab für verschiedene Schmelzen aus dem Elektroofen keine großen Unterschiede. Die Verteilung wird jedoch von der Warmformgebung sehr wesentlich verändert. Je nach Einschlußart ändern sich die absolute Kornverteilung und die Form der Einschlüsse.

Das hat einerseits eine gewisse praktische Bedeutung für Stähle, die nach bestimmten Einschlußgrößen abgenommen werden. Andererseits konnte jedoch gezeigt werden, daß die durch die Warmformgebung hervorgerufene Änderung der Einschlußzahl einen Einfluß auf die Austenitkorngröße ausübt. Bei unterschiedlicher Erschmelzungsart müssen die submikroskopischen Einschlüsse hierbei ebenfalls berücksichtigt werden. Ihre Verteilung und Zahl hängen offenbar vom Schmelzverfahren wesentlich ab; sie werden dafür aber von der Warmformgebung nur wenig verändert. Am Beispiel von zwei im Vakuum umgeschmolzenen Stählen konnten hierfür mittelbare Beweise geliefert werden.

Herrn Prof. Dr.-Ing. W. Lange sei für die Unterstützung der Arbeit seitens der von ihm geleiteten Institute gedankt. Insbesondere sind wir Herrn Dipl.-Met. DIETZMANN und Herrn Dipl.-Phys. SCHRODETZKY für die Durchführung der elektronenmikroskopischen bzw. mikroanalytischen Untersuchungen zu Dank verpflichtet.

Prof. ZOUHAR,

Diskussion

Am Stahlinstitut in Moskau werden von Prof. Pawlow Untersuchungen über den Einfluß der Größe und Form von nichtmetallischen Einflüssen auf die inneren Spannungen bei der Umformung durchgeführt. Es waren Untersuchungen zur Ermittlung der Spannungsfelder um die nichtmetallischen Einschlüsse auf spannungsoptischem Wege.

Obering. GERHART TSCHORN,

Leiter der Chemisch-physikalischen Materialprüfanstalt im VEB Schwermaschinenbau Ernst Thälmann, Magdeburg:

Als Ergänzung zu den von Herrn Dr.-Ing. ECKSTEIN über die Auswirkungen nichtmetallischer Einschlüsse auf die Werkstoffeigenschaften gemachten Angaben dürften die Ergebnisse von Zug-Schwellversuchen an Proben aus St 50 mit wechselndem Reinheitsgrad von Interesse sein.

Stützsäulen von 1 m Durchmesser, 9,34 m Länge und einer Masse von 11,5 t wurden verworfen, weil sich bei der Ultraschallprüfung größere Fehlerbereiche zeigten, die durch weitere Untersuchungen nach Zerlegung einer Säule als Seigerungsringe mit vorwiegend sulfidischen Einschlüssen und vereinzelten kleinen Werkstofftrennungen darboten.

Die Proben für die Zug-Schwellversuche wurden verschiedenen Zonen entnommen und wiesen Reinheitsgrade mit den Wertigkeitszahlen 3 bis 5 auf.

Bei einer Beanspruchung mit einer Unterspannung von 9,77 kp/mm^2 und einer Oberspannung von 13,62 kp/mm^2 bei einer Lastspielzahl von 655 je Minute wurden in allen Fällen $10 \cdot 10^6$ Schwingungen ohne Bruch ertragen. Obgleich diese Beanspruchung bereits oberhalb der Betriebsbeanspruchung liegt, wurde bei weiteren Versuchen bei gleicher Unterspannung die Oberspannung auf 32 bis 36 kp/mm^2 gesteigert. Sowohl Stäbe mit wenig als auch Proben mit viel Einschlüssen gingen bei $2 \cdot 10^6$ Schwingungen nicht zu Bruch. Die Ergebnisse bestätigen einmal, daß kein eindeutiger Zusammenhang zwischen der Zahl der Einschlüsse und der Zug-Schwellfestigkeit besteht, daß zum anderen aber die Stützsäulen trotz der in diesem Falle vorhandenen Unterbrechungen des metallischen Zusammenhangs ihre Funktion ohne Beanstandung erfüllt hätten.

Prof. Dr. ADOLF ROSE,

Leiter der Abteilung „Konstitution der Eisenlegierungen" im Max-Planck-Institut für Eisenforschung Düsseldorf:

Ich hoffe, daß ich mich bei meinem Bericht über das Umwandlungsverhalten vakuumerschmolzener Stähle beim Berg- und Hüttenmännischen Tag 1962 nicht so mißverständlich ausgedrückt habe, daß der Schluß gezogen werden konnte, die Korngrößen und das Kornwachstum hingen vom Sauerstoffgehalt d. h. von der Menge der oxidischen Einschlüsse ab. Ich hatte damals schon Ergebnisse dargestellt, die zeigten, daß bei gleichem Sauerstoffgehalt, aber unterschiedlicher Art und Verteilung der Oxide sehr verschiedene Korngrößen auftreten können. Das legt die grundsätzliche Frage nahe: Ist der Einfluß der oxidischen Einschlüsse auf das Kornwachstum lediglich durch die Geometrie ihrer Verteilung bestimmt, oder wirken sich darüber hinaus auch noch die chemische Zusammensetzung und ihre Struktur aus?

Dr.-Ing. H.-J. Eckstein:

Man darf gewiß annehmen, daß bei der Keimbildung die Art der Fremdphasen eine Rolle spielt. Eine freie Oberfläche erleichtert je nach ihrer Benetzbarkeit durch die neu zu bildende Phase deren Keimbildung. Diese Benetzbarkeit wird mit dem Gitteraufbau der Einschlußphase in Verbindung stehen und also je nach ihrer Art unterschiedlich sein. Die wachstumshemmende Wirkung der Einschlüsse hängt im wesentlichen von der Verteilungsgeometrie ab. Auch hier könnte die Einschlußart eine gewisse Rolle spielen. Unterschiedliches Ausdehnungsverhalten und ein möglicher Kohärenzgrad beeinflussen das Spannungsfeld um die Fremdphase und können auf diese Weise mehr oder weniger behindernd auf die Korngrenzenwanderung wirken.

Literatur

[1] Webster, D., Allen, G. B., J. Iron Steel Inst. **200** (1962) 520–526.
[2] Kochendörfer, A., Materialprüfung **3** (1961) 266–274.
[3] Tipper, C. F., Metallurgica **39** (1949) 133–137.
[4] Hempel, M., Materialprüfung **3** (1961) 365–376.
[5] Berglund, T., Mayer, A., Handbuch der metallographischen Schleif-, Polier- und Ätzverfahren. Springer-Verlag, Berlin 1940.
[6] Červjakov, A. N., Kiseleva, S. A., Rylnikova, A. G., Metallographische Bestimmung von Einschlüssen im Stahl. — 2. Auflage. Metallurgisdat, Moskau 1962.
[7] Hoff, H., Lessing, H., Masing, G., Stahl u. Eisen **76** (1956) 1442–1452.
[8] Веденский, В. С., Сталь (1962) 454–457.
[9] Eckstein, H.-J., Lüdemann, K.-F., Abh. dtsch. Akad. Wiss. Berlin, Kl. f. Bergbau, Hüttenwes. u. Montangeol. (1963) 2, 91–102.

Dipl.-Ing. Eberhard Leinhos
Wissenschaftlicher Abteilungsleiter im Zentralinstitut für Schweißtechnik der DDR, Halle (Saale)

BEITRAG ZUR FRAGE DER MECHANISCHEN EIGENSCHAFTEN UND DER GEFÜGEAUSBILDUNG VON MIT CHROM UND NICKEL LEGIERTEM SCHWEISSGUT

Einleitung

Für das Schweißen der un-, niedrig- und hochlegierten schweißbaren Baustähle sind oder werden Zusatzwerkstoffe entwickelt, die bei Einhaltung der vorgeschriebenen Schweißtechnologie ausreichende Güteeigenschaften der Schweißverbindungen ergeben. Dabei wird angestrebt, daß das Schweißgut des Zusatzwerkstoffs in Legierungskombination, Gefügeart und Eigenschaften etwa dem zu schweißenden Grundwerkstoff entspricht. Sollen jedoch Stähle unterschiedlichster Legierungskombination untereinander oder mit unlegierten Baustählen verschweißt werden, so ist die Forderung, artgleiche Zusatzwerkstoffe zu verwenden, höchstens für einen der zu verschweißenden Stähle zu erfüllen. Bei derartigen Schweißarbeiten können im Schweißgut infolge der Vermischung mit aufgeschmolzenem nichtartgleichen Grundwerkstoff Gefüge entstehen, die in ihrem Aufbau und ihren Eigenschaften völlig von dem reinen Schweißgut des verwendeten Zusatzwerkstoffs abweichen.

Als praktische Beispiele für das Verschweißen von unterschiedlich legierten Stählen und für die Verwendung von nichtartgleichen Zusatzwerkstoffen seien angeführt:

a) das Verbindungsschweißen von un- und niedriglegierten Stählen mit hochlegierten austenitischen Stählen (sog. „Ferrit-Austenit-Verbindungen“);

b) das Schweißen von plattierten Stählen (un- oder niedriglegierter Grundwerkstoff walzplattiert mit hochlegierten ferritischen Cr-Stählen oder austenitischen Cr–Ni-Stählen);

c) das Auftragsschweißen korrosionsbeständiger Schichten auf un- oder niedriglegierte Kesselwerkstoffe;

d) das Schweißen von Vergütungsstählen und unlegierten Stählen mit höherem C-Gehalt mit austenitischen Zusatzwerkstoffen (z. B. Montageschweißungen von Stählen vom Typ 5,5% Cr und 0,5% Mo mit austenitischen Zusatzwerkstoffen vom Typ 25% Cr/20% Ni);

e) das Schweißen von martensitischen, halbferritischen und ferritischen Cr-, Cr–Al- und Cr–Si-Stählen mit austenitischen Zusatzwerkstoffen und

f) das Schweißen von kaltzähen martensitischen Nickelstählen mit austenitischen Zusatzwerkstoffen.

Für die Auswahl von geeigneten Zusatzwerkstoffen für die angeführten Schweißarbeiten, d. h. für das Verschweißen von Stählen mit unterschiedlichen Legierungsgehalten, wurde von A. L. SCHAEFFLER [1, 2] in Anlehnung an das von R. SCHERER, G. RIEDERICH und G. HOCH [3] erweiterte Gefügeschaubild der Chrom–Nickel-Stähle von ED. MAURER [4] ein Gefügediagramm für mit Chrom und Nickel legiertes Schweißgut aufgestellt. Dieses Diagramm, dessen erster Entwurf in Abb. 1

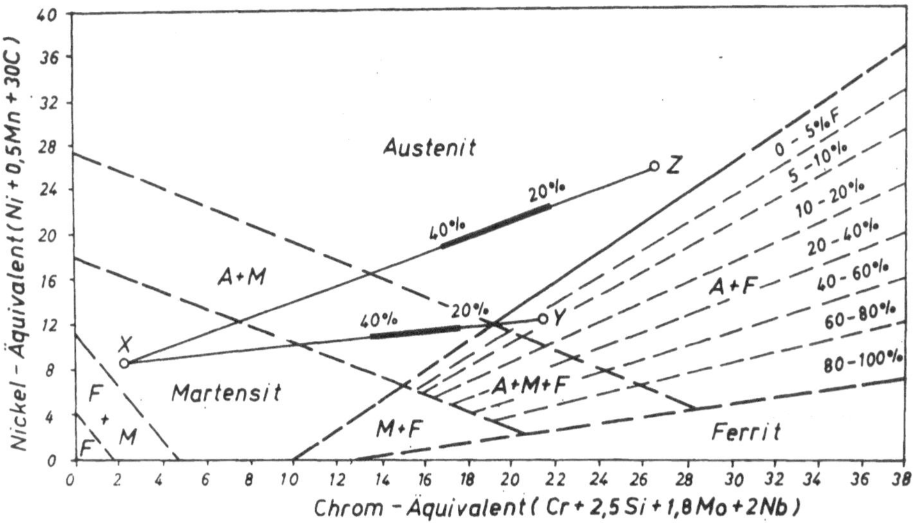

Abb. 1. Entwurf eines Gefügediagramms für Chrom–Nickel-Schweißgut nach A. L. SCHAEFFLER [2]

gezeigt wird, gibt darüber Auskunft, welcher Gefügeaufbau im Schweißgut auf Grund der chemischen Zusammensetzung bei normaler Abkühlung nach dem Schweißen zu erwarten ist. Wie ersichtlich, werden dabei die ferritbildenden Elemente zu einem Nickel-Äquivalent und die austenitbildenden Elemente zu einem Chrom-Äquivalent zusammengefaßt. Als Grenzen für Stahlbegleiter und Legierungselemente werden folgende Maximalwerte angegeben:

$$0{,}2\%\ \mathrm{C},\quad 1{,}0\%\ \mathrm{Si},\quad 4{,}0\%\ \mathrm{Mn},\quad 3{,}0\%\ \mathrm{Mo},\quad 1{,}5\%\ \mathrm{Nb}.$$

Von A. L. SCHAEFFLER wurde außerdem ein Verfahren angeführt, das es gestattet, das beim Schweißen infolge Vermischung von nichtartgleichen Grund- und Zusatzwerkstoffen entstehende Gefüge vorauszusagen. Im Diagramm ist z. B. im Punkt X ein niedriglegierter Baustahl entsprechend dem sich aus seiner chemischen Zusammensetzung ergebenden Chrom- und Nickel-Äquivalent eingezeichnet. Außerdem sind im Punkt Z das Schweißgut einer Elektrode vom Typ 25 Cr/20 Ni und im Punkt Y das Schweißgut einer Elektrode vom Typ 19 Cr/9 Ni eingetragen. Wird dieses reine Schweißgut der Zusatzwerkstoffe durch aufgeschmolzenen Grundwerkstoff vermischt, so muß die chemische Zusammensetzung des Mischschweißgutes auf der Verbindungslinie zwischen Werkstoff und Zusatzwerkstoff liegen, falls eine vollständige Vermischung eintritt. Die genaue Lage des Gesamtschweißguts ergibt sich bei bekanntem Vermischungsgrad durch die einfachen Beziehungen des Hebelgesetzes. Unter dem Begriff des Vermischungsgrads versteht man dabei den Anteil des aufgeschmolzenen Grundwerkstoffs am Gesamtschweißgut. Dieser beträgt erfahrungsgemäß bei einlagigen Auftragsraupen 20–40%. Im vorliegenden Falle wird also das entstehende Mischschweißgut innerhalb der dick ausgezogenen Strecken dieser Vermischungslinien zu suchen sein. Es ist daraus zu schließen, daß bei Einsatz der Elektrode 25/20 (Punkt Z) ein austenitisches und bei Einsatz der Elektrode 19/9 (Punkt Y) ein austenitisch-martensitisches Gefüge im Mischschweißgut entsteht.

Der in Abb. 1 gezeigte Entwurf wurde überarbeitet; abschließend wurde das aus Abb. 2 ersichtliche Schaubild veröffentlicht [5). Es ist zu erkennen, daß die Faktoren für die Berechnung der Chrom- und Nickel-Äquivalente und der Verlauf der Grenzlinie zwischen den Gefügebereichen revidiert wurden.

Für das Diagramm werden folgende Verwendungsmöglichkeiten angegeben:

a) Bestimmung der Ferritgehalts im Schweißgut von Elektroden vom Typ 19–9, 19–9 Nb, 25–12, 25-12 Nb, 25–20, 29–9 usw. mit einer Fehlergrenze von ±4%;

b) qualitative Voraussage der Gefügeausbildung der rostfreien Chrom- und Chrom-Molybdän-Stähle in den martensitischen und martensitisch-ferritischen Gefügebereichen;

c) ungefähre Voraussage der beim Schweißen unterschiedlicher Stähle mit austenitischen Zusatzwerkstoffen im Schweißgut zu erwartenden Gefügeausbildung, falls der Vermischungsgrad abgeschätzt werden kann;

d) Auswahl geeigneter Elektroden für die unter c) angeführten Schweißarbeiten.

A. L. Schaeffler erläutert die unter c) und d) angeführten Möglichkeiten am Beispiel des Schweißens einer mehrlagigen Ferrit-Austenit-Verbindung und des Schweißens von plattierten Sählen [2, 6]. Seither ist in einer Vielzahl von Veröffentlichungen das „Schaeffler-Diagramm" zur Lösung und Erklärung dieser und ähnlicher Schweißprobleme herangezogen worden [7, 8, 9, 10]. Von einigen Autoren wurden Erweiterungen der Gleichungen für die Äquivalent-Bestimmungen vorgenommen. So werden beim Chrom-Äquivalent auch Titan, Wolfram und Vanadin und beim Nickel-Äquivalent Stickstoff und Cobalt berücksichtigt [11, 12, 13, 14, 15].

Von J. Cabelka [16] dagegen wird eine Verwendung des Schaeffler-Diagramms abgelehnt, da es nach seiner Auffassung den praktischen Belangen nicht entspricht und besonders die Wirkung des Kohlenstoffgehalts nicht genügend berücksichtigt.

Für eine grundlegende Beurteilung dieser Frage erscheint es sinnvoll, neben der Gefügeausbildung auch die mechanischen Eigenschaften des beim Schweißen unterschiedlicher Stähle entstehenden Mischschweißguts heranzuziehen. Bei einer Überprüfung der Literatur über den Zusammenhang zwischen chemischer Zu-

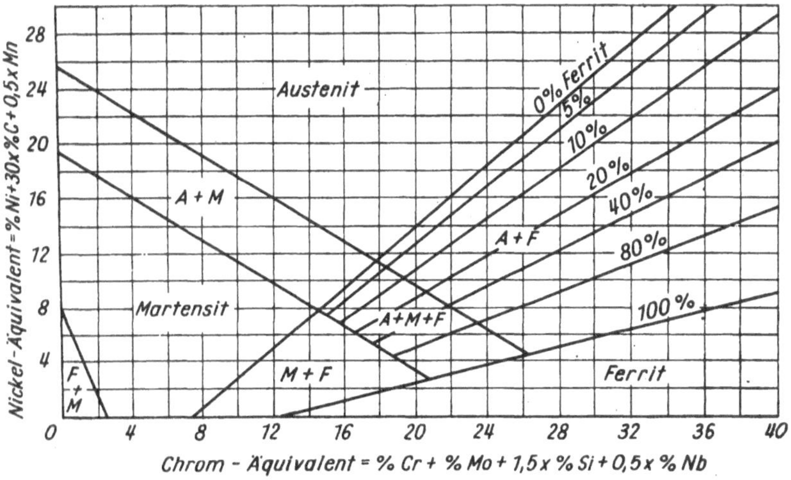

Abb. 2. Gefügediagramm für nichtrostendes Schweißgut nach A. L. Schaeffler [5]

sammensetzung, Gefügeausbildung und mechanischen Eigenschaften von derartigem Mischschweißgut konnten keine Veröffentlichungen gefunden werden, aus denen direkt quantitative Angaben über Schweißgut zu entnehmen gewesen wären, das in seinem Gefügeaufbau in die austenitisch-martensitischen Gefügebereiche des Schweißgut-Diagramms einzuordnen ist. Um Voraussagen der mechanischen Eigenschaften von Schweißgut dieser Art geben zu können, müssen somit Angaben und Untersuchungsergebnisse über ähnlich legierte Stähle benutzt werden. Diese Stähle liegen aber fast ausschließlich im warmverformten und wärmenachbehandelten Zustand vor, so daß die an ihnen ermittelten Ergebnisse für Schweißgut mit seiner im geschweißten Zustand vorliegenden Gußstruktur nur mit Einschränkung gültig sind.

Eigene Untersuchungen

Aufgabenstellung

Zweck der vorliegenden Untersuchungen war, die mechanischen Eigenschaften von Schweißgut zu bestimmen, wie es beim Schweißen unterschiedlicher Stähle entstehen kann. Gleichzeitig sollte untersucht werden, welcher Zusammenhang zwischen den mechanischen Eigenschaften und der Lage des Schweißguts im Gefügediagramm sowie seiner Gefügeausbildung besteht. Außerdem war die Frage zu prüfen, ob und in welchem Umfang es berechtigt ist, das Schaeffler-Diagramm zur Lösung von praktischen schweißtechnischen Problemen heranzuziehen.

Probenherstellung und Prüfung

Das für die Untersuchungen notwendige Mischschweißgut wurde durch Auftragsschweißen einlagiger Schweißraupen auf Blechstreifen gewonnen. Als Grundwerkstoffe wurden dabei der unlegierte Baustahl St 38, der rostbeständige halbferritische Stahl X 10 Cr 13, der hitzebeständige ferritische Stahl X 10 CrAl 18 und der säurebeständige austenitische Stahl X 10 CrNiTi 18.9 eingesetzt. Mit der Auswahl von insgesamt 19 un-, niedrig- und hochlegierten Zusatzwerkstoffen zum Aufschweißen der einlagigen Schweißraupen wurde versucht, mit dem entstehenden Schweißgut einen möglichst großen Bereich im SCHAEFFLER-Diagramm zu erfassen.

Abb. 3 zeigt die Anzahl und die Verwendung der für jedes Mischschweißgut hergestellten Schweißproben, die durch Auftragsschweißen von 12 mm breiten und 100 mm langen Schweißraupen auf 30 mm breite und 8 mm dicke Blechstreifen

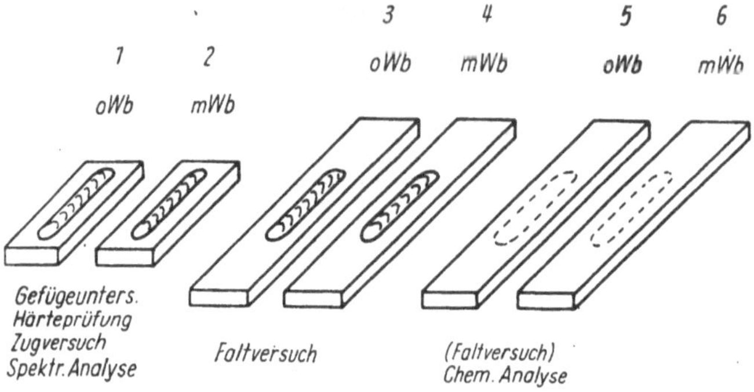

Abb. 3. Schweißproben für Mischschweißgut

von 125 und 250 mm Länge erzeugt wurden. Die Zusatzwerkstoffe wurden dabei in Form von Elektroden mit 4 mm Kerndrahtdurchmesser eingesetzt und von einem Schweißer mittels des Lichtbogenhandschweißverfahrens am Pluspol einer Gleichstromanlage bei einem Schweißstrom von 140 ± 5 A und einer Schweißspannung von etwa 23 V mit einer Schweißgeschwindigkeit von 125 ± 10 mm/min verschweißt.

Die Schweißproben 1, 3 und 5 sind im unbehandelten, also geschweißten Zustand (Kurzbezeichnung oWb) und die Schweißproben 2, 4 und 6 nach einer Wärmebehandlung bei 650 °C (Kurzbezeichnung mWb) untersucht worden.

Die nachfolgenden Ausführungen werden sich allerdings nur auf die Untersuchungen im geschweißten Zustand beschränken, den Zustand also, für den das Schweißgut-Gefügediagramm unmittelbare Gültigkeit besitzt.

Die Auftragsschweißungen der Schweißproben 5 und 6 wurden durch Hobeln bis zur Blechoberfläche abgearbeitet; an diesen Hobelspänen wurde der Cr-Gehalt durch chemische Analyse bestimmt. Für Mischschweißgut, dessen Grund- und Zusatzwerkstoff eine genügend große Differenz im Cr-Gehalt aufwies, konnte damit die Bestimmung des Vermischungsgrads nach der Beziehung

$$V = \frac{Cr_s - Cr_e}{Cr_w - Cr_e} \cdot 100\,[\%]$$

erfolgen. Darin bedeutet:

Cr_s = Chrom-Gehalt des Mischschweißguts in %,
Cr_e = Chrom-Gehalt des reinen Schweißguts der Elektrode in %,
Cr_w = Chrom-Gehalt des Grundwerkstoffs in %.

Die Schweißproben 3, 4, 5 und 6 mit aufgeschweißter bzw. abgearbeiteter Schweißraupe wurden zu einer ersten Orientierung über Zähigkeitsverhalten und Dehnvermögen einem Faltversuch unterzogen. Dabei konnten die an den Proben 5 und 6 ermittelten Ergebnisse nicht zur Auswertung herangezogen werden, da bei diesen Proben, besonders bei den Werkstoffen X 10 Cr 13 und X 10 CrAl 18, das Verhalten der wärmebeeinflußten Zone des Grundwerkstoffs und nicht das Verhalten des nach dem Abarbeiten noch vorhandenen Schweißguts das Ergebnis des Faltversuches bestimmt.

Die Zahl der weiteren Prüfungen zur Bestimmung von mechanischen Eigenschaften ist infolge der sehr kleinen Querschnittsabmessungen des zur Verfügung stehenden Schweißguts eng begrenzt. Das Zentralinstitut für Schweißtechnik, Halle, verfügt jedoch über eine Kleinzerreißmaschine, so daß die Möglichkeit gegeben war, den 12 mm breiten und etwa 4 mm hohen Schweißraupen der Proben 1 und 2 je vier Kleinzerreißproben zu entnehmen. Abb. 4 zeigt die Lage dieser Proben im Schweißgut. Außer diesen Kleinzerreißproben wurde auch ein Querschliff zur Gefügeuntersuchung und Härteprüfung entnommen. An diesem Querschliff wurde durch Ausplanimetrieren der einzelnen Zonen der Schweißraupe eine weitere Bestimmung des Vermischungsgrads durchgeführt.

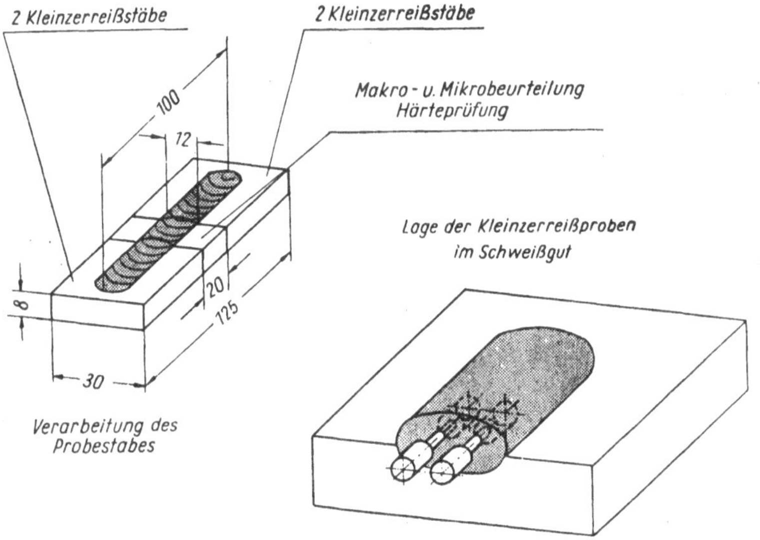

Abb. 4. Probenahme für Auftragsschweißungen aus Mischschweißgut

Kleinzerreißversuch

Die sehr kleinen Abmessungen der Kleinzerreißproben werden durch den in Abb. 5 dargestellten Vergleich mit einer Einpfennig-Münze deutlich. Dabei wurden bei den ersten Untersuchungen die Proben mit Gewindekopf verwendet. Da sich bei der Herstellung dieser Proben und bei Durchführung der Prüfung in einigen

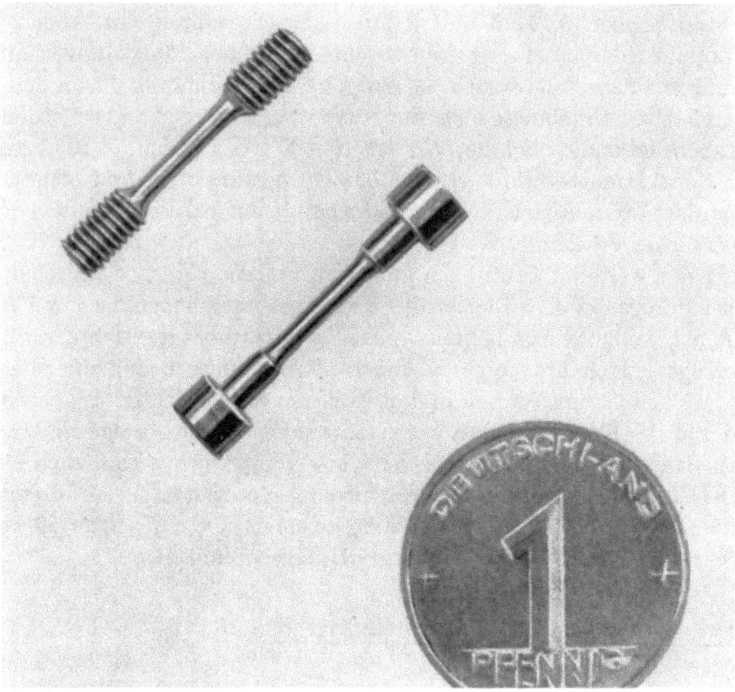

Abb. 5. Kleinzerreißproben

Abb. 6. Kleinzerreißmaschine nach dem System CHEVENARD

Fällen Schwierigkeiten ergaben, wurden bei den späteren Serien die Proben mit Schulterkopf eingesetzt, nachdem durch Vergleichsuntersuchungen festgestellt worden war, daß lediglich bei austenitischen Stählen bzw. austenitischem Schweißgut Unterschiede in den Prüfergebnissen beider Probenformen zu erwarten sind.

Die zur Prüfung der Proben verwendete Kleinzerreißmaschine nach dem System CHEVENARD ist im Zentralinstitut für Schweißtechnik, Halle, gebaut worden. Auf Abb. 6 ist der Aufbau der Maschine zu erkennen. Die Probe wird zwischen der Feder (F) und dem Hebel (H) eingespannt. Über einen Schneckentrieb wird dieser Hebel durch den Motor (M) bewegt. An der Meßuhr U_1 kann die Durchbiegung der Feder abgelesen werden. Der abgelesene Meßwert stellt ein Maß für die aufgegebene Kraft dar. Die Meßuhr U_2 zeigt die Änderung der Entfernung zwischen Feder und Hebel in Höhe der Einspannstelle der Zugprobe an. Mit ihr wird also während des Zugversuchs direkt die Verlängerung der Probe gemessen, so daß ein Wert für die Dehnung ermittelt werden kann.

M. BECKERT [17] hatte bei Untersuchungen an Schweißverbindungen aus unlegierten Baustählen festgestellt, daß die mit dieser im Zentralinstitut vorhandenen Kleinzerreißmaschine ermittelten Ergebnisse für die Zugfestigkeit etwa 10 bis 20% niedriger liegen als die Ergebnisse von normalen Zugproben nach DIN 50125.

Durchgeführte eigene Vergleichsuntersuchungen ergaben, daß diese Abweichungen vor allem durch die konstruktive Ausführung der im Zentralinstitut verwendeten Prüfmaschine bedingt sind. Bei ihr tritt während des Zugversuchs zusätzlich zur Zugbeanspruchung eine Biegebeanspruchung auf, wodurch die Werte für Zugfestigkeit und Dehnung in Abhängigkeit vom Zähigkeitsverhalten der Werkstoffe beeinflußt werden. Dies ist in Abb. 7 dargestellt. Dort werden die Ergebnisse von Kleinzerreißproben mit Gewindekopf (Probeform 1) denen von Kleinzerreißproben mit Schulterkopf (Probeform 2) gegenübergestellt. Als Bezugsgröße sind dabei die mit normalen Zugversuchen an Zugprobe B 6×30 nach DIN 50125 ermittelten Werte für Zugfestigkeit und Dehnung mit jeweils 100% angesetzt.

Aus dieser Darstellung ist deutlich zu ersehen, daß die Relation zwischen den Norm- und Kleinzerreißproben werkstoffabhängig ist, wobei die an Kleinzerreiß-

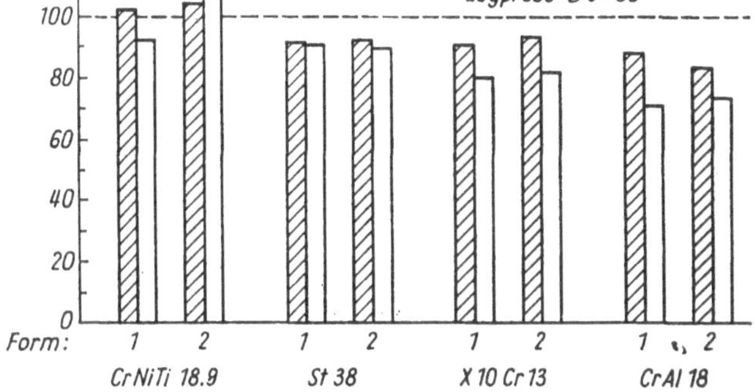

Abb. 7. Ergebnisse der Vergleichsproben

proben aus ferritisch-perlitischen, halbferritischen und ferritischen Stählen ermittelten Werte grundsätzlich tiefer liegen als die Werte der Normprobe. Lediglich der austenitische Stahl ergibt für Norm- und Kleinzerreißproben etwa gleiche Festigkeitswerte, wofür das Verhalten austenitischer Stähle bei Beanspruchung maßgebend sein dürfte. Es kann dabei angenommen werden, daß die zusätzliche Biegebeanspruchung durch örtliches Fließen des Werkstoffs, verbunden mit einer örtlichen Kaltverfestigung, kompensiert wird. Die unterschiedlichen Abweichungen der Dehnung für die Probenform 1 und 2 sind dadurch zu erklären, daß bei der Probenform 2 auch die beiden aus Abb. 8 ersichtlichen Übergangsstücke von

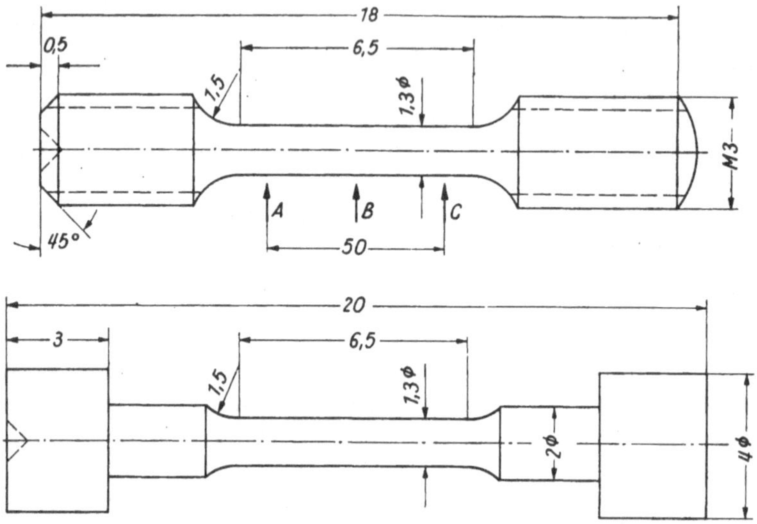

Abb. 8. Probenform für Kleinzerreißversuch

2 mm Durchmesser einen merklichen Anteil an der Gesamtdehnung aufbringen da bei diesem Stahl ein Fließen bereits bei relativ niedrigen Beanspruchungen eintritt.

Um einen Überblick über das Ergebnis von Prüfungen mit Kleinzerreißproben zu bekommen, sei angeführt, daß von insgesamt 548 Proben 80% ohne Einschränkung ausgewertet werden konnten. Wenn man bedenkt, daß das Schweißgut dieser Proben zu einem großen Teil in rißanfälligen Bereichen des SCHAEFFLER-Diagramms liegt, so ist dieses Ergebnis recht zufriedenstellend.

Lage des untersuchten Schweißgutes im Gefügediagramm

In Abb. 9 sind die zur Untersuchung eingesetzten Grund- und Zusatzwerkstoffe entsprechend ihren aus der chemischen Zusammensetzung errechneten Chrom- und Nickel-Äquivalenten in das SCHAEFFLER-Diagramm eingetragen. Dabei wurde das Chrom-Äquivalent auf Grund der Angaben sowjetischer Autoren um das Element Titan erweitert [12].

Die Lage des Mischschweißguts wurde mit Hilfe der Vermischungslinien und der für jedes Schweißgut ermittelten Werte für den Vermischungsgrad bestimmt. Dies ist im Bild an zwei Beispielen gezeigt. Dabei ist die Lage des Mischschweißguts auf der Vermischungslinie durch einen Streckenabschnitt bestimmt, dessen Länge sich aus den zugehörigen Höchst- und Tiefstwerten des Vermischungsgrads ergibt. Der für jedes Mischschweißgut errechnete Mittelwert wird durch die schwarz angelegten Punkte markiert. Wegen der Deutlichkeit der Darstellung konnten in das Bild nur diese Mittelwerte eingezeichnet werden. Es muß aber bei dieser Darstellung und bei allen folgenden beachtet werden, daß die genaue Lage des Schweißguts durch die vorliegenden Untersuchungen nicht in diesen eingezeichneten Punkten, sondern nur innerhalb entsprechender Streckenabschnitte nachgewiesen wurde. In dem Diagramm sind außerdem durch die weißen Punkte die von A. L. SCHAEFFLER untersuchten Schweißgutzusammensetzungen markiert [1]. Es ist zu erkennen, daß in die eigenen Untersuchungen auch Gefügebereiche einbezogen wurden, für die ähnliche Bestimmungen bisher nicht durchgeführt worden sind.

Im Folgenden soll besonders über die Ergebnisse der Untersuchungen für Schweißgut mit einem Nickel-Äquivalent von 2 bis 4 und für Schweißgut in den austenithaltigen Bereichen berichtet werden.

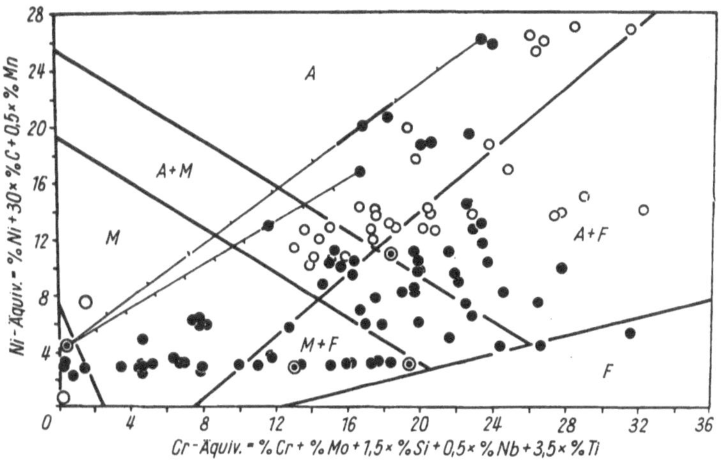

Abb. 9. Lage der Grundwerkstoffe und des untersuchten Schweißgutes im „SCHAEFFLER-Diagramm“

Untersuchungsergebnisse für Schweißgut mit Nickel-Äquivalent von 2—4

In Abb. 10 sind für Schweißgut mit einem Ni-Äquivalent von 2 bis 4% die Härtewerte und die durch Kleinzerreißversuche ermittelten Werte für Zugfestigkeit und Dehnung in Abhängigkeit vom Cr-Äquivalent eingetragen. Hierbei ist

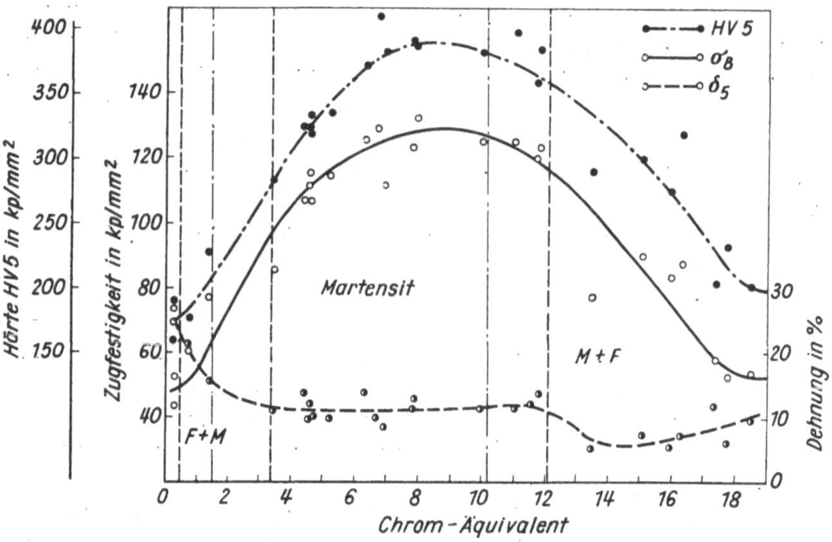

Abb. 10. Schweißguteigenschaften in Abhängigkeit vom Chrom-Äquivalent bei Nickel-Äquivalent von 2—4 (oWb)

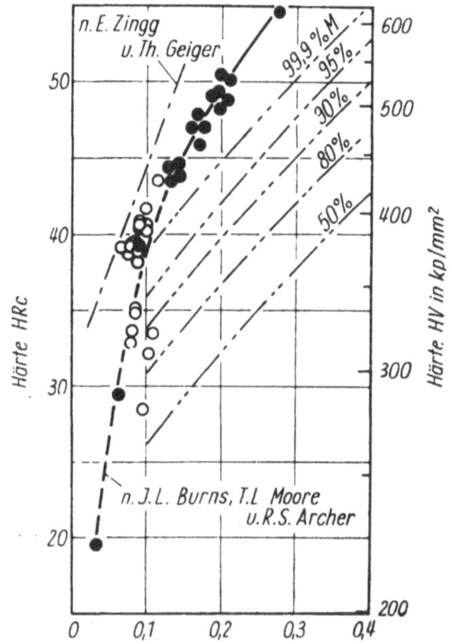

Abb. 11. Härte der Auftragsschweißungen im Martensitbereich

die Angabe eines Nickel-Äquivalents etwas irreführend, da dieses Schweißgut Nickel nur als Stahlbegleiter, jedoch nicht als Legierungselement enthält und die Höhe des Ni-Äquivalents sich im wesentlichen nur aus dem Kohlenstoffgehalt ergibt, der sich bei diesem Schweißgut in den Grenzen von 0,065 bis 0,12% bewegt. Durch die beiden strichpunktierten senkrechten Linienzüge sind die Grenzlinien zwischen dem Ferrit-Martensit-Bereich und dem Martensit-Bereich sowie zwischen dem Martensit-Bereich und dem Martensit-Ferrit-Bereich angedeutet, wie sie sich aus dem 1949 veröffentlichten SCHAEFFLER-Diagramm ergeben (siehe Abb. 2). Diese Abgrenzungen stimmen mit den Versuchsergebnissen nicht überein. Durch die gestrichelten Linien sind die sich aus dem 1948 veröffentlichten Diagramm (siehe Abb. 1) ergebenden Grenzen angedeutet, die schon eine etwas bessere Übereinstimmung zeigen.

Die Streuungen, die bei den Härtewerten vorliegen, dürften vor allem durch unterschiedliche Kohlenstoffgehalte bedingt sein. Deshalb sind in Abb. 11 die für das Schweißgut mit einem Chrom-Äquivalent von 3 bis 12 festgestellten Härtewerte in Abhängigkeit vom Kohlenstoffgehalt als weiße Punkte eingetragen. Gleichzeitig sind hier auch der bekannte Kurvenverlauf und die zugehörigen Werte (schwarze Punkte) von I. L. BURNS, T. L. MOORE und R. S. ARCHER [18] sowie die Linienzüge für die Härte bei verschiedenen Martensit-Gehalten nach I. M. HODGE und M. A. OREHOSKI [19] angegeben. Bei den Werten, die unter dem Kurvenverlauf von BURNS, MOORE und ARCHER liegen, wird nur ein Teil des Gefüges in der Martensitstufe umwandeln, während der übrige Anteil bereits in der Zwischenstufe umgewandelt ist. Es sind dies Schweißgutzusammensetzungen mit einem Chrom-Äquivalent unter 6. Schweißgut mit einem Chrom-Äquivalent über 6 dürfte bei der Abkühlung nach dem Schweißen nahezu vollständig in der Martensitstufe umwandeln. Dabei liegen die erhaltenen Härtewerte alle über dem Kurvenverlauf, der von BURNS und Mitarbeitern an kleinen abgeschreckten Proben für die maximale Oberflächenhärte ermittelt wurde. Im Zusammenhang mit diesem Kurvenverlauf wird an verschiedenen Stellen ausgeführt, daß die maximal erreichbare Härte praktisch nur von der Höhe des bei Austenitisierungstemperatur im Austenit gelösten Gehalts an Kohlenstoff abhängig ist. Dies dürfte aber wohl nur für die bei Vergütungsstählen üblichen niedrigen Legierungsgehalte gültig sein, da auch in der Literatur für martensitischen Stahl, Stahlguß und martensitisches Schweißgut mit höheren Chrom-Gehalten höhere erreichbare Härtewerte angegeben werden. So ist z. B. im Bild eine von E. ZINGG und TH. GEIGER [20] für 13%igen Chromstahlguß angeführte Abhängigkeit der Maximalhärte vom Kohlenstoffgehalt eingezeichnet. Für Eisen–Chrom-Legierungen wird für den in Frage kommenden Bereich von 0 bis 30% Chrom unter anderem von F. ADCOCK [21] sowie von E. SCHEIL und W. TONN [22] ein stetiger Anstieg der Härte des Ferrits mit zunehmendem Chrom-Gehalt angegeben. Es ist anzunehmen, daß sich diese Härtesteigerung des Grundgitters bei höheren Chrom-Gehalten auch im martensitischen Gefüge zusätzlich zu der durch den Kohlenstoff bedingten Härtewirkung bemerkbar macht.

Auf Grund der in den beiden letzten Bildern gezeigten Untersuchungsergebnisse und der Gefügeuntersuchungen sind die Gefügebereiche für niedrige Nickel-

Äquivalente im Schaeffler-Diagramm von der Ordinate ausgehend mit steigendem Chrom-Äquivalent wie folgt einzuteilen:

Widmannstättensches Gefüge, allmählicher Übergang zum Zwischenstufengefüge mit zunehmend steigendem Martensitgehalt, rein martensitisches Gefüge und im anschließenden Gebiet zunehmender Gehalt von δ-Ferrit. Dabei ist besonders zu bemerken, daß die Grenzlinie zwischen dem Martensitgebiet und dem Martensit-Ferrit-Gebiet in Übereinstimmung mit theoretischen Überlegungen auf der Abszisse bei einem Chrom-Äquivalent zwischen 10 und 11 und nicht wie von Schaeffler im Schaubild von 1949 angeführt [5] zwischen 7 und 8 beginnen müßte.

Untersuchungsergebnisse für Schweißgut der austenithaltigen Bereiche

Für das Schweißgut der austenithaltigen Bereiche sind in Abb. 12 die jeweiligen Werte von Festigkeit und Dehnung durch eine entsprechende Größe der zugehörigen Kreisausschnitte grafisch dargestellt. Dieser Darstellung ist zunächst nur zu entnehmen, daß die Festigkeit mit zunehmender Annäherung an die martensitischen Bereiche stark ansteigt und die Dehnung zurückgeht. Nach dem Ferritbereich hin nehmen vor allem die Dehnungswerte ab.

Die höheren Festigkeitswerte sind durch das Auftreten von Martensit im Schweißgut bedingt. Dieser Martensit kann sich bereits dei der Abkühlung nach

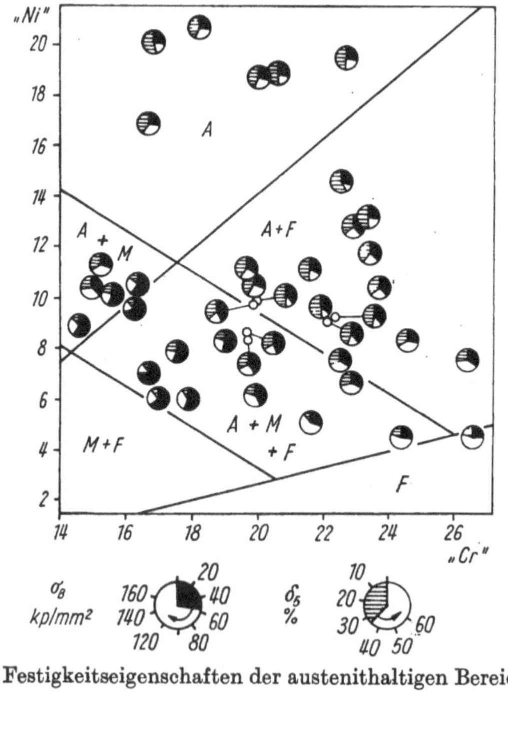

Abb. 12. Festigkeitseigenschaften der austenithaltigen Bereiche (oWb)

dem Schweißen oder erst bei Durchführung des Zugversuchs infolge der dabei auftretenden Kaltverformung bilden. Auch können beide Faktoren gemeinsam zum Anstieg der Festigkeit beitragen.

Dies soll anhand einiger Gefügeaufnahmen belegt werden. Abb. 13 zeigt Mikroaufnahmen vom Längsschliff einer Kleinzerreißprobe des Mischschweißguts M 14 mit eingetragenen Mikrohärtewerten, die bei einer Prüflast von 20 pond ermittelt wurden. Dieses Mischschweißgut ist eine Auftragsschweißung mit einer Elektrode vom Typ 19 Cr/9 Ni/4 Mo auf den Werkstoff St 38.

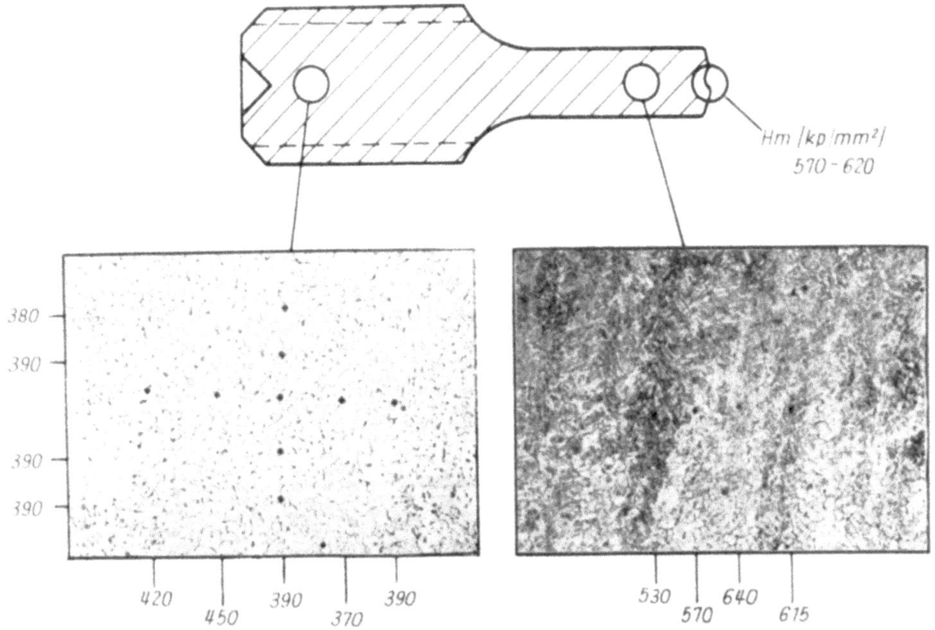

Abb. 13. Mikrohärte der Kleinzerreißprobe M14oWb

Im Mikrobild aus dem Einspannkopf der Probe ist ein δ-Ferritanteil neben dem austenitischen Grundgefüge zu erkennen, in dem jedoch bereits an einigen Stellen die Umwandlung von Austenit zu Martensit begonnen hat. Dies wird auch durch die angegebenen Mikrohärtewerte bestätigt.

Das innerhalb der Versuchslänge entnommene Mikrobild und die zugehörigen Mikrohärtewerte sowie die Mikrohärtewerte unmittelbar an der Bruchstelle lassen nun deutlich die bei der Kaltverformung eingetretene Martensitbildung erkennen. Ein Ausschnitt aus diesem Gefügebild ist in Abb. 14 dem Gefügebild des Mischschweißguts M 10 gegenübergestellt, bei dem sich der Martensit während der Abkühlung beim Schweißen bildet. Bei der Probe M 10 handelt es sich um eine Auftragsschweißung einer Elektrode vom Typ 19 Cr/9 Ni/Nb auf St 38.

Bereits Ed. Maurer hat in seiner Arbeit über die hochlegierten Chrom-Nickel-Stähle darauf hingewiesen, daß die durch Kaltverformung hervorgerufene Marten-

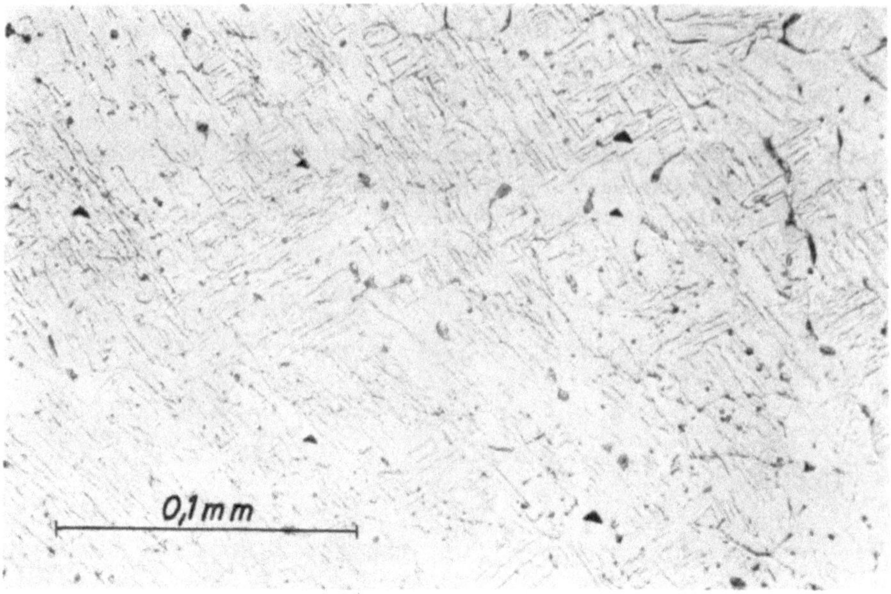

a) bei Abkühlung (M 10 oWb)

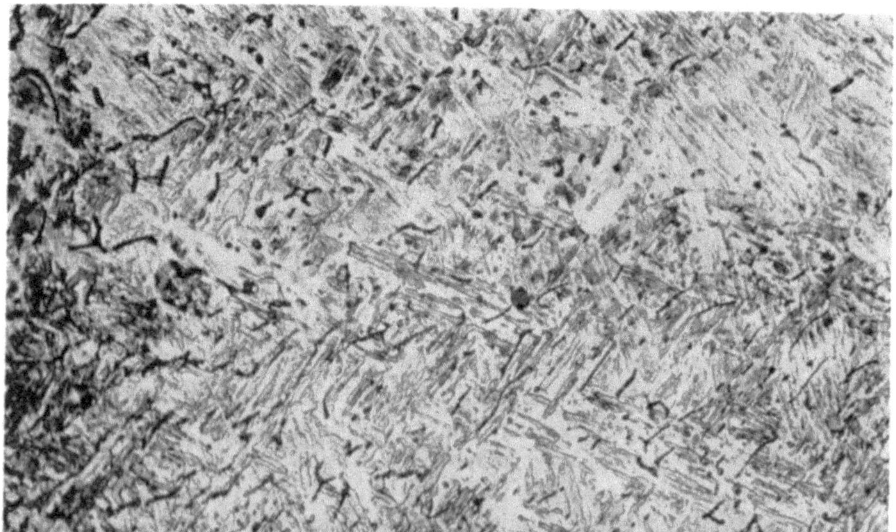

b) durch Kaltverformung (M 14 oWb)

Abb. 14. Martensitbildung im Mischschweißgut

sitbildung und die damit verbundene Festigkeitssteigerung als Kriterium für die Übergangsstähle zu werten sind und daß dieses Kriterium besonders gut durch das Verhältnis der Zugfestigkeit zur Härte zum Ausdruck kommt [4]. In Abb. 15 sind daher die für jedes Schweißgut ermittelten Werte für dieses Verhältnis in Gruppen zusammengefaßt, und die für diese Gruppen gewählten Symbole sind in

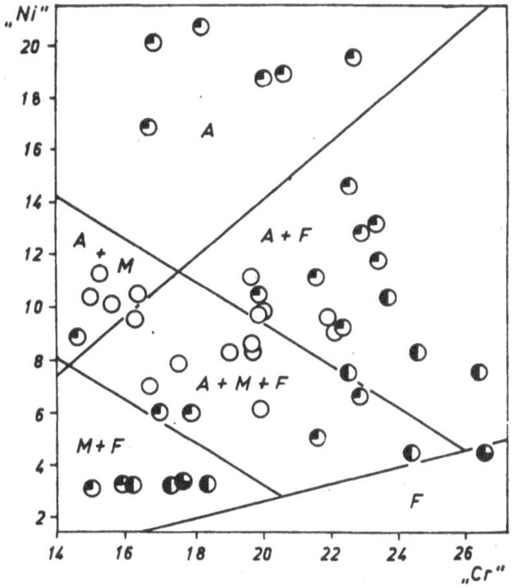

Abb. 15. Verhältnis der Zugfestigkeit zur Härte für Auftragsschweißungen (oWb)

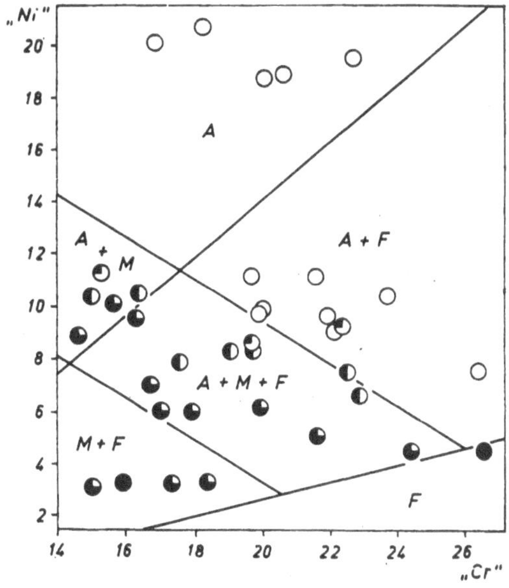

Abb. 16. Biegewinkel von Auftragsschweißungen (oWb)

die jeweilige Lage des Schweißguts im Gefügediagramm eingetragen. So ist seine Abhängigkeit von der Lage des untersuchten Schweißguts im Diagramm recht deutlich zu erkennen. Insbesondere werden für das Schweißgut in den Bereichen der Übergangsgefüge zum überwiegenden Teil Werte über 0,35 ermittelt, was auf die hohe Instabilität des in diesen Schweißgutgefügen in mehr oder weniger großen Anteilen vorhandenen Austenits zurückzuführen ist. In dieser Übersicht ist auch auch die Wirkung eines zunehmenden Anteils an δ-Ferrit, der die Zähigkeit bei Raumtemperatur herabsetzt, zu erkennen. Hier ist darauf hinzuweisen, daß bei den vorliegenden Untersuchungen in das Verhältnis der Zugfestigkeit zur Härte auch die vom Zähigkeitsverhalten des Werkstoffs abhängige Relation zwischen den Ergebnissen aus normalen Zugversuchen und Kleinzerreißversuchen eingeht. Dieser bereits diskutierte Nachteil der Kleinzerreißmaschine wirkt sich an dieser Stelle dadurch vorteilhaft aus, daß mit Hilfe des Verhältnisses von Zugfestigkeit zur Härte eine größere Differenzierung des untersuchten Schweißguts auf Grund der sich aus dem Gefügeaufbau ergebenden Eigenschaften möglich ist.

Insgesamt gesehen ist festzustellen, daß die im Schaeffler-Diagramm angegebenen Grenzen zwischen den in Abb. 12 und 15 gezeigten Gefügebereichen durch die eigenen Untersuchungsergebnisse eine recht gute Bestätigung finden. Auch die entsprechenden Gefügebilder, die hier im einzelnen nicht gezeigt werden können, erhärten im allgemeinen diese Schlußfolgerung.

Die Ergebnisse der Faltversuche bekräftigen diese Aussage. So läßt Abb. 16 vor allem die Abgrenzung des Austenit- und Austenit-Ferrit-Gebiets zu den Bereichen mit Martensitbildung deutlich werden. In den Gebieten unterhalb dieser Abgrenzung überdecken sich dann die Auswirkung des von der Abkühlung vorhandenen Martensits, des bei der Verformung entstehenden Martensits und des δ-Ferrit-Anteils auf die beim Biegen erreichten Biegewinkel. Auf alle Fälle kann bereits aus den Ergebnissen dieser relativ einfachen Prüfung eine Reihe von technologischen Rückschlüssen gezogen werden.

Um den problematischen Wert einer Härteprüfung für die Bereiche mit Übergangsgefüge zu kennzeichnen, soll in diesem Zusammenhang noch einmal auf die Probe M 14 zurückgekommen werden. Der obere Teil der Abb. 17 zeigt die am Querschliff festgestellte Gefügeausbildung im geschweißten Zustand. Das Gefüge dieser Probe ist bereits im Zusammenhang mit der Kaltverfestigung kurz behandelt worden.

Bei einer ersten Betrachtung definiert man dieses Gefüge als Austenit mit einem Anteil von δ-Ferrit. Bei genauerer Beobachtung kann man in einzelnen Bereichen den Beginn einer Martensitbildung feststellen. Für dieses Schweißgut ergab sich eine mittlere Makrohärte von 227 HV 5, wobei die Einzelwerte im Bereich von 192 bis 271 HV 5 liegen. Infolge der intensiven Martensitbildung während des Biegevorgangs beträgt der Biegewinkel bei diesem relativ niedrigen Härtewerten jedoch nur 16 Grad. Bei der wärmebehandelten Probe dagegen wurde bei einer mittleren Schweißguthärte von 331 HV 5 ein Biegewinkel von 42 Grad erreicht. Wie bereits angeführt, soll hier auf die wärmebehandelte Probe nicht näher eingegangen werden. An diesem Beispiel sollte nur gezeigt werden, mit welcher Vorsicht bei derartigen Übergangsgefügen Härtewerte beurteilt werden müssen.

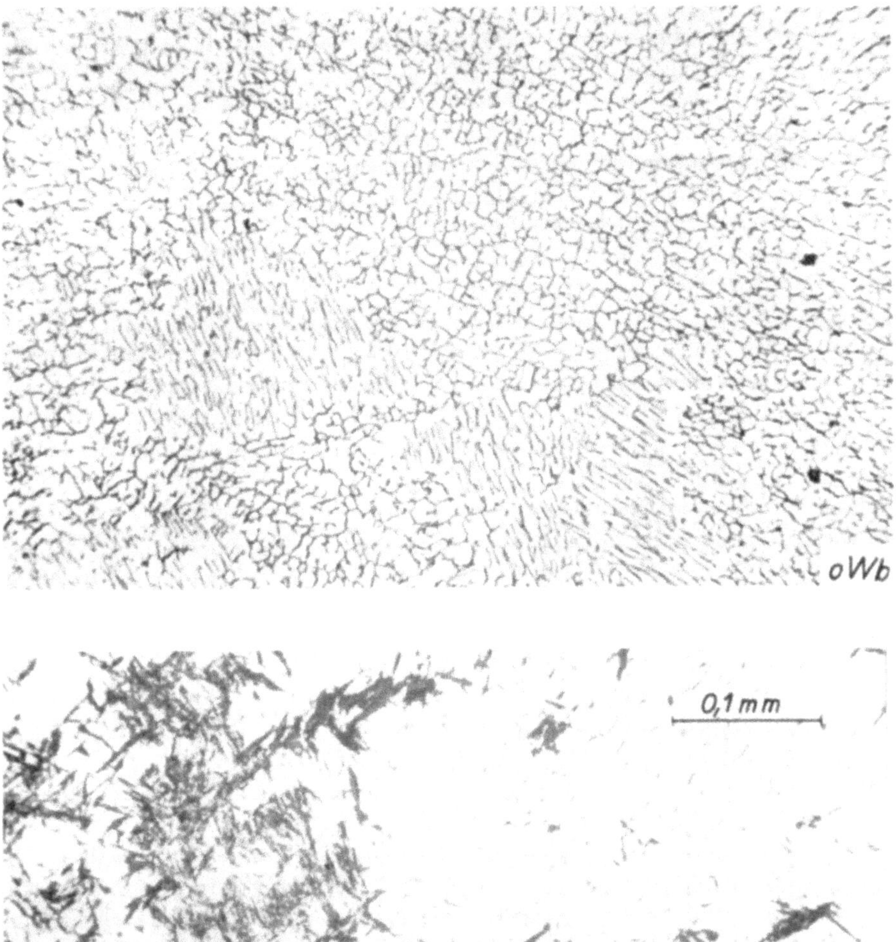

Abb. 17. Schweißgutgefüge M 14

Die Ergebnisse der Untersuchungen an Schweißproben der austenithaltigen Bereiche können wie folgt zusammengefaßt werden:

a) Die mit Hilfe der Vermischungslinie und des Vermischungsgrads ermittelte Lage des Schweißguts im SCHAEFFLER-Diagramm zeigt im allgemeinen gute Übereinstimmung mit dem am Schweißgut festgestellten Gefügeaufbau.
b) Die mechanischen und technologischen Eigenschaften stehen im Zusammenhang mit der Lage des Schweißguts im Gefüge-Diagramm.
c) Diese Eigenschaften werden für Schweißgut in den martensithaltigen Austenitgebieten vor allem durch folgende Faktoren beeinflußt:
   1. Martensitbildung bei Abkühlung,
   2. Martensitbildung bei Kaltverformung,
   3. zunehmender Gehalt an δ-Ferrit.
d) Für Schweißgut der martensithaltigen Austenitbereiche, d. h. also für Schweißgut mit Übergangsgefüge, ist die Härteprüfung zur Beurteilung der zu erwartenden mechanischen Eigenschaften nicht allein heranzuziehen. Sie muß durch Prüfverfahren, die eine Verformung des Schweißguts hervorrufen, ergänzt werden (z. B. mit Hilfe von Aufschweiß-Biegeproben, Faltproben, Seitenfaltproben oder Zugproben).
e) Diese Feststellungen beziehen sich auf die vorliegenden eigenen Untersuchungsergebnisse an Schweißgut mit einem Kohlenstoffgehalt von 0,07 bis 0,12%.

Anwendung des Schaeffler-Diagramms

Eingangs wurde bereits darauf hingewiesen, daß über die Anwendung des Schweißgut-Gefügediagramms unterschiedliche Meinungen bestehen. Diese sollen hier noch einmal gegenübergestellt werden.

A. L. SCHAEFFLER vertritt die Auffassung, beim Schweißen unterschiedlicher Stähle solche austenitischen Zusatzwerkstoffe auszuwählen, die in der ersten Lage ein Schweißgut mit einem so hohen Chrom- und Nickel-Äquivalent ergeben, daß eine Martensitbildung im Gefüge mit Sicherheit verhindert wird, wenn man von dem schmalen Martensitsaum absieht, der am Übergang vom Schweißgut zum Grundwerkstoff entstehen kann.

J. CABELKA dagegen vertritt die Meinung, daß es vor allem wichtig sei, den Kohlenstoffgehalt im Grundmaterial mit 0,08 und im Elektrodenkerndraht mit 0,10% zu begrenzen, damit am Übergang vom Schweißgut zum Grundwerkstoff keine zu hoch aufgekohlten Säume entstehen können. Die Forderung, gleichzeitig im Zusatzwerkstoff Chrom- und Nickel zu erhöhen, damit in der ersten Lage ein austenitisches Gefüge mit genügend hoher Austenit-Stabilität entsteht, wird von CABELKA nicht erhoben.

Es ist aber nicht angängig, beim Schweißen verschiedenartiger Stähle untereinander grundsätzlich nur die Wirkung des Kohlenstoffgehalts zu berücksichtigen. Die Ergebnisse der vorliegenden eigenen Untersuchungen an Schweißgut in den austenitisch-martensitischen Gefügebereichen lassen eindeutig erkennen, daß auch bei Kohlenstoffgehalten unter 0,10% ein Schweißgut entstehen kann, das bei hoher Festigkeit ein niedriges Verformungs-Vermögen besitzt. Ein anderes Ergebnis war auf Grund der Veröffentlichungen über die Übergangsstähle auch nicht zu erwarten. Deshalb ist es unbedingt notwendig, sich beim Schweißen unterschiedlicher Stähle eine Übersicht darüber zu verschaffen, welche Gefügearten im Schweißgut entstehen können. Die Untersuchungen haben bestätigt, daß dies mit Hilfe des Chrom–Nickel-Diagramms und der von SCHAEFFLER vorgeschlagenen grafischen Methode mit einer für praktische Fragen ausreichenden Genauigkeit möglich ist. Ist nach diesem Verfahren ein Schweißgut zu erwarten, das zur Martensitbildung neigt, so beeinflußt natürlich die Höhe des Kohlenstoffgehalts entscheidend die Härte, Festigkeit und die Gefahr einer Rißbildung. Fällt das Schweißgut in den Bereich mit genügend hoher Austenit-Stabilität, so ist die Höhe des Kohlenstoffgehalts tatsächlich nur für den Übergang Grundwerkstoff — Schweißgut von Bedeutung. Die Verhältnisse am Übergang müssen aber in jedem einzelnen Falle im Hinblick auf die spätere Betriebsbeanspruchung überprüft werden.

Es ist hier noch kurz auf die Frage einzugehen, in welchen praktischen Fällen Schweißgut mit Übergangsgefügen zum Einsatz kommen kann. Da wäre an erster Stelle das Verbindungsschweißen der ausscheidungshärtenden, nichtrostenden Stähle zu nennen, das im allgemeinen je nach Verfahren und Blechdicke ohne oder mit arteigenen Zusatzwerkstoffen durchgeführt wird. Werden diese Verbindungen nach dem Schweißen wärmebehandelt, so sind nach G. E. LINNERT mechanische Eigenschaften von über 95% derjenigen der Grundwerkstoffe zu erreichen [23].

Der zweite sehr bekannte Fall ist der Einsatz von austenitischem Schweißgut mit hoher Instabilität des Austenits, bei dem eine hohe Verschleißfestigkeit durch Martensitbildung bei Kaltverfestigung angestrebt und erreicht wird.

Weiterhin sind z. B. für das Schweißen von plattierten Stählen Technologien bekannt und seit Jahrzehnten im Einsatz, bei denen in der Schweißverbindung in Zonen geringer Ausdehnung austenitisch-martensitisches Schweißgut auftreten kann, ohne dabei die Eigenschaften der Verbindung in unzulässiger Weise zu beeinflussen. Derartige Technologien müssen aber sorgfältig überprüft und in ihrer Ausführung überwacht werden.

Im allgemeinen ist jedoch beim Schweißen unterschiedlicher Stähle das Auftreten von austenitisch-martensitischem Schweißgut, bzw. von austenitischem Schweißgut mit hoher Instabilität, zu vermeiden. Dies gilt besonders

a) für Bauteile, die bei tiefen Temperaturen eingesetzt werden sollen,
b) für Bauteile, die im geschweißten Zustand einer Kaltverformung unterzogen werden,
c) für Bauteile, die im Betrieb schlagartigen Beanspruchungen unterliegen.

Das Auftreten von derartigem Schweißgut kann durch eine Reihe von Maßnahmen verhindert werden, die alle durch Überlegungen am SCHAEFFLER-Diagramm abgeleitet werden können.

Da wären zunächst metallurgische Maßnahmen zu erwähnen, die sämtlich eine Erhöhung des Chrom- und Nickel-Äquivalents der verwendeten Zusatzwerkstoffe bzw. des entstehenden Schweißguts zum Ziele haben. So wurde z. B. gemeinsam mit dem VEB Elektrodenwerke Berlin eine Elektrode abgestimmt, die bei einlagigen Auftragsschweißen auf unlegierte Kesselwerkstoffe ein Schweißgut ergibt, das in den mechanischen Eigenschaften und in der Korrosionsbeständigkeit dem reinen Schweißgut einer Elektrode vom Typ 19/9 Nb entspricht [24, 25].

Weiter kann durch technologische Maßnahmen der Vermischungsgrad begrenzt oder herabgesetzt werden. Als Beispiel werden in Abb. 18 zwei mit dem Unter-Pulver-Schweißverfahren hergestellte Auftragsschweißungen gezeigt [26, 27].

Eindrahtschweißverfahren

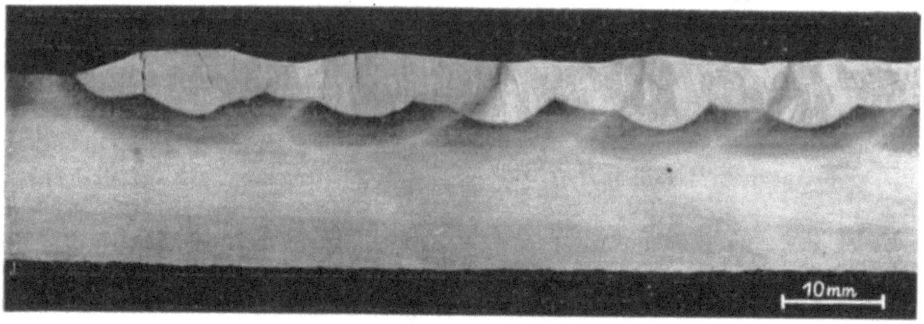

Zweidrahtschweißverahren

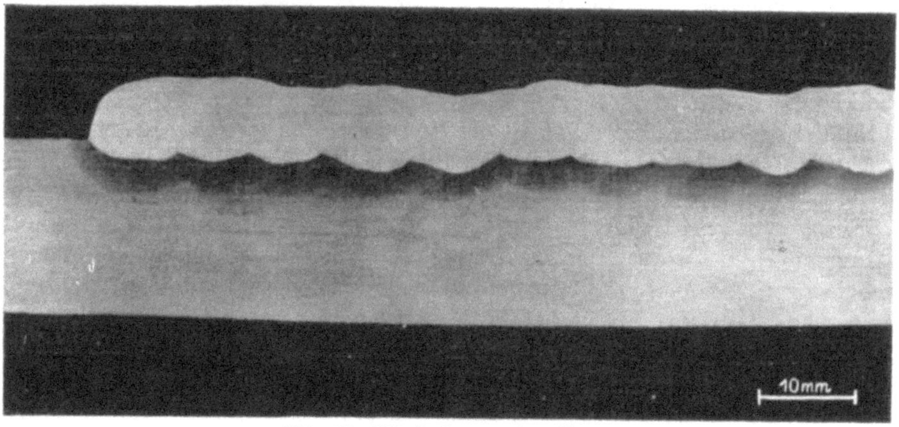

Abb. 18. UP-Auftragsschweißung

Beide Auftragungen sind mit Schweißdraht vom Typ 19/9 geschweißt, doch beträgt bei der Eindrahtschweißung der Vermischungsgrad etwa 40 bis 60%. Das Schweißgut fällt damit in den martensitischen Gefügebereich. Diese am SCHAEFFLER-Diagramm ermittelte Aussage wird durch die Härtewerte, das Auftreten von Rissen und durch die im Makrobild auch im Schweißgut zu erkennenden Wärmeeinflußzonen bestätigt, da derartige Zonen in einem umwandlungsfreien austenitischen Schweißgut nicht auftreten können. Der Biegewinkel dieser Auftragsschweißungen beträgt etwa 10°.

Beim Zweidrahtschweißverfahren brennt der Lichtbogen zwischen zwei Drähten. Der Grundwerkstoff wird deshalb nur wenig aufgeschmolzen, so daß ein Vermischungsgrad unter 20% eingehalten werden kann. Sowohl die Härtewerte als auch ein erreichter Biegewinkel von 180° lassen erkennen, daß ein Schweißgut mit hohem Dehnvermögen erzielt wurde.

Schließlich sind noch konstruktive Maßnahmen bei der Gestaltung der Schweißverbindung möglich. Auch hierfür soll ein Beispiel aus der eigenen Praxis angeführt werden.

Für spezielle Zwecke mit Betriebstemperaturen unter 300 °C waren Rohre mit geringen Durchmessern und sehr dünnen Wanddicken aus austenitischen und ferritisch-perlitischen Stählen miteinander zu verbinden [28]. Rohre aus austenitischen Stählen untereinander werden bei diesen Dimensionen mittels des WIG-Verfahrens ohne Verwendung von Zusatzwerkstoffen bei einer I-Nahtvorbereitung ohne Luftspalt verschweißt. Dies ist im oberen Teil der Abb. 19 angedeutet. Wird dieses Verfahren bei Rohrverbindungen aus einem austenitischen Stahl und einem unlegierten Stahl angewandt, so ist nach dem SCHAEFFLER-Diagramm ein Schweißgut mit vollmartensitischem Gefüge zu erwarten. In der Praxis tritt dies in jedem Falle ein, wobei stets Rißbildung zu beobachten ist. Deshalb wurde versucht, wie im unteren Teil der Abb. 19 dargestellt, auf die Stirnfläche des unlegierten Rohres mit einem Zusatzwerkstoff X 8 CrNiMoNb 19.10 eine austenitische Auftragung aufzuschweißen, diese mechanisch auf die Abmessungen des Rohres abzuarbeiten und dann eine normale Austenit–Austenit-Verbindung her zustellen. Beim Auftragen der ersten Lage sollte nur wenig Grundwerkstoff auf-

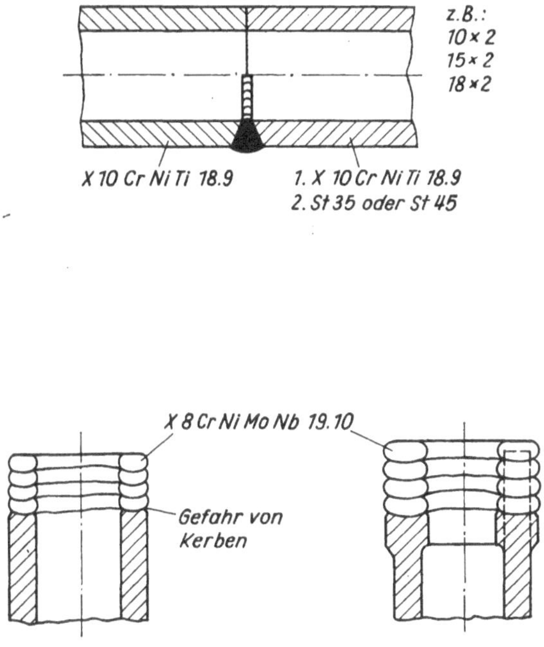

Abb. 19. Schweißen von Ferrit-Austenit-Rohrverbindungen

geschmolzen werden, um den Vermischungsgrad niedrig zu halten. Wie Abb. 20 zeigt, konnte der Schweißer diese Anweisung nicht mit Sicherheit einhalten. In einigen Fällen wurde deshalb in der ersten Lage der Auftragung infolge zu großer Vermischung martensithaltiges Schweißgut mit hohen Härtewerten erhalten.

Aus dem oberen Teil der Abb. 20 ist der Makroschliff mit Vickershärtewerten HV 5 und aus dem unteren Teil der Mikrohärteverlauf am Übergang vom unlegierten Rohrwerkstoff zum hochlegierten Schweißgut zu erkennen. Die Mikrohärtewerte wurden bei einer Prüfkraft von $P = 20$ p ermittelt.

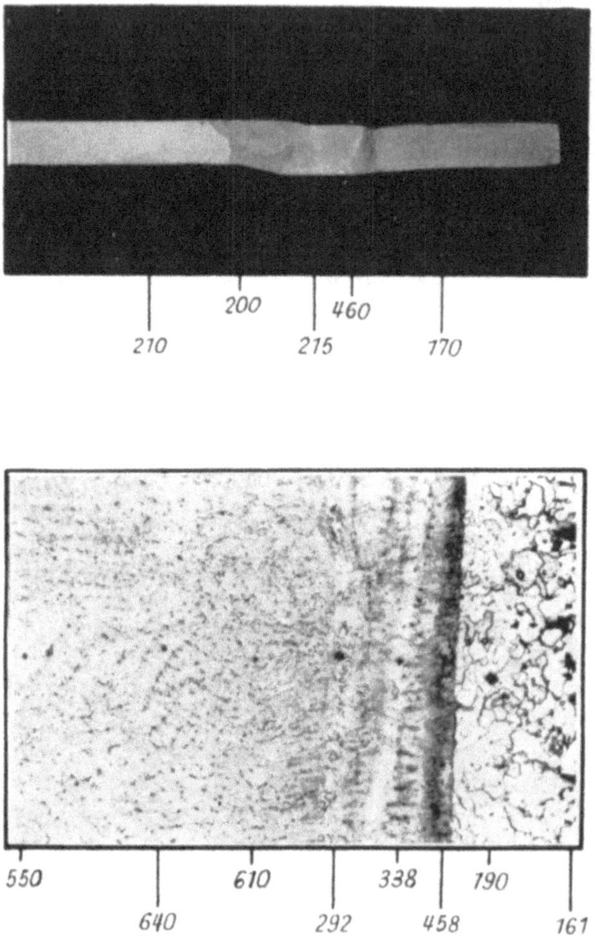

Abb. 20. Makro- und Mikrohärte ($P = 20$ p) von Ferrit-Austenit-Rohrverbindung

Deshalb wurde eine völlig andersartige Form der Verbindung mit zugehöriger Technologie erarbeitet.[1]) In Abb. 21 sind die Herstellung und der fertige Verbinder für Rohre mit einem Außendurchmesser bis etwa 30 mm dargestellt. Hierzu werden Drehteile aus rundem Stabstahl gefertigt. Die Rundnaht wird mit einer austenitischen Elektrode geschweißt und danach wird der Ferrit–Austenit-Verbinder darauf spanabhebend herausgearbeitet. Dabei werden auch die Bereiche

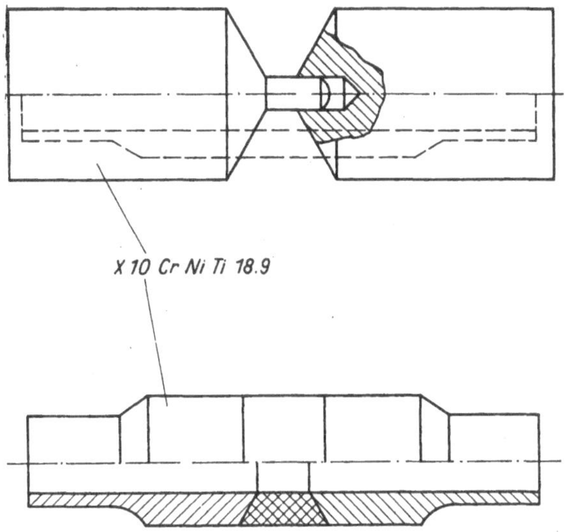

Abb. 21. Ferrit-Austenit-Rohrverbinder für Rohraußendurchmesser bis 30 mm

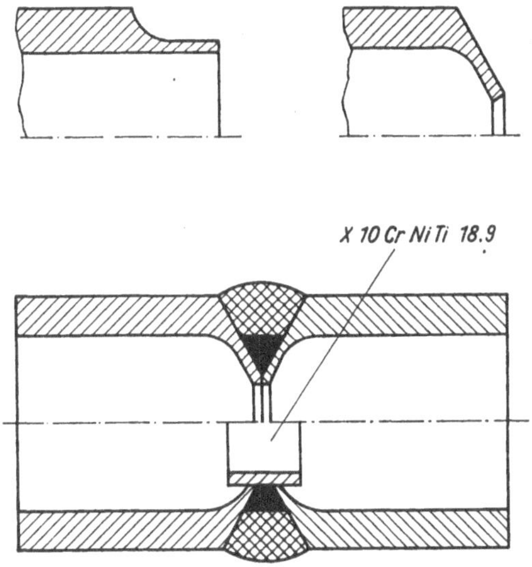

Abb. 22. Ferrit-Austenit-Rohrverbinder für Rohraußendurchmesser über 30 mm

[1]) Als Wirtschaftspatent und Gebrauchsmuster angemeldet [29].

entfernt, in denen eventuell eine Martensitbildung im Schweißgut eingetreten ist. An diese Verbinder können dann in der Werkstatt oder auf der Baustelle das austenitische und das unlegierte Rohr mit dem üblichen Schweißverfahren angeschlossen werden. Die hier gezeigten Verbinder sind bis etwa 30 mm Außendurchmesser vorgesehen. Für Rohre mit einem Außendurchmesser größer als 30 mm wurde diese Methode in die aus Abb. 22 ersichtliche Form abgewandelt.

Zusammenfassung

Es wurden für insgesamt 78 in den verschiedenen Gefügebereichen des SCHAEFFLER-Diagramms liegenden Schweißgut-Zusammensetzungen Untersuchungen zur Bestimmung der mechanischen Eigenschaften und der Gefügeausbildung durchgeführt. Dabei wurden an über 500 Kleinzerreißproben mit einer Kleinzerreißmaschine nach dem System CHEVENARD Werte für Zugfestigkeit und Dehnung ermittelt.

Es ist festzustellen, daß Kleinzerreißproben und Kleinzerreißversuche bei Beachtung ihrer spezifischen Verhältnisse mit Erfolg für derartige Untersuchungen eingesetzt werden können. Die Untersuchungen ergaben weiter, daß das Schweißgut-Gefügediagramm und die von A. L. SCHAEFFLER angegebene grafische Methode zur Ermittlung des Schweißgut-Gefüges für die austenithaltigen Gebiete innerhalb der Chrom-Äquivalente von 10 bis 30 mit einer für die Praxis ausreichenden Genauigkeit anzuwenden sind. Auch für die nicht exakt bestimmten Bereiche mit niedrigem Nickel-Äquivalent kann auf Grund der eigenen Untersuchungen ein Anhalt über den bei Abkühlung nach dem Schweißen entstehenden Gefügeaufbau gegeben werden.

Außerdem kann aus der Lage des Schweißguts im Gefügediagramm auf seine mechanischen Eigenschaften geschlossen werden, wobei jedoch in den martensithaltigen Gebieten die härtesteigernde Wirkung des Kohlenstoffgehalts berücksichtigt werden muß.

Die vorliegenden Untersuchungsergebnisse und die Erfahrungen der eigenen Praxis haben bestätigt, daß es berechtigt ist, das SCHAEFFLER-Diagramm zur Lösung praktischer schweißtechnischer Fragen heranzuziehen.

Literatur

[1] SCHAEFFLER, A. L., Selection of austenitic electrodes for welding dissimilar metals. Welding J., Res. Suppl. (1947) 601-s—620-s.

[2] SCHAEFFLER, A. L., Welding dissimilar metals with stainless electrodes. Iron Age **162** (1948) 72—79.

[3] SCHERER, R., RIEDRICH, G., HOCH, G., Einfluß eines Gehaltes an Ferrit in austenitischen Chrom-Nickel-Stählen auf Kornzerfall. Arch. Eisenhüttenwes. **13** (1939/40) 53—57.

[4] SRTAUSS, B., MAURER, ED., Die hochlegierte Chrom-Nickel-Stähle als nichtrostende Stähle. Kruppsch. Monatsh. (1920) 129—146.

[5] Schaeffler, A. L., Constitution diagram for stainless steel weld metal. Metal Progr. (1949) 680.

[6] Schaeffler, A. L., Problems associated with the welding of stainless clad steels. Welding J. (1950) 387–390.

[7] Medowar, B. I., Das Schweißen austenitischer Chrom-Nickel-Stähle. Мащгиз, Moskau 1954 und 1958.

[8] de Marneffe, P., Schweißverfahren für Chrom-Molybdän-Stahl. Rev. de la Soud. **14** (1958) 67–83.

[9] Capel, L., Nederveen, C., Use and application of clad steel, metallic liners and overlay deposits in the manufacturing of vessels for the chemical industry. IIW-Tagung 1958, Wien.

[10] Leinhos, E., Einige metallurgische Fragen zum Schweißen von rost- und säurebeständigen Stählen, hitzebeständigen Stählen und hochwarmfesten Kessel- und Turbinenstählen mit austenitischen Zusatzwerkstoffen. ZIS-Mitt. **3** (1961) H. 6, 396–413.

[11] Russiam, A. W., Neue austenitische Elektroden für das Schweißen des Stahles 1Cr18Ni18W2Nb. Сварочное Про изводства (1959) H. 6, 9–13.

[12] Runow, A. E., Jodkowski, A. A., Sastschuchin, N. N., Kontrolle und Korrektur des Ferrit-Gehaltes in Schweißgut und Grundwerkstoff aus austenitischen Stählen. (1959) H. 6, 13–15.

[13] Timofejew, M. M.,Einige Fragen der Schweißung austenitischer hitzebeständiger Stähle. Techn. wiss. Abh. des ZIS Nr. 13 (1959) 58–73.

[14] de Long, W. T., A modified phase diagram for stainless steel weld metals. Metal Progr. (1960) 98–100.

[15] Gerbeaux, H., La corrosion de l'acier sous contrainte. IIW-Dok. XI – 44 – 60.

[16] Cabelka, J., Neue Schweißmethoden für plattierte Stähle. IIW-Tagung 1958, Wien.

[17] Beckert, M., Unveröffentlichte Untersuchungen. ZIS, Halle 1956.

[18] Burns, I. L., Moore, T. L., Archer, R. S., Quantitativ hardenability. Trans. Amers. Soc. Metals **26** (1938) 1.

[19] Hodge, I. M., Orehoski, M. A., Hardeability effects in relation to percentage of martensite, Am. Inst.. min. met. Eng. Techn. Publ. Nr. 1994, Metals Technology, April 1946.

[20] Zingg, E., Geiger, Th., Metallurgische und metallkundliche Probleme bei 12- bis 15prozentigem Chromstahlguß. Schweiz. Arch. angew. Wiss. Techn. (1957) 71–78; 121–127.

[21] Adcock, F., J. Iron Steel Inst. **124** (1931) 99–149.

[22] Scheil, E., Tonn, W., Vergleich von Brinell- und Ritzhärte. Arch. Eisenhüttenwes. 8 (1934) H. 6, 259–262.

[23] Linnert, G. E., Welding rpecipitation-hardening stainless steels. Welding J. **36** (1957) 9–27.

[24] Leinhos, E., Forschungsbericht A 60-1 des Zentralinstituts für Schweißtechnik der DDR, Halle 1961.

[25] Richter, F., Schweißmetallurgische Probleme bei Verbindungen von austenitischen mit ferritischen Stählen. Berlin 1961, unveröffentlicht.

[26] Leinhos, E., Forschunsgbericht A 59-1 des Zentralinstituts für Schweißtechnik der DDR, Halle 1960.

[27] Herden, G., Kretzschmar, E., Automatische Auftragsschweißung austenitischer Stähle auf unlegierte Grundwerkstoffe. ZIS-Mitt. **2** (1960) H. 6, 441–471.

[28] Leinhos, E., Forschungsbericht 1-05 des Zentralinstituts für Schweißtechnik der DDR, Halle 1962.

[29] Leinhos, E., Knauer, W., Kittel, R., Schweißverbinder zur Herstellung von Rohrverbindungen aus Stählen unterschiedlicher chemischer Zusammensetzung. Als Wirtschaftspatent und Gebrauchsmuster angem., Aktenz. WP21h/80 870, G21h/38 210 und G21h/39 945.

Prof. Dr.-Ing. JOSEF VERÖ
Mitglied der Ungarischen Akademie der Wissenschaften, Direktor des Eisen-Forschungsinstituts, Budapest

ZUR REAKTIONSKINETIK DER ENTKOHLUNG UNLEGIERTEN STAHLS BEI 700 BIS 900 °C

Einleitung

In entkohlend wirkenden Gasgemischen entstehen an Stahlstücken bekanntlich Oberflächenschichten, die nicht nur verschiedene Tiefe, sondern je nach den Bedingungen ihrer Entstehung auch einen verschiedenen Aufbau haben können. Die hierfür entscheidenden Umstände sind die Zusammensetzung des Stahls, ob legiert oder unlegiert, die Zusammensetzung des mit dem Stahl in Berührung stehenden Gasgemisches, seine Strömungsgeschwindigkeit und sein Druck, die Temperatur und die Zeit. Jede Entkohlung kann oder muß auf Grund der bereits vorhandenen Versuchsergebnisse als eine Oberflächenreaktion angesehen werden. Der zu vergasende Kohlenstoff muß also aus dem Innern des Stahlstücks durch Diffusion an die Oberfläche befördert werden. Die Entkohlung zerlegt sich demnach in Teilvorgänge, von denen der langsamste die Geschwindigkeit des Gesamtvorgangs bestimmen wird. Zwar wurde verschiedentlich angenommen, daß die Diffusion des Kohlenstoffs dieser langsamste Teilvorgang ist; ein unmittelbarer Beweis hierfür ist jedoch noch nicht erbracht worden.

Das Ziel der durchgeführten Versuche war, die Temperaturabhängigkeit des Entkohlungsvorgangs zu untersuchen und auf diese Weise die Aktivierungsenergie des den Gesamtvorgang regelnden Teilvorgangs zu bestimmen. Eine Versuchsreihe wurde in feuchtem Wasserstoff bei 750 bis 925 °C durchgeführt. Hierbei bildet sich eine rein ferritische Randschicht. Die zweite Versuchereihe umfaßte Proben, die bei gleichbleibender Temperatur an der Luft geglüht wurden. An diesen Proben entstand keine ferritische Oberflächenschicht, wohl aber eine Zunderschicht.

Schrifttum

Außer den Ergebnissen der Untersuchungen zur Bestimmung der Gleichgewichtsverhältnisse zwischen verschiedenen Gasgemischen und dem Kohlenstoff in Eisenlegierungen, liegen umfangreiche Angaben über das Ausmaß der Entkohlung unter verschiedensten Bedingungen vor. Über eine Fülle diesbezüglicher Meßergebnisse berichten W. BAUKLOH und Mitarbeiter in mehreren Arbeiten [1–5]. Die damaligen Deutungen der Versuchsergebnisse sind jedoch nicht in jeder Hinsicht haltbar. Die Bildung einer ferritischen Oberflächenschicht wird z. B. damit erklärt [3], daß sich bei der Entkohlung in Wasserstoff der Ort der Reaktion mit dem Kohlenstoff ins Innere des Stahlstücks verlagert, wenn die

Wanderungsgeschwindigkeit des Kohlenstoffs im Stahl kleiner ist als die Eindring- und Reaktionsgeschwindigkeit des Wasserstoffs. In diesem Falle soll auch die Austrittsgeschwindigkeit des gasförmigen Reaktionsprodukts, z. B. des Methans, mit berücksichtigt werden.

C. WAGNER [10] behandelt den Vorgang der Entkohlung auf physikalisch-chemischer Grundlage. Unter der Voraussetzung, daß die Diffusion des Kohlenstoffs im Eisen der langsamste Teilvorgang der Entkohlung ist, werden Formeln für die Berechnung des zeitlichen Ablaufs der Umsetzung aufgestellt. Der Einfluß des sich verändernden Kohlenstoffgehalts in der Oberflächenschicht sowie die Wirkung einer ferritischen Randschicht auf die Geschwindigkeit der Diffusion wurden nicht berücksichtigt.

W. A. PENNINGTON [6] hat die Entkohlung eines unlegierten Stahls mit ungefähr eutektoidem Kohlenstoffgehalt in feuchtem Wasserstoff bei 700 bis 925 °C untersucht. Die Versuchsergebnisse sind in Gefügeaufnahmen festgehalten worden, ohne jedoch die Stärke der ferritischen und der teilweise entkohlten Oberflächenschicht zu bestimmen. Obwohl eine zahlenmäßige Auswertung der Versuche unterblieb, konnten die Vorstellungen über den Vorgang der Entkohlung durch wertvolle Beiträge ergänzt und berichtigt werden. Die Bildung von gasförmigen Reaktionsprodukten im Innern des Stahlstücks wird als hinfällig erklärt und das Zustandekommen der ferritischen Oberflächenschicht mit dem Zustandsschaubild des Systems Eisen–Kohlenstoff und mit der Phasenregel in Einklang gebracht. Die Überlegungen über die Diffusion des Kohlenstoffs im Austenit und im Ferrit konnten mangels einer zahlenmäßigen Auswertung keine gesicherten quantitativen Zusammenhänge liefern. Ein Teil der Gefügeaufnahmen von W. A. PENNINGTON wurde als Ergänzung der eigenen Versuche in die Auswertung mit einbezogen.

In jüngster Zeit haben W. LAUPRECHT und W. RÄDEKER [7] die Entkohlung von unlegiertem Stahl mit 0,74% C in reinem und feuchtem Wasserstoff bei 900 bis 1200 °C untersucht. Hierbei bleibt die ganze entkohlte Oberflächenschicht austenitisch, eine aus einer anderen Phase bestehende Randschicht wird nicht gebildet.

Die bereits erwähnten Arbeiten enthalten auch Angaben über die Entkohlung in oxydierenden, bzw. zunderbildenden Gasgemischen. Diesbezüglich sind auch unter Betriebsverhältnissen durchgeführte Untersuchungen bekannt, vor allem die von J. MOREAU und M. CAGNET [9]. Die mit Zunderbildung verbundene Entkohlung kann unterhalb 910 °C eine ferritische Oberflächenschicht hervorrufen, wenn die Entkohlung schneller fortschreitet als die Verzunderung der bereits völlig entkohlten Randschicht. Darüber, welcher Teilvorgang in diesem Falle die Geschwindigkeit der Entkohlung regelt, äußern sich die Verfasser nicht.

Versuchsdurchführung

Als Versuchswerkstoff diente unlegierter Werkzeugstahl mit rund 0,8% C, 0,25% Si und 0,3% Mn. Aus einer 40-mm-Vierkantstange wurden plättchenförmige Proben der Größe 15×10×4 mm herausgearbeitet; die beiden größten Flächen wurden geschliffen, so daß alle Proben eine gleichbleibende Dicke von 3,56 mm hatten.

Zur Entkohlung wurden die Proben in senkrecht stehende Röhrenöfen eingehängt und in strömender Luft oder in ebenfalls strömendem, angefeuchtetem Wasserstoff geglüht; der Druck der Gase betrug rund 1 Atmosphäre. Die Strömungsgeschwindigkeit wurde zwar nicht gemessen, jedoch nach Vorversuchen so hoch gehalten, daß ihre Steigerung keine Zunahme der Entkohlung verursacht hätte.

Am Ende der Glühbehandlung wurden alle Proben in kaltem Wasser abgeschreckt und durch einen Schnitt in zwei Teile etwa der Größe 7×10×3,5 mm zerlegt. Die Schnittflächen wurden geschliffen, poliert und geätzt. Die Stärke einer etwa vorhandenen ferritischen Schicht konnte am Mikroskop gut gemessen werden, da, wie Abb. 1 zeigt, ihre beiden Begrenzungen genügend glatt und scharf erschienen. Die nur teilweise entkohlte Schicht war im wesentlichen martensitisch; in dieser konnte die Änderungen des Kohlenstoffgehalts durch Mikrohärtemessungen

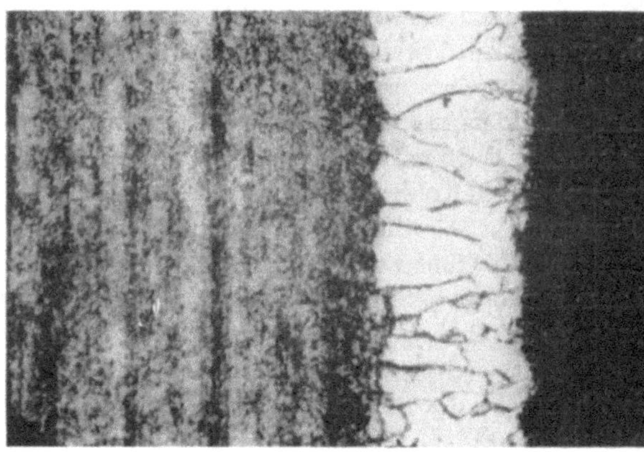

Abb. 1. Randschicht einer bei 800 °C 2 h in Wasserstoff entkohlten und abgeschreckten Probe ($V = 100:1$)

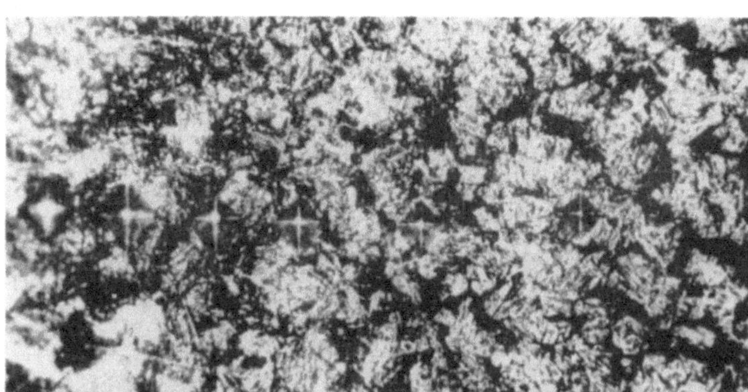

Abb. 2. Randschicht einer bei 800 °C 1 h in Luft geglühten und abgeschreckten Probe mit Mikrohärteeindrücken ($V = 300:1$)

verfolgt werden, da die Härte des Martensits mit reinem Kohlenstoffgehalt am engsten zusammenhängt. Die stärker entkohlte Schicht der in Luft geglühten Proben war meist nicht rein martensitisch, offenbar infolge der geringen Härtbarkeit und der die Abkühlung hemmenden Wirkung der Zunderschicht. Wie Abb. 2 zeigt, fand man genügend martensitische Stellen, wo die Härtemessungen vorgenommen werden konnten.

Die Stärke der ferritischen sowie der nur teilweise entkohlten Oberflächenschicht wurde natürlich an beiden Seiten der Probeplättchen und an mehreren Stellen bestimmt (Abb. 3). Die an den in Wasserstoff behandelten Proben gemes-

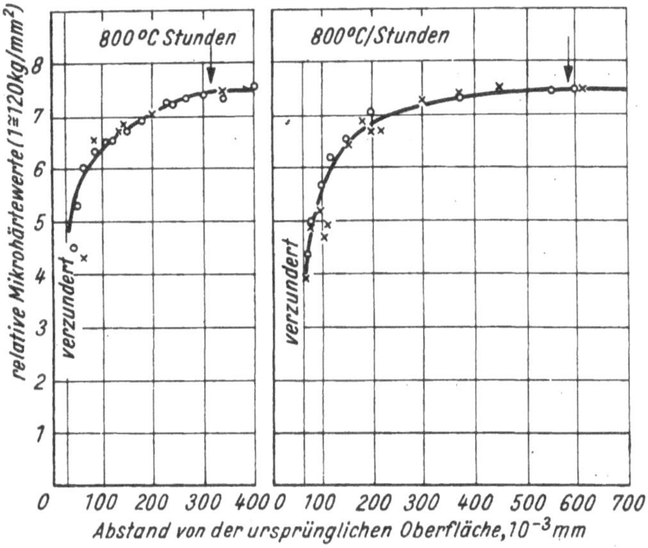

Abb. 3. Mikrohärtewerte von zwei bei 800 °C in Luft geglühten und abgeschreckten Proben in der entkohlten Randschicht

senen Einzelwerte stimmten recht gut überein, an den in Luft geglühten Proben war jedoch teilweise eine beträchtliche Streuung der Meßwerte festzustellen, wie dies aus Abb. 5 ersichtlich ist. Die Ursache dieser Streuung ist vermutlich der Umstand, daß die Zunderschicht den Zutritt der Luft zur Probenoberfläche nicht immer in gleicher Weise verhindert hat. Es wurde angenommen, daß die jeweils am stärksten entkohlten Proben die Geschwindigkeit des Vorgangs richtig anzeigen.

Versuchsergebnisse und ihre Deutung

An den in Luft entkohlten Proben hat sich auch nach langer Behandlungszeit keine ferritische Oberflächenschicht ausgebildet. Es konnten nur vereinzelte geringe Ansätze einer derartigen Schicht entdeckt werden (Abb. 4).

Die Stärke der entkohlten Schicht, von der ursprünglichen Oberfläche an gemessen, ist in Abb. 5 als eine Funktion der Quadratwurzel der Behandlungszeit dar-

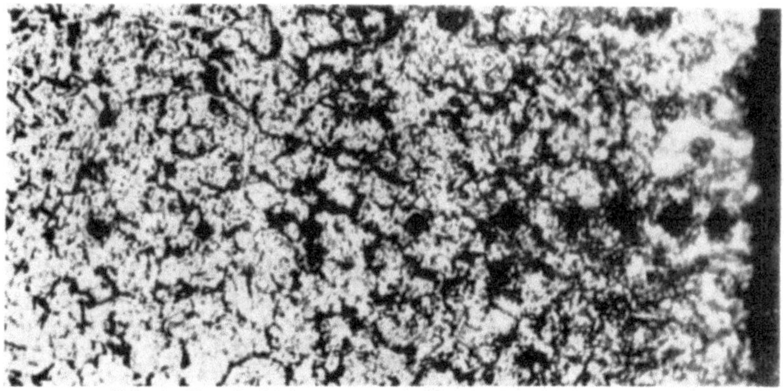

Abb. 4. Randschicht einer bei 800 °C in Luft geglühten und abgeschreckten Probe mit vereinzelten Ferritkristallen, jedoch ohne zusammenhängende Ferritschicht. Glühdauer 4 h ($V = 400:1$)

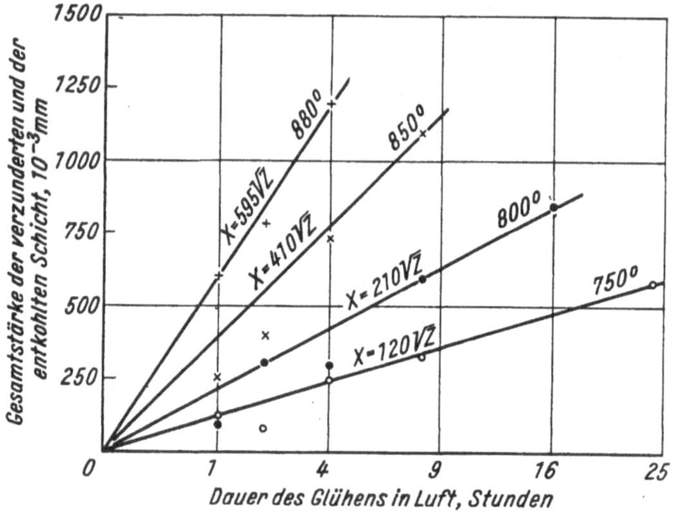

Abb. 5. Tiefe der entkohlten Randschicht an Proben, die in Luft geglüht wurden

gestellt. Die Versuchspunkte der am stärksten entkohlten Proben liegen für jede Temperatur auf je einer Geraden. Die Stärke X der entkohlten Schicht wächst bei gleichbleibender Temperatur mit der Zeit Z nach der Gleichung

$$X = k\sqrt{Z}\,, \tag{1}$$

in der k ein temperaturabhängiger Beiwert ist. Die entsprechenden Gleichungen sind zahlenmäßig in Abb. 5 eingetragen.

Die Werte von k kennzeichnen die Geschwindigkeit des Gesamtvorgangs. In Abb. 6 sind die Logarithmen von k in Abhängigkeit von der reziproken absoluten Temperatur T aufgetragen, deren Gleichungen in der üblichen Schreibweise

$$k = 10^{8,7} \exp\left(-\frac{31400}{RT}\right) \tag{2}$$

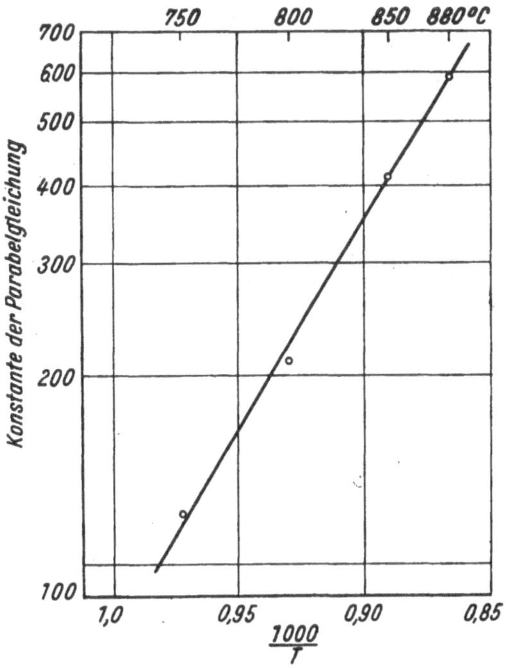

Abb. 6. Die Temperaturabhängigkeit der Entkohlung beim Glühen in Luft

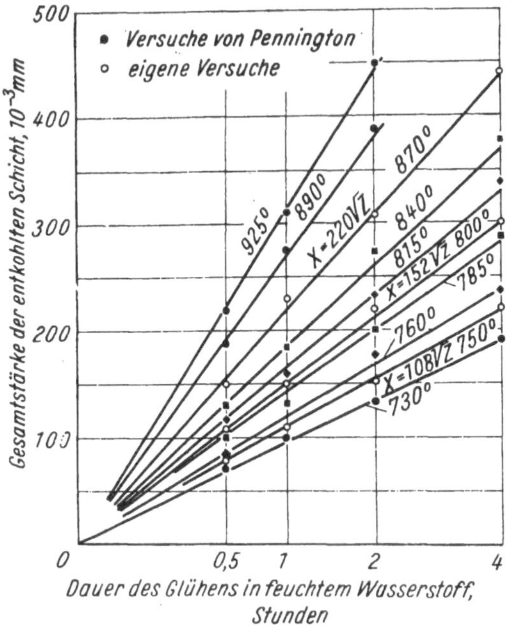

Abb. 7. Gesamttiefe der entkohlten Schicht an Proben, die in feuchtem Wasserstoff geglüht wurden

lautet. Hierin ist der Wert von 31400 cal/mol die Ablösearbeit für jenen Teilvorgang, welcher die Geschwindigkeit des Gesamtvorgangs bestimmt. Dem mit einem Fehler von $\pm$ 10% behafteten Wert kommt von den fraglichen Teilvorgängen die Aktivierungsenergie für die Diffusion des Kohlenstoffs im Austenit am nächsten; für diesen Vorgang geben C. WELLS und R. F. MEHL [11] im Austenit mit 1,1% C rund 36600 cal/mol und M. E. BLANTER [15] im Austenit mit 0,7% C rund 32000 cal/mol an. Bei der Entkohlung des unlegierten Stahls in Luft bei 750 bis 900 °C ist demnach die Diffusion des Kohlenstoffs im Austenit der Teilvorgang, der die Geschwindigkeit des Gesamtvorgangs regelt, vorausgesetzt, daß es hierbei nicht zur Bildung einer ferritischen Oberflächenschicht kommt.

Wird bei der Entkohlung eine ferritische Oberflächenschicht gebildet, wie bei der Behandlung in feuchtem Wasserstoff, so nimmt auch die Zahl der beteiligten Teilvorgänge zu. Der Kohlenstoff muß dann durch die teilweise entkohlte austenitische Schicht an die Austenit–Ferrit-Grenzfläche wandern, hier in die Ferritschicht übergehen, dann durch diese Schicht an die Oberfläche diffundieren, um dort vergast zu werden.

In diesem verwickelten Fall wächst die Gesamtstärke der entkohlten Oberflächenschicht bei gleicher Temperatur mit der Quadratwurzel der Zeit proportional an (Abb. 7). Vergleicht man die beiden Abb. 5 und 7, so findet man, daß die Geschwindigkeit der Entkohlung in Wasserstoff weniger temperaturabhängig ist als die der Entkohlung in Luft. Besonders bei höherer Temperatur wird in Luft eine stärkere Schicht entkohlt als in Wasserstoff. Die oft vertretene Ansicht, eine Zunderschicht schütze den Stahl vor Entkohlung, dürfte demnach nicht in allen Fällen zutreffen.

Trägt man die Logarithmen der k-Werte aus Abb. 7 in Abhängigkeit von der reziproken absoluten Temperatur auf, ergibt sich, wie Abb. 8 zeigt, wiederum eine Gerade der Gleichung

$$k = 10^{4,7} \exp\left(-\frac{12500}{R\,T}\right). \tag{3}$$

Die Ablösearbeit von 12500 cal/mol ist etwa dreimal kleiner als jene für die Diffusion des Kohlenstoffs im Austenit. Für die Diffusion des Kohlenstoffs im Ferrit gilt nach C. A. WERT [12] eine Aktivierungsenergie von 20100 cal/mol; auch dieser Wert ist erheblich größer als der sich aus den Versuchen ergebende.

Es ist jedoch bekannt [13], daß die Aktivierungsenergie für die Korngrenzendiffusion in allen bisher untersuchten Fällen bedeutend kleiner war als für die Volumdiffusion. Für die Korngrenzendiffusion des Kohlenstoffs im Ferrit sind noch keine Meßergebnisse bekannt geworden; deshalb ist auch nicht unmittelbar zu beweisen, daß dieser Teilvorgang für die Geschwindigkeit der Entkohlung in diesem Falle ausschlaggebend ist. In Kupfer und Silber hat man für die Korngrenzendiffusion einiger Elemente eine um etwa 40 bis 50% kleinere Ablösearbeit erhalten als für die Diffusion derselben Elemente durch das Raumgitter [13, 14]. Der in den eigenen Versuchen gefundene Wert von 12500 cal/mol steht in gleichem Verhältnis zur Aktivierungsenergie für die Volumdiffusion des Kohlenstoffs im Ferrit. So kann mit ziemlicher Sicherheit gefolgert werden, daß die Entkohlung des unlegierten Stahls zwischen 750 und 910 °C, wo es zur Bildung einer ferriti-

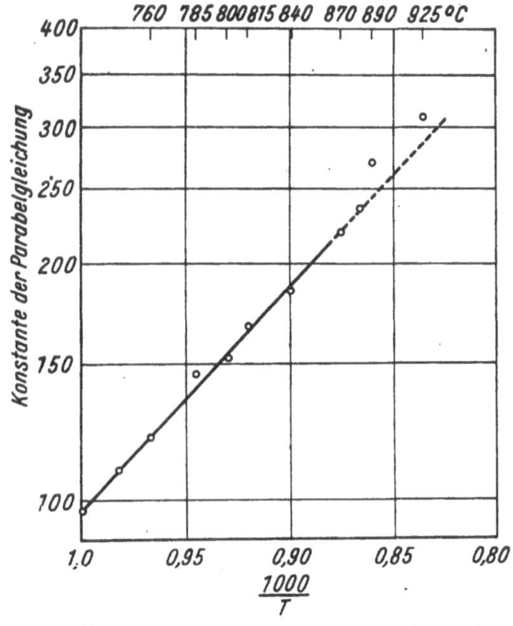

Abb. 8. Die Temperaturabhängigkeit der Entkohlung beim Glühen in feuchtem Wasserstoff

schen Oberflächenschicht kommen kann, durch die Korngrenzendiffusion des Kohlenstoffs in der Ferritschicht geregelt wird.

Im ersten Augenblick kann dieser Befund überraschend erscheinen, da ja nach C. Wells, R. F. Mehl und C. A. Wert [11, 12] die Konstante für die Diffusion des Kohlenstoffs im Ferrit um mehr als eine Größenordnung größer ist als jene für die Diffusion des Kohlenstoffs im Austenit bei gleicher Temperatur. Es taucht also die Frage auf, warum wird die Geschwindigkeit der Entkohlung durch die schnellere Diffusion im Ferrit geregelt und warum paßt sie sich nicht der langsameren Diffusion im Austenit an?

Dieser scheinbare Widerspruch läßt sich jedoch bei eingehender Betrachtung der folgenden Zusammenhänge klären: Der Diffusionsvorgang hat jene Kohlenstoffmenge durch den Ferrit an die Oberfläche zu befördern, die durch Diffusion im Austenit an die Grenzfläche zwischen Ferrit und Austenit angeliefert wird. Das heißt, es muß unter Zuhilfenahme des ersten Fickschen Gesetzes geprüft werden, wieviel Kohlenstoff durch die Einheit des Querschnitts senkrecht zur Diffusionsrichtung im Ferrit und im Austenit diffundieren kann.

Wir nehmen die bei 800 °C zwei Stunden lang behandelte Probe als Beispiel. Die Gesamtstärke der entkohlten Schicht betrug in diesem Falle $220 \cdot 10^{-4}$ cm (aus Abb. 7), die ferritische Oberflächenschicht war $190 \cdot 10^{-4}$ cm tief (Abb. 9). Die teilweise entkohlte, bei der Behandlungstemperatur austenitische Schicht war dementsprechend $(220-190) \cdot 10^{-4} = 30 \cdot 10^{-4}$ cm dick. An der Grenzfläche zwischen der ferritischen und austenitischen Schicht ist der Ferrit mit etwa

0,01% C gesättigt (Abb. 10); der Austenit enthält hier 0,40% C, entsprechend dem für 800 °C geltenden Punkt der Linie GOS im Zustandsschaubild. Nach den genannten Daten können die im Ferrit und im Austenit diffundierenden Kohlenstoffmengen verglichen werden. Durch den Ferrit diffundieren in der Zeiteinheit

$$\frac{\Delta M}{\Delta Z} = - D_F \cdot \frac{\Delta c_F}{X_F} = - D_F \cdot \frac{0{,}01}{190 \cdot 10^{-4}} . \qquad (4)$$

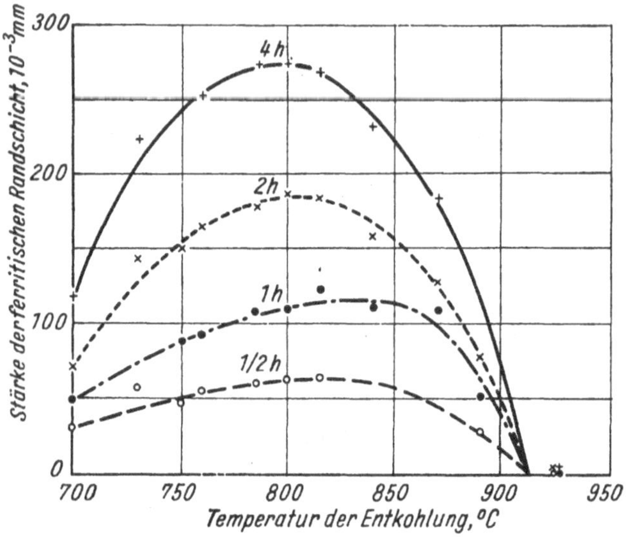

Abb. 9. Stärke der ferritischen Randschicht an Proben, die in feuchtem Wasserstoff geglüht wurden

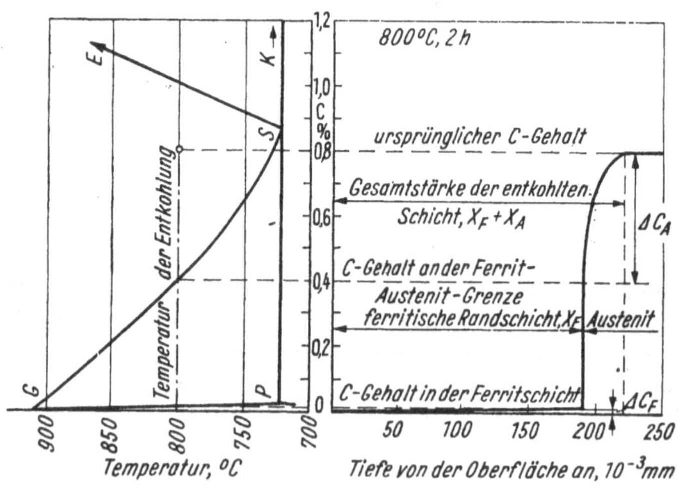

Abb. 10. Aufbau und Kohlenstoffverteilung in der entkohlten Schicht im Falle der Ausbildung einer ferritischen Oberflächenschicht

Hierin bedeuten:

ΔM die wandernde Kohlenstoffmenge,
Δc_F die in der Ferritschicht bestehende Konzentrationsdifferenz,
X_F die Stärke dieser Schicht und
D_F die Diffusionskonstante.

Der Index F kennzeichnet für den Ferrit geltende Werte. In gleicher Weise gilt für die teilweise entkohlte, austenitische Schicht

$$\frac{\Delta M}{\Delta Z} = - D_A \cdot \frac{\Delta c_A}{X_A} = - D_A \cdot \frac{0{,}80 - 0{,}40}{30 \cdot 10^{-4}} . \tag{5}$$

Die Diffusion des Kohlenstoffs im Ferrit kann die Geschwindigkeit nur dann bestimmen, wenn unter den gegebenen Bedingungen durch den Ferrit weniger Kohlenstoff diffundiert als im Austenit, d. h. es muß die Ungleichung

$$D_A \cdot \frac{0{,}80 - 0{,}40}{30 \cdot 10^{-4}} > D_A \cdot \frac{0{,}01}{190 \cdot 10^{-4}} \tag{6a}$$

gültig sein. Mit den genannten Zahlenwerten kommen wir schließlich zu

$$250 \cdot D_A > D_F . \tag{6b}$$

Die in dieser Ungleichung enthaltene Bedingung ist im Falle der Volumdiffusion durch den Ferrit und den Austenit erfüllt, da D_F nicht ganz hundertmal so groß ist wie D_A. In Wirklichkeit ist außerdem das Konzentrationsgefälle in der Nähe der Grenzfläche der Ferritschicht noch bedeutend größer als das in der Berechnung benutzte durchschnittliche Konzentrationsgefälle. Das im Austenit tatsächlich vorhandene Konzentrationsgefälle ist kurz nach Beginn der Entkohlung am größten und wird mit der Zeit allmählich kleiner.

Die geschilderte Überlegung gilt nur für die Volumdiffusion im Austenit und im Ferrit. Es wäre auch zu prüfen, in welchem Verhältnis diejenigen Kohlenstoffmengen zueinander stehen, die durch das Raumgitter im Austenit, und an den Korngrenzen des Ferrits in der Zeiteinheit diffundieren. Hierzu ist bekannt, daß die Diffusion entlang der Korngrenzen um mehrere Größenordnungen schneller verläuft als durch das Raumgitter derselben kristallinen Phase [13]. Im Falle der Korngrenzendiffusion wird jedoch die Menge des diffundierenden Legierungselements dadurch beschränkt, daß die Korngrenzen nur enge Kanäle mit einer Breite von etwa $5 \cdot 10^{-8}$ cm sind. Der Gesamtquerschnitt dieser Kanäle ist um so größer, je größer die Korngrenzenfläche pro Volumeneinheit, d. h. je kleiner die Korngröße ist. Bei einem Diffusionsvorgang kann dementsprechend die Korngrenzendiffusion nur dann ausschlaggebend sein, wenn die Korngröße kleiner als ein bestimmter Grenzwert ist.

Ohne Kenntnis des Koeffizienten für die Korngrenzendiffusion des Kohlenstoffs im Ferrit wäre ein derartiger Vergleich nur unsicher durchzuführen. Da jedoch der gefundene Wert der wirksamen Ablösearbeit von 12500 cal/mol mit großer Wahrscheinlichkeit auf die Korngrenzendiffusion des Kohlenstoffs im Ferrit hinweist, müssen wir uns mit der Vermutung begnügen, daß die Korngröße der ferritischen Oberflächenschicht sowie das Verhältnis der Diffusionsgeschwindigkeit an den Korngrenzen und durch das Raumgitter des Ferrits Werte besitzen, die das Vorherrschen der Korngrenzendiffusion zulassen.

Zusammenfassung

Auf Grund der Zeit- und Temperaturabhängigkeit der Entkohlung unlegierten Stahls mit etwa 0,8% C bei 700 bis 900 °C wird die Reaktionskinetik untersucht.

Beim Glühen in Luft entsteht keine ferritische Randschicht; für die Aktivierungsenergie ergibt sich in diesem Falle der Wert von 31400 cal/mol. Dieser Wert stimmt mit der Ablösearbeit für die Diffusion des Kohlenstoffs im Austenit gut überein. Dieser Teilvorgang bestimmt demnach die Geschwindigkeit des Gesamtvorgangs.

Beim Glühen in feuchtem Wasserstoff wird eine ferritische Oberflächenschicht gebildet. Die Geschwindigkeit des Gesamtvorgangs wird nun durch einen Teilvorgang bestimmt, für den die Ablösearbeit mit 12500 cal/mol ermittelt wurde. Dieser Teilvorgang besteht mit großer Wahrscheinlichkeit in der Korngrenzendiffusion des Kohlenstoffs durch die Ferritschicht.

Literatur

[1] Baukloh, W., Knapp, B., The mechanism of the reaction between hydrogen and carbon in iron. I. St. Inst., A. Carn. Schol. Mem. **27** (1938) 149.

[2] Baukloh, W., Kronenfels, W. v., Wasserstoffentkohlung reiner Eisen-Kohlenstofflegierungen und legierter Stähle. Arch. Eisenhüttenwes. **11** (1937/38) 149.

[3] Baukloh, Knapp, B., Der Ablauf der Umsetzung zwischen Wasserstoff und Kohlenstoff im Eisen. Arch. Eisenhüttenwes. **12** (1938/39) 405.

[4] Baukloh, W., Schulte, F., Friedrichs, F., Beitrag zur Klärung der Vorgänge beim entkohlenden Glühen von Temperguß in Kohlenoxyd-Kohlendioxyd-Gemischen. Arch. Eisenhüttenwes. **16** (1942/43) 349.

[5] Baukloh, W., Foroud, A. K., Die Entkohlung von Guß- und Tempereisen mit Wasserstoff-Wasserdampfgemischen. Arch. Eisenhüttenwes. **16** (1942/43) 355.

[6] Pennington, W. A., A mechanism of surface decarburisation of steel. Trans. Amer. Soc. Metals **37** (1946) 48.

[7] Lauprecht, W., Rädeker, W., Die Auf- und Entkohlung der Randzone unlegierter und legierter Stähle zwischen 900 und 1200 °C. Arch. Eisenhüttenwes. **33** (1962) 371.

[8] Harries, F. E., Reactions between hot steel and furnace atmospheres. Metal Progr. **47** (1945) 84.

[9] Moreau, J., Cagnet, M., Etude du calaminage de billettes. Rev. Métallurgie **54** (1957) 383.

[10] Wagner, C., Die physikalisch-chemischen Grundlagen der Entkohlung und Zunderung des Stahles. Arch. Eisenhüttenwes. **11** (1937/38) 449.

[11] Wells, C., Mehl, R. F., Rate of diffusion of carbon in austenite. Trans. AIME **140** (1940) 279.

[12] Wert, C. A., Diffusion coefficient of carbon in alpha-iron. Physic. Rev., Ser. 2, **79** (1950) 601.

[13] Lacombe, P., La diffusion intergranulaire et se relations avec la structure. In: La diffusion dans les métau. Paris, 1957, S. 23.

[14] McLean, D., Grain boundaries in metals. Oxford, 1957, S. 219.

[15] Blanter, M. E., Die Diffusion des Kohlenstoffs im Austenit. Журнал Технической Физики (1947) № 11.

Prof. Dr. ADOLF ROSE

Leiter der Abteilung „Konstitution der Eisenlegierungen“ im Max-Planck-Institut für Eisenforschung, Düsseldorf
Honorarprofessor an der Technischen Hochschule Hannover

DIE ENTARTUNG PERLITISCHER GEFÜGE BEI GLEICHGEWICHTSNAHER UMWANDLUNG DES AUSTENITS

(Kurzauszug)

Gemeinsam mit Dr.-Ing. HANS PAUL HOUGARDY wurde die Koppelreaktion der Perlitbildung verfolgt, die erst von einer bestimmten Unterkühlung unter $A\,c_1$ möglich ist. Bei gleichgewichtsnaher Umwandlung bildet sich kurz unter A_1 ein entartetes Gefüge. Es wurden die Bildungsbedingungen „entarteter“ und „anomaler“ Gefüge von Kohlenstoffstählen bei isothermischer Umwandlung und bei kontinuierlicher Abkühlung ermittelt. Die bei diesen Untersuchungen gewonnenen Erkenntnisse bieten wichtige Hinweise für das Weichglühen und für Wärmebehandlungen zur Vermeidung von Korngrenzenkarbid in kohlenstoffarmen Stählen. Durch Übertragung der gefundenen Zusammenhänge auf übereutektoide Stähle mit Zusätzen an Nickel, Silizium, Aluminium, Molybdän, Chrom, Kobalt und Bor konnte der Einfluß dieser Legierungselemente auf die Gefügeentartung geklärt werden.

Einzelheiten des von Prof. Dr. A. ROSE gehaltenen Vortrags sind folgenden Mitteilungen des Max-Planck-Instituts für Eisenforschung zu entnehmen:

Abhandlung 942: Entartete Gefüge als gleichgewichtsnahe Umwandlungsform des Austenits. Archiv für das Eisenhüttenwesen, 34. Jg. (1963), Heft 4, Seite 259 bis 267.

Abhandlung 943: Einfluß von Legierungselementen auf die Bildung des Perlits und die Entartung des Gefüges. Archiv für das Eisenhüttenwesen, 34. Jg. (1963), Heft 5, Seite 369 bis 376.

Dr. Siegfried Ziegenbalg
Hauptabteilungsleiter im Forschungsinstitut für NE-Metalle, Freiberg

DIE ANWENDUNG VON IONENAUSTAUSCH- UND FLÜSSIG-FLÜSSIG-EXTRAKTIONSVERFAHREN BEI DER GEWINNUNG VON SPURENMETALLEN UND SELTENEN METALLEN

Einleitung

Die moderne Entwicklung der Technik stellt die Metallurgie in steigendem Umfange vor die Aufgabe, sich mit der Gewinnung und Reindarstellung von Metallen zu beschäftigen, denen früher eine untergeordnete oder gar keine praktische Bedeutung zukam. Vor allem aus der Elektrotechnik und speziell aus der Halbleitertechnik, aus dem Maschinen- und Apparatebau — in Verbindung mit der Notwendigkeit des Einsatzes korrosionsfester und temperaturbeständiger Werkstoffe — und aus der Kerntechnik kommen derartige Forderungen. Dabei handelt es sich um Metalle, wie z. B. Germanium, Gallium, Indium, Thallium, Vanadium, Niob, Tantal, Rhenium, Uran usw., die man in vielen Fällen entweder infolge ihrer geringen Anreicherung in den Ausgangsstoffen oder auf Grund ihres insgesamt weniger häufigen Vorkommens in die Gruppe der Spurenmetalle oder seltenen Metalle einordnet. Der Gewinnung dieser Metalle bzw. ihrer Ausgangsprodukte wird infolge der sehr gestiegenen Nachfrage in letzter Zeit immer mehr Aufmerksamkeit zugewendet, wodurch wiederum die NE-Metallurgie veranlaßt wurde, teilweise grundsätzlich neue Technologien und Arbeitsrichtungen aufzunehmen. Letzteres gilt sowohl für das Gebiet der Naßmetallurgie als auch für das der Pyrometallurgie.

Wenn man speziell die Naßmetallurgie betrachtet, wobei von den eigentlichen Metallherstellungsverfahren wie Elektrolyse, Druckreduktion usw. abgesehen sein soll, so ergeben sich aus der Metallurgie der seltenen und Spurenmetalle grundsätzlich folgende Probleme:

1. Bei den eigentlichen Spurenmetallen ist der Anreicherungsgrad der gesuchten Komponente im Rohstoff so gering, daß eine Vorkonzentrierung unter Anwendung spezieller Anreicherungsverfahren bzw. Abtrennmethoden notwendig ist. Dabei muß eine möglichst hohe Selektivität dieses Abtrennprozesses gegeben sein, damit keine Verluste bei der Spurenkomponente auftreten und außerdem die Gewinnung der meist vorhandenen Hauptkomponenten nicht beeinträchtigt wird. Sofern die naßmetallurgische Verarbeitung eines derartigen Rohstoffs vorgesehen ist, setzt dies das Vorhandensein eines selektiven Abtrennverfahrens voraus. Die klassischen Fällprozesse genügen den Anforderungen häufig nicht. Beispiele für diesen Problemkreis sind die Germaniumgewinnung aus Zn- und Cd-haltigen Lösungen oder die Abtrennung geringer Urangehalte aus Erzlaugen.

2. Bei verschiedenen seltenen Metallen ist, abgesehen von der auch in diesem Falle häufig notwendigen Anreicherung und von der erforderlichen Abtrennung von Verunreinigungen, die Trennung chemisch und physikalisch sehr eng verwandter Elemente notwendig. Erinnert sei in diesem Zusammenhang an die Elementepaare Niob und Tantal sowie Zirkon und Hafnium. Aber auch in anderen Fällen bereitet die Trennung trotz nicht so großer chemischer Verwandtschaft Schwierigkeiten, wie beispielsweise bei Rhenium und Molybdän. Die klassischen Fäll- und Kristallisationsprozesse sind hier ebenfalls häufig nicht befriedigend, so daß nach moderneren Selektivtrennverfahren gesucht wurde.
3. Viele der seltenen Metalle bzw. Spurenmetalle werden in einer sehr hohen Reinheit, z. B. für die Halbleiterindustrie, oder zumindest in einer hohen Zweckreinheit benötigt, wie beispielsweise in der Kerntechnik. Wenn auch für die Höchstreinigung häufig keine naßmetallurgischen Verfahren Anwendung finden, was allerdings bei der Gewinnung des zweckgereinigten Urans für die Kerntechnik schon wieder der Fall ist, so muß es doch Ziel der naßmetallurgischen bzw. naßchemischen Verfahrensstufen sein, einen möglichst hohen Reinigungseffekt vorzugeben und damit die nachfolgende Feinstreinigung zu entlasten. Auch hierfür werden Trenn- und Reinigungsverfahren hoher Spezifität benötigt.

Zusammenfassend kann man demnach feststellen , daß mit der naßmetallurgischen oder naßchemischen Gewinnung und Reindarstellung von Spurenmetallen und seltenen Metallen grundsätzlich in vielen Fällen die Forderung nach wirksamen Anreicherungs-, Trenn- und Reinigungsverfahren verbunden ist.

In den letzten zwei Jahrzehnten haben sich auf diesem Gebiet zwei Methoden in die Metallurgie eingeführt, die zwar dem präparativ oder analytisch arbeitenden Chemiker bereits seit langem bekannt sind, deren verfahrenstechnische und apparative Entwicklung im Sinne der Metallgewinnung jedoch ein Ergebnis neuerer Zeit ist. Es handelt sich dabei um die Anwendung von Ionenaustausch- und Flüssig-Flüssig-Extraktionsverfahren, deren Einführung in die naßmetallurgische Praxis eng mit den Entwicklungen zur Technologie des Urans verknüpft ist. Die Fülle der in den letzten Jahren zu beiden Fachgebieten publizierten Arbeiten beweist allerdings, daß die anwendungstechnischen Möglichkeiten nicht mit dem Uran erschöpft sind, sondern sich speziell bei den seltenen Metallen und den Spurenmetallen ergeben.

Im folgenden soll — ausgehend von einigen allgemeinen Ausführungen zu beiden Methoden — die Anwendung dieser Verfahren bei der Gewinnung von seltenen Metallen und Spurenmetallen behandelt werden. Die Breite des Gebiets schließt es aus, daß damit ein auch nur annähernd vollständiger Überblick gegeben werden kann. Im Forschungsinstitut für NE-Metalle, Freiberg, wird seit einiger Zeit an der Anwendung beider Methoden gearbeitet, und es erscheint zweckmäßig, diese Arbeiten zur Basis der vorliegenden Darstellung zu machen. Die nachfolgenden Ausführungen sollen deshalb im wesentlichen diese eigenen Untersuchungen zur Anwendung des Ionenaustausches und der Flüssig-Flüssig-Extraktion zusammenfassend darstellen, um anhand ihrer Ergebnisse die Möglichkeiten zum sinnvollen Einsatz beider Methoden abzuleiten.

Grundlagen des Ionenaustausches und der Flüssig-Flüssig-Extraktion

Zum besseren Verständnis seien die Grundprinzipien beider Methoden den anwendungstechnischen Beispielen vorangestellt:

Beim Ionenaustausch werden von einer meist festen Substanz, dem eigentlichen Ionenaustauscher, aus einer Elektrolytlösung im Austausch gegen eine äquivalente Menge anfänglich in dem Austauscher vorhandener Kationen oder Anionen andere entsprechende Ionen gleichen Vorzeichens aufgenommen. Es handelt sich dabei um einen reversiblen Vorgang, der zur Einstellung eines Gleichgewichtszustands führt und durch die allgemeinen Gleichungen (1) und (2) beschrieben werden kann.

$$\text{H-}R + \text{Na}^+ \leftrightarrows \text{Na-}R + \text{H}^+ \qquad (1)$$

$$R\text{-OH} + \text{Cl}^- \leftrightarrows R\text{-Cl} + \text{OH}^- \qquad (2)$$

(R = Ionenaustauscher-Harzgerüst)

Je nachdem welche Ionenart ausgetauscht wird, spricht man von Kationen- bzw. Anionenaustauschern. Von der Vielzahl der für einen derartigen Austausch verwendbaren Substanzen haben speziell die synthetisch hergestellten Kunstharzionenaustauscher technische Bedeutung erlangt; sie finden vor allem in der Wasseraufbereitung ausgedehnte Anwendung. Es handelt sich dabei um wasserunlösliche und teilweise auch recht chemikalienbeständige Kunstharze mit poröser Gerüst- oder Schwammstruktur, die durch Polykondensation oder neuerdings vor allem durch Polymerisation in körniger oder kugeliger Form hergestellt werden und in die entweder in Verbindung mit der Herstellung des Harzes oder durch entsprechende Nachbehandlung sogenannte austauschaktive Gruppen eingebaut werden. Als solche kommen bei Kationenaustauschern vor allem die sauren $-SO_3^-$, $-COO^-$ und phenolischen $-OH^-$-Gruppen, bei Anionenaustauschern die basischen $-NH_3^+$, $=NH_2^+$ und $=\overset{|}{\underset{|}{N}}{}^{+}$-Gruppen in Frage. Je nach Dissoziationsfähigkeit dieser in den Austauscher eingebauten und für den Ionenaustausch verantwortlichen sauren bzw. basischen Gruppen spricht man von stark oder schwach sauren Kationenaustauschern bzw. entsprechend stark oder schwach basischen Anionenaustauschern. Sieht man von den normalerweise in gewissem Umfange parallellaufenden Adsorptionsvorgängen am Austauscher ab, so ist seine Aufnahmefähigkeit für die entsprechenden Ionen, d. h. seine Kapazität, eine direkte Funktion der Zahl der austauschaktiven Gruppen. Die Aufnahme eines bestimmten Kations oder Anions durch den Austauscher und die Lage des Austauschgleichgewichts hängen von der Größe der elektrostatischen Wechselwirkungskräfte zwischen Ion und Austauscher, vom Ionenradius und von der Porenweite des Austauschers sowie von anderen chemischen bzw. strukturellen Gegebenheiten ab. Die Synthesebedingungen bieten nun eine Vielzahl von Möglichkeiten zur Herstellung von Austauschern mit unterschiedlichen austauschaktiven Gruppen, Porenradien, physikalischen und chemischen Eigenschaften und damit verschiedenartigsten Anwendungs- und Einsatzmöglichkeiten. Die sinnvolle Ausnutzung der unterschiedlichen Affinitäten auszutauschender Ionen zu den austauschaktiven Gruppen und der verschiedenen aus Struktur und chemischem Aufbau folgenden Eigenschaften der Ionenaustauscher ist die Grundlage für die naßmetallurgische Anwendung der Ionenaustauscher für Trenn- und Reinigungsoperationen.

Eine ins einzelne gehende Behandlung dieser Fragen findet sich in vielen ausgezeichneten Monographien und Publikationen [1, 2, 3].

Bei der Flüssig-Flüssig-Extraktion handelt es sich um die Verteilung einer Substanz, beispielsweise eines Metallions, einer Verbindung oder eines Komplexes zwischen zwei nicht miteinander mischbaren flüssigen Phasen. Als einfaches Beispiel sei die bekannte Verteilung von $GeCl_4$ zwischen stark salzsaurer, wäßriger Lösung und chlorierten Kohlenwasserstoffen wie CCl_4 oder $CHCl_3$ erwähnt. Thermodynamisch gesehen stellt sich dabei ein Verteilungsgleichgewicht ein, das im Idealfall dem bekannten NERNSTschen Verteilungssatz gehorcht,

$$K = \frac{a_{Me\,(\text{aufnehmende Phase})}}{a_{Me\,(\text{abgebende Phase})}}, \qquad (3)$$

(K = Verteilungskoeffizient,)

und durch die Gleichheit der chemischen Potentiale der verteilten Substanz in beiden Phasen gekennzeichnet ist. Eine derartige Verteilung einer Substanz beispielsweise zwischen zwei aus einer wäßrigen und einer organischen Lösung bestehenden Phasen bezeichnete man als Extraktion, wobei als organische Extraktionsmittel speziell für naßmetallurgisch-technische Zwecke je nach Extraktionsaufgabe eine Vielzahl unterschiedlicher Substanzen in Frage kommt. Dabei unterscheiden sich die verschiedenen extraktiv wirksamen organischen Verbindungen vor allem im Mechanismus des Extraktionsvorgangs, d. h. in ihrer Wirkungsweise. Weitere Unterschiede bestehen in der durch die unterschiedliche Größe der Wechselwirkungskräfte zwischen Extraktionsmittel und zu extrahierender Substanz bedingten Lage des Verteilungsgleichgewichts, in der Kapazität und den physikalischen und chemischen Eigenschaften der Extraktionsmittel. Abb. 1 gibt einen vereinfachten Überblick über die auftretenden Extraktionsmechanismen. Eine reine Neutralkomplexextraktion findet man in der anorganischen Chemie als rela-

Neutralkomplexextraktion:	*Aromaten (Benzol),* *chlorierte KW-Stoffe,* *neutrale P-org. Verbindungen,* *Ketone*
↓	
Ionenpaarextraktion:	*Äther, Alkohole*
Flüssiger Ionenaustausch:	*für Kationen* *saure P-organ. Verbindungen*
	für Anionen *Amine* *quartern. Ammoniumsalze*
Chelatextraktion:	*Chelatbildner, z. B. β-Diketone*

Abb. 1. Zusammenstellung der Extraktionsmechanismen

tiv seltenen Grenzfall, bei dem eine in der wäßrigen Phase vorgebildete Neutralmolekel, wie beispielsweise $GeCl_4$ oder RuO_4, auf Grund unterschiedlicher Löslichkeit in das organische, dann meist unpolare Lösungsmittel oft ohne Solvatation übergeht. Häufiger ist der Fall, daß die Aufnahme einer Neutralmolekel in der organischen Phase unter Ausbildung einer entsprechenden Solvathülle bzw. eines mehr oder weniger stabilen Komplexes mit dem Extraktionsmittel erfolgt. Ein Beispiel hierfür ist die Extraktion von $UO_2(NO_3)_2$ mit Tributylphosphat, die zur Bildung des Solvats bzw. Komplexes $UO_2(NO_3)_2 \cdot 2\,TBP$ führt. Ein weiterer Grenzfall liegt bei der Ionenpaarextraktion vor. Hierzu können die vor allem bei stärker saurem Milieu der wäßrigen Phase ablaufenden Extraktionsvorgänge unter Bildung von Oxoniumverbindungen gerechnet werden. Beispielsweise erfolgt die Extraktion von Fe mit Äther aus stark salzsaurer Lösung als $H[FeCl_4]$ unter Bildung des entsprechenden Oxoniumsalzes. Zwischen Neutralkomplexextraktion und Ionenpaarextraktion lassen sich alle Stufen des Übergangs finden, wobei ein und dasselbe Extraktionsmittel je nach Azidität der wäßrigen Phase und Art der zu extrahierenden Metallverbindung bzw. des Komplexes unterschiedlich wirken kann. Die Wirksamkeit eines Extraktionsmittels hängt dabei wesentlich von seinem strukturellen Aufbau und von der Polarität der für die Solvat-, Komplex- oder Oxoniumsalzbildung ausschlaggebenden Bindung im Molekül ab. So findet man beispielsweise bei den sehr wichtigen neutralen Organophosphorverbindungen eine stark zunehmende Extraktionswirkung in der Reihe Phosphat — Phosphonat — Phosphinat — Phosphinoxid

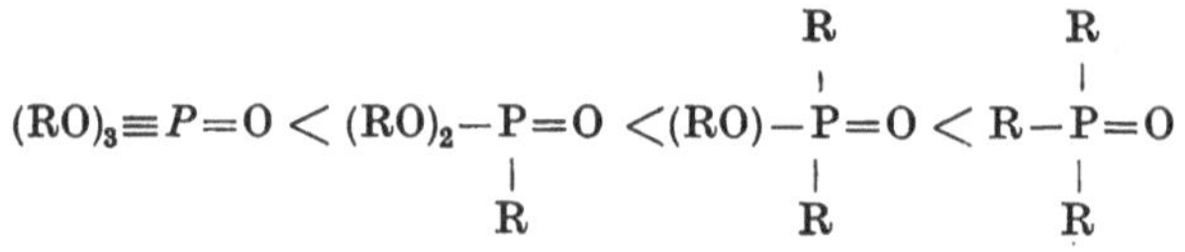

auf Grund der zunehmenden Polarität der P=O-Bindung. Von großer Wichtigkeit ist für die Extraktion vor allem neutraler Komplexe der Aussalzeffekt, der durch die in wäßriger Phase vorhandenen oft nichtextrahierbaren Salze bzw. Komponenten hervorgerufen wird und die Extraktion wesentlich begünstigen kann. Vor allem bei der Uranylnitratextraktion mit TBP spielt dieser Effekt eine erhebliche Rolle. Die in Abb. 1 der Vollständigkeit halber aufgeführte Chelatextraktion stellt einen für die Metallurgie weniger wichtigen Sonderfall dar, auf den hier nicht näher eingegangen werden soll.

Besonderes technisches Interesse haben in letzter Zeit für die Praxis der Naßmetallurgie die flüssigen Anionen- und Kationenaustauscher gefunden. Sie stellen ein Bindeglied zwischen dem anfangs behandelten Ionenaustausch und der Extraktion dar, indem sie einerseits hinsichtlich ihrer Wirkungsweise wie Ionenaustauscher arbeiten, andererseits jedoch auf Grund ihres Einsatzes in flüssiger Phase die gleichen apparativ-technischen Voraussetzungen fordern wie die Extraktionsmittel. Sie eignen sich infolge ihrer hohen Wirksamkeit trotz oft geringerer Selektivität vor allem für Anreicherungsverfahren bei verdünnten Lösungen. Als flüssige Kationenaustauscher kommen technisch vor allem saure Organophosphorverbindungen, als Anionenaustauscher Amine und quaternäre Ammoniumverbindungen zur Anwendung. Über eigene Arbeiten mit dieser letztgenannten Verbindungsklasse kann noch nicht berichtet werden. Es wird deshalb im folgenden nicht näher auf sie eingegangen.

Die bei der Flüssig-Flüssig-Extraktion eingesetzten Extraktionsmittel kommen entweder unverdünnt zur Anwendung (Äther, Ketone) oder werden wegen zu hoher Viskosität bzw. schlechter Löslichkeit der gebildeten Komplexe mit der extrahierten Komponente unter Verwendung eines Verdünnungsmittels eingesetzt. Letzteres besteht meist aus einem neutralen Kohlenwasserstoff bzw. einem Kohlenwasserstoff-Gemisch, wobei allerdings auch die Wahl des Verdünnungsmittels Einfluß auf den Extraktionsvorgang haben kann. Generell bieten die Vielfalt der Extraktionsmittel und die Unterschiedlichkeit ihrer Wirkungsweise in Verbindung mit den übrigen Einflußgrößen, wie z. B. pH-Wert und Zusammensetzung der wäßrigen Phase, nahezu unbegrenzte und sowohl forschungsseitig als auch technisch vielseitige Möglichkeiten der Anwendung für spezielle Probleme der Gewinnung von seltenen Metallen und Spurenmetallen.

Bezüglich einer ausführlicheren Darstellung der Grundlagen der Flüssig-Flüssig-Extraktion sei wiederum auf entsprechende Monographien bzw. Publikationen verwiesen [4, 5, 6].

Die praktische Anwendung von Ionenaustausch und Flüssig-Flüssig-Extraktion in der Naßmetallurgie der seltenen Metalle und Spurenmetalle

Ionenaustausch

Die Anwendung von Kunstharzionenaustauschern für Zwecke der Metallgewinnung bzw. Rückgewinnung erfolgt bereits seit längerer Zeit. Bekannt ist hier vor allem der technisch in Deutschland zumindest zeitweise praktizierte Prozeß der Cu-Rückgewinnung aus den Blauwässern der Kunstseidenindustrie durch selektive Bindung des Kupfertetramminkomplexes an einen Kationenaustauscher. In letzter Zeit haben technisch jedoch vor allem Anionenaustauschharze Bedeutung erlangt, da sie infolge der unterschiedlichen Neigung der Metalle zur Bildung anionischer Komplexe bei entsprechender Wahl des Mediums häufig bessere und selektivere Trenn- und Anreicherungsmöglichkeiten bieten als die weniger spezifisch arbeitenden Kationenaustauscher. Besondere Bedeutung hat die Anwendung des Ionenaustauschs in Verbindung mit der Urankonzentrat-Herstellung aus gering uranhaltigen Lösungen erlangt. Auf diesem Gebiet ist eine Vielzahl Arbeiten durchgeführt worden, die zu im Großmaßstab angewandten Verfahren führten und richtungsweisend für die allgemeine Anwendung der Austauscher in der Naßmetallurgie waren. Bekanntlich erfolgt die technische Urangewinnung aus den meist armen Erzen, wenn man zunächst von Sonderfällen absieht, generell durch Laugung des aufgemahlenen Ausgangsguts, wobei je nach Gangart und sonstiger Beschaffenheit des Rohstoffs vor allem die saure Laugung mit H_2SO_4 oder die selektivere alkalische Laugung mit $Na_2CO_3/NaHCO_3$-Lösungen angewendet wird. Die entstehende Lösung enthält das Uran in Konzentrationen von einigen hundert Milligramm bis wenigen Gramm, neben einem meist großen Überschuß an anderen Elementen. Uran bildet jedoch sowohl in schwefelsaurer als auch in soda/bikarbonatalkalischer Lösung in Abhängigkeit vom p_H-Wert anionische Sulfatokomplexe des Typs $UO_2(SO_4)_3^{4-}$ und $UO_2(SO_4)_2^{2-}$ bzw. Karbonatokomplexe wie

$UO_2(CO_3)_3^{4-}$ und $UO_2(CO_3)_2^{2-}$. Diese Tatsache gestattet eine Abtrennung des Uraninhalts aus den unreinen Lösungen an stark basischen Anionenaustauschern, wofür Polymerisationsharze mit quaternären Ammoniumgruppen Anwendung finden. Das Wiederablösen, d. h. die Elution des gebundenen Urankomplexes, erfolgt mit neutralen oder schwach sauren NaCl- bzw. NH_4NO_3-Lösungen. Die so gewonnenen Eluate enthalten das Uran in vielfach angereicherter Konzentration (20 bis 30fach und höher) und gelangen zur Weiterverarbeitung. Durch die Anwendung von Ionenaustauschern war es möglich, auch Lösungen mit sehr geringen Urankonzentrationen aufzuarbeiten. Außerdem gelingt auf Grund der Selektivität der Abtrennung über die genannten Komplexe bereits eine sehr entscheidende Vorreinigung des Urans, was die Herstellung hochwertiger Konzentrate vereinfacht.

Die technischen Verfahren basieren — und das gilt generell für alle Ionenaustauschprozesse — auf zwei Arbeitsmethoden. Einerseits wendet man in den meisten Fällen Ionenaustauschersäulen oder -filter an, durch die die Lösung kontinuierlich bis zur Sättigung des Harzes bzw. bis zu der gewünschten Beladung hindurchläuft. Diese Arbeitsweise setzt zur Vermeidung von Verstopfungen klarfiltrierte Lösungen voraus. Andererseits wurde in den letzten Jahren im Zusammenhang mit der Urantechnologie ein Verfahren entwickelt, das in der Fachliteratur als „Resin in pulp"-Verfahren bezeichnet wird und bei dem grobkörniges Harz in bewegten Kästen oder rotierenden Trommeln mit der zu behandelnden Lösung in Berührung gebracht wird. Die Bewegung des Harzes soll es ermöglichen, ohne Verstopfung der Harzteilchen Laugetrüben zu verarbeiten und somit die Klarfiltration zu sparen. Allerdings treten dabei andere technische Probleme auf, so daß dieses Verfahren nicht immer vorteilhaft ist.

Für die technische Anwendung dieser und aller anderen Ionenaustauschverfahren kann sich die Anwesenheit von sogenannten Ionenaustauschgiften in der Aufgabelösung hemmend auswirken. Es handelt sich dabei um Ionen wie, im Falle der Urangewinnung, Molybdate, Polythionate usw., die vom Anionenaustauscher ebenfalls sehr fest gebunden werden und mit dem jeweiligen Elutionsmittel nicht wieder abgelöst werden, so daß es zu einer zunehmenden Blockierung der Kapazität des Harzes kommen kann. Hier kann durch Sonderbehandlungen oft Abhilfe geschaffen werden.

Unsere eigenen Arbeiten auf dem Gebiete der Uranabtrennung aus Lösungen mit geringen Gehalten beschränkten sich auf die labormäßige Prüfung der Eignung der in der DDR hergestellten Anionenaustauschharze Wofatit L 150, eines Polyalkylenimin-Kondensationsharzes, und Wofatit SB bzw. SBW, eines Polymerisationsharzes mit quaternären Ammoniumgruppen, für die Aufnahme von Uran aus verdünnt schwefelsaurer Lösung. Dabei wurde gleichzeitig das Verhalten einer Vielzahl anderer Metallionen in Abhängigkeit von der H_2SO_4-Konzentration untersucht. Es zeigte sich, daß die angeführten Harze Uranylsulfatkomplexe in verdünnt schwefelsaurem Milieu bevorzugt aus den Lösungen aufnehmen und damit prinzipiell zum Uran-Ionenaustausch geeignet sind. Eine technische Erprobung führten wir nicht durch, jedoch dürften die Polymerisationsharze trotz ihrer nur ca. halb so großen Beladungskapazität dem Kondensationsharz wegen der höheren mechanischen und chemischen Beständigkeit überlegen sein. Die anderen untersuchten Metalle zeigten dagegen in Übereinstimmung mit Literaturangaben für andere Harze keine oder in Abhängigkeit von der H_2SO_4-Konzentration geringfügige Sulfatokomplexbildung und demzufolge nur schwache Adsorption am Austauscher.

Eine interessante Möglichkeit der technischen Anwendung eines Austauschprozesses ergab sich in Verbindung mit Untersuchungen zur Gewinnung von Germanium aus schwefelsauren Lösungen sehr niedrigen Ge-Gehalts, aber sehr hohen Fremdelektrolytanteils [7, 8]. Bekanntlich wird in der DDR Germanium aus Flugstäuben der Bleischachtofenarbeit des VEB Mansfeld-Kombinat Wilhelm Pieck über einen schwefelsauren Laugeprozeß mit nachfolgender Tanninfällung gewonnen. Da einerseits diese zur Zeit noch durchgeführte Arbeitsweise aufwendig und technisch unbefriedigend ist und andererseits in Verbindung mit einer für später vorgesehenen Umstellung der Technologie in der Bleihütte mit einem starken Absinken der Ge-Gehalte in den dann anfallenden Lösungen gerechnet werden muß, wurde ein Verfahren ausgearbeitet, das die Adsorption des in den Lösungen enthaltenen Ge an einem vorbeladenen Kunstharzaustauscher gestattet. Tabelle 1

Tabelle 1. Zusammensetzung der Ge-haltigen Laugungslösungen

	Lauge 1	Lauge 2
Ge	150–220 mg/l	15–22 mg/l
Zn	15–60 g/l	130–180 g/l
Cd	2–4 g/l	0,4–0,6 g/l
Fe	0,3–1,0 g/l	0,3–2 g/l
As	1–4 g/l	0,25–0,65 g/l
Cl'	20–30 g/l	3–5 g/l
F'	4–10 g/l	2–4 g/l
fr. H_2SO_4	4–10 g/l	8–14 g/l
Dichte	1,15	1,35

zeigt die Zusammensetzung der für die Verarbeitung vorgesehenen Laugungslösungen, wobei Lauge 1 der zur Zeit vorliegenden, Lauge 2 der nach Umstellung der Technologie zu erwartenden Lösung entspricht. Man erkennt die komplexe Natur dieser Laugungslösungen und den hohen Anteil an Fremdelektrolyt.

Bei der Verfahrensentwicklung mußte von der Tatsache ausgegangen werden, daß Germanium in diesen Lösungen kolloid- bzw. molekulardispers vorliegt und ein Kationen- oder Anionenaustausch wenig erfolgversprechend war. Deshalb wurde die Tatsache ausgenutzt, daß Germanium einerseits mit Tannin, einem unterschiedlich zusammengesetzten Glucosid der m-Digallussäure, stabile Komplexe bildet, andererseits dieses Tannin sehr fest an Wofatit E, einem Kunstharzaustauscher mit Allgemeinadsorptionseigenschaften, gebunden wird. Es handelt sich bei diesem Wofatit E also nicht um einen Ionenaustauscher im eigentlichen Sinne, sondern um ein sehr quellfähiges und großporiges Kondensationsharz mit schwach positivem Ladungssinn, das gut zur Adsorption negativ geladener Kolloidteilchen geeignet ist und vor allem zur Wasserenteisenung und zur Entfärbung von Zuckerlösungen verwendet wird. Behandelt man diesen Austauscher mit einer beispielsweise 3–5%igen wäßrigen Tanninlösung, so wird das Tannin sehr fest adsorbiert. Bei einer anschließenden Aufgabe von Ge-haltigen Lösungen erfolgt unter Komplexbildung zwischen Tannin und GeO_2 die nahezu quantitative Abtrennung des Germaniums, selbst bei sehr kleinen Ge-Gehalten. Grundlagenuntersuchungen ergaben, daß wahrscheinlich für die Komplexbildung zwischen Tannin und GeO_2 zwei Grenzzustände mit den Zusammensetzungen 2 GeO_2 · Tannin und GeO_2 · 2 Tannin existieren, wobei beim praktischen Betrieb Zwischenzustände erreicht werden können. Die Kapazität des tanninbeladenen Harzes für Ge hängt in gewissen Grenzen von der Ge-Konzentration in der Aufgabelösung ab und beträgt bei Lauge 1 ca. 1 kg/m³ feuchtes, gequollenes Harz. Nach einer Wasserwäsche zur Entfernung der Laugeanteile kann das Germanium mit 9—10 n HCl quantitativ eluiert werden. Dabei wird es in $GeCl_4$ überführt und kann im Anschluß daran aus der HCl destillativ abgetrennt und als GeO_2 von ca. 95% Reinheit gewonnen werden. Die Elution führt selbst unter den stark sauren Arbeitsbedingungen nur zu ca. 3—4% Tanninverlust pro Beladung, so daß erst nach 6—8 Beladungen ein merkliches Absinken der Kapazität des Harzes und ein Ersatz der aufgetretenen Tanninverluste notwendig ist.

Die Abtrennung ist weitestgehend selektiv, die hohen Fremdelektrolytgehalte — vor allem das Fluorid — beeinflussen zwar etwas die Kapazität des Harzes, wirken

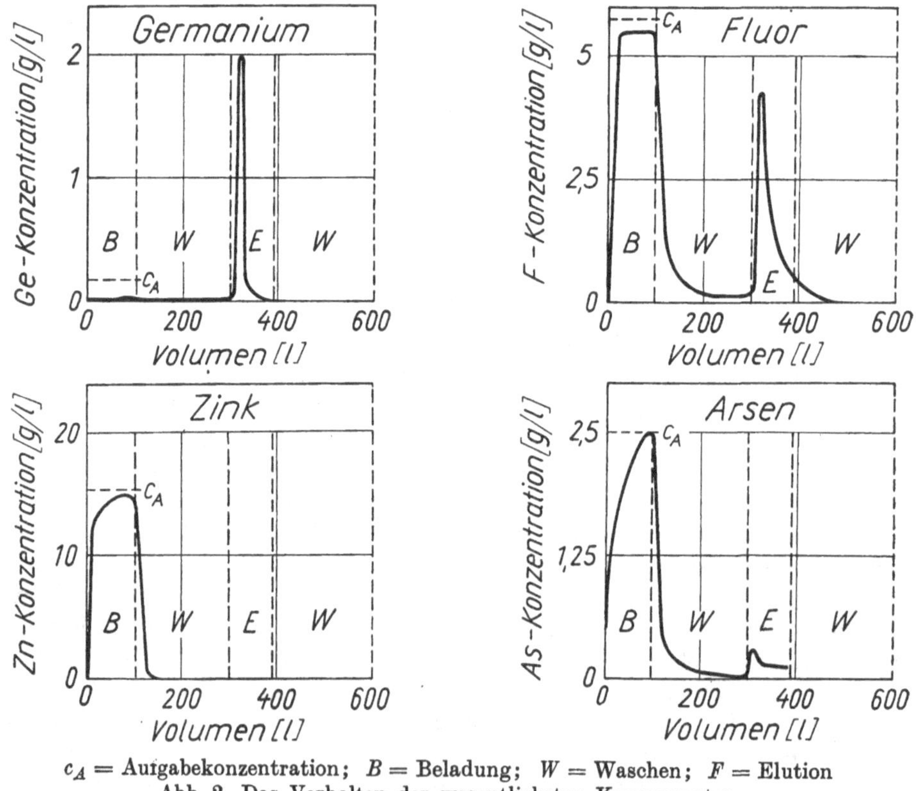

c_A = Aufgabekonzentration; B = Beladung; W = Waschen; F = Elution

Abb. 2. Das Verhalten der wesentlichsten Komponenten der Ge-haltigen Lauge 1 beim Austauschprozeß sich aber nicht wesentlich auf den Trenneffekt aus. Abb. 2 zeigt graphisch das Verhalten der wesentlichsten Komponenten bei Lauge 1. Nur etwas Fluorid und geringe Mengen As gelangen in das mit E bezeichnete Eluat, das aber 96–98% des Ge enthält. Nach der Elution des Ge schließt sich eine Wasserwäsche zur HCl-Entfernung an, dann steht das Filter für die nächste Beladung zur Verfügung. Tabelle 2 gibt einen Überblick über die durch Technikumsversuche mit größeren

Tabelle 2. Spezifische Filterdaten für die Ge-Abtrennung am Wofatit E für eine Harzbetthöhe von 1 m)

	Volumen (m^3)		spez. Fließgeschw. ($m^3/m^2 \cdot h$)		spez. Belastung ($m^3/m^3 \cdot h$)	
	L. 1	L. 2	L. 1	L. 2	L. 1	L. 2
Tanninbeladung (3%ige Lösung)	1,5	1,5	1,0	1,0	1,0	1,0
Spülung nach der Tanninbeladung	40	40	10	10	10	10
Beladung	4	35	1,5	2	1,5	2
Waschen 1	8	10	12	10	10	10
Elution	2,8	3,5	1	1	1	1
Waschen 2	5	5	10	10	10	10

L. 1 = Lauge 1; L. 2 = Lauge 2 (siehe Tabelle 1)

Tabelle 3. Bilanz einer Beladungsperiode mit der Ge-haltigen Lauge 1

	Ge	As	Zn	F
Aufgegebene Menge	16 g	263 g	1465 g	487 g
davon in Raffinat	1%	82 %	89 %	84%
Waschlösung 1	3%	16 %	10,8%	8%
Eluat	95%	0,7%	0,1%	5%
Waschlösung 2	1%	1,3%	0,1%	3%

Laugemengen ermittelten spezifischen Filterdaten für Lauge 1 und 2 und zeigt gleichzeitig die einzelnen Stufen eines Arbeitszyklus, wobei Tannin-Ersatzbeladungen aller 6–8 Zyklen notwendig sind. Tabelle 3 stellt die Bilanz einer Beladungsperiode dar. Man erkennt den guten Trenneffekt.

Auf der Basis dieser Ergebnisse wurde im VEB Nickelhütte Aue eine technische Anlage aufgebaut, bei der Ende 1962 mit Probeversuchen an der Ionenaustauscheranlage begonnen werden konnte. Sie besteht im wesentlichen — abgesehen von den erforderlichen Behältern und Pumpen — aus 6 Ionenaustauschersäulen mit je 600 l Harzinhalt und 2 Spezialdestillationskolonnen in technischer Glasausführung. Die bisherigen Ergebnisse des Probebetriebs der Austauscherkolonnen bestätigten vollkommen die Ergebnisse der Verfahrensentwicklung; teilweise wurden auf Grund der bei größeren Filtern günstigeren Bedingungen bessere Resultate erzielt. So zeigt beispielsweise Abb. 3 ein wesentlich höheres Ansteigen der Ge-Konzentration im Eluat als es bei Kleinversuchen in 20 l Filtern erreicht wurde. Abb. 4 vermittelt einen Blick auf die Filteranlage mit Bedienungsventilen.

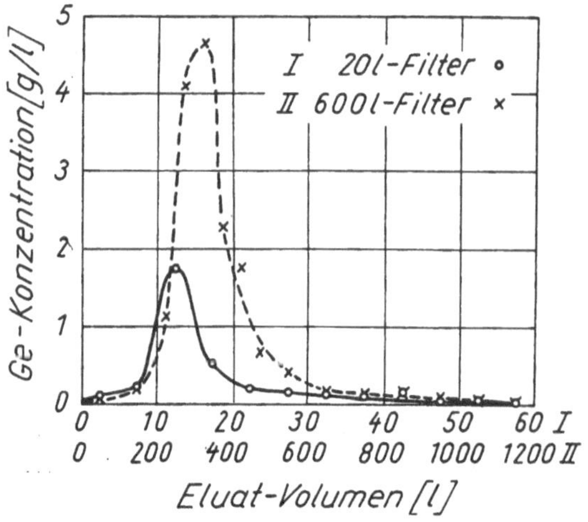

Ge-Bilanz für ein 600 l-Filter

Aufgabemenge: 900 g = 100%
davon in

Raffinat:	2,1%
Waschlösung I:	0,3%
Eluat:	96,4%
Waschlösung II:	1,2%

Abb. 3. Die Ge-Konzentration im salzsauren Eluat in Abhängigkeit von Eluat-Volumen und Filtergröße — Bilanz einer Beladung und Elution für ein 600-l-Wofatit-E-Filter

Abb. 4. Blick auf 4 technische Wofatit-E-Filter zur Germaniumabtrennung

Ein weiteres Beispiel für Möglichkeiten der Anwendung von Ionenaustauschern zur Spurenmetall-Gewinnung soll anhand von Versuchen zur technischen Indium-Gewinnung aus salzsauren bzw. salzsauer-schwefelsauren Lösungen gebracht werden. Bekanntlich enthalten die Zinkkonzentrate des Freiberger Raums nennenswerte Indiumgehalte, deren Nutzung vorgesehen ist. In Verbindung mit Arbeiten des Forschungsinstituts zur Technologie für die Gewinnung dieses In-Inhalts aus einem In-angereicherten Flugstaub wurde geprüft, ob der vorgesehene mehrstufige Laugungs- und Fällprozeß durch Anwendung eines Ionenaustauschverfahrens vereinfacht oder hinsichtlich Reinheit des Endprodukts verbessert werden kann. Diese Untersuchungen, deren Einzelergebnisse an anderer Stelle publiziert sind [9], führten zu einem interessanten Verfahrensvorschlag eines 2stufigen Ionenaustauschprozesses. Die Auslaugung des In aus dem Flugstaub sollte nach schwefelsaurer Vorlaugung mit HCl erfolgen. In salzsauren Lösungen liegen aber in Abhängigkeit von der HCl-Konzentration viele Metalle als anionische Chlorokomplexe vor, die — wie vor allem analytisch-chemische Untersuchungen vieler Autoren bewiesen haben — einer Trennung am Anionenaustauscher zugängig sind. Indium bildet beispielsweise vorrangig den Chlorokomplex $[InCl_6]^{3-}$. Allerdings ist eine genügende Selektivität der Abtrennung häufig im einstufigen Austauschprozeß entweder gar nicht oder nur unter hinsichtlich HCl-Konzentration und sonstiger Arbeitsweise sehr genau einzuhaltenden Bedingungen möglich, was technisch meist undurchführbar ist. Grundlagenuntersuchungen mit den beiden oben erwähnten Anionenaustauschern Wofatit L 150 und Wofatit SBW, die bei Wofatit L 150 teilweise auf Literaturangaben aufbauen konnten, ergaben, daß sich speziell im Falle des Indiums beide Austauscher sehr unterschiedlich verhalten. Während am Wofatit L 150 Indium mit steigender HCl-Konzentration stärker und ab ca. 5 n HCl sehr fest als Chlorokomplex gebunden wird, beobachtet man am Wofatit SBW im genannten HCl-Konzentrationsgebiet praktisch keine Adsorption am Austauscher. Abb. 5 zeigt die ermittelten Elutionskonstanten für In und eine Reihe weiterer Metalle an diesem Harz in Abhängigkeit von der HCl-Konzentra-

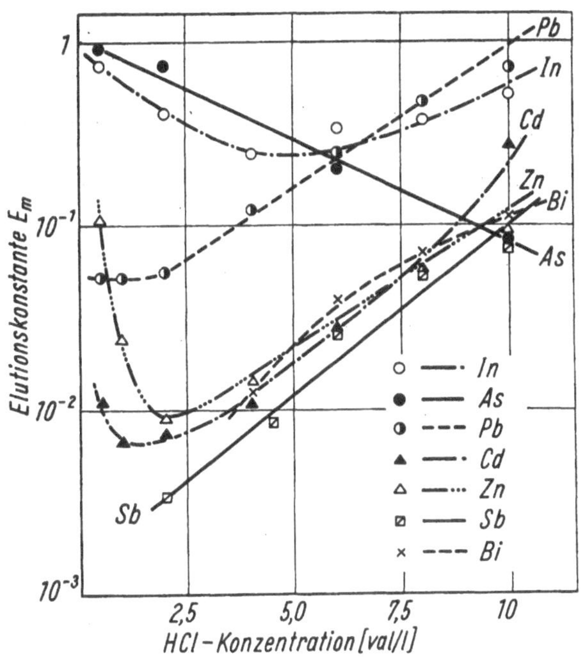

Abb. 5. Elutionskonstanten für Indium in salzsaurer Lösung am Wofatit SBW

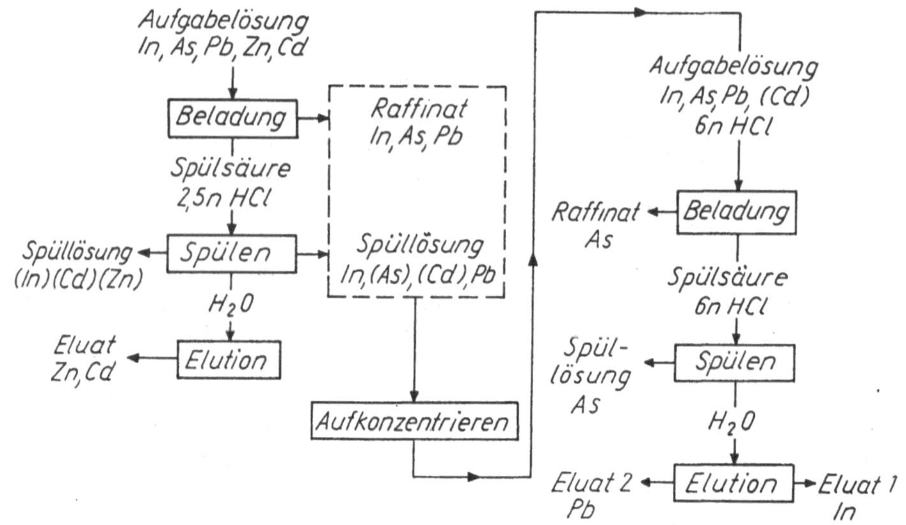

Trennstufe 1 (Wofatit SBW) Trennstufe 2 (Wofatit L 150)

Abb. 6. Verfahrensschema für die Indium-Abtrennung aus salzsaurer Lösung an Wofatit SBW und Wofatit L 150

tion. Die Elutionskonstante E_m ist dabei ein Maß für die Bindungsfestigkeit. Sie ist um so kleiner, je fester der jeweilige Chlorokomplex adsorbiert wird. Man erkennt den großen Unterschied zwischen In und den meisten anderen Metallen. Die Gründe für dieses unterschiedliche Verhalten der beiden Austauscher sind nicht vollständig klar. Eventuell kann die unterschiedliche Porenstruktur und -größe beider Harze in Verbindung mit den Komplexbildungseigenschaften des In eine Erklärung bilden. Läßt man die ca. 2—3 n salzsaure In-haltige, technische Ausgangslösung, die außerdem einen sehr hohen Fremdelektrolytgehalt an Zn, Pb, Cd, As usw. aufweist, über eine Austauschersäule mit Wofatit SBW laufen, so werden wesentliche Mengen der Fremdkomponenten am Austauscher gebunden, während In, As, Pb und geringere Anteile der anderen Metalle durchlaufen. Die nachfolgende Aufgabe dieses Raffinats nach einer Aufkonzentrierung auf eine Austauschersäule mit Wofatit L 150 führt bei einer HCl-Konzentration von 6 n zur Bindung des gesamten Indiums sowie anderer Metallchlorokomplexe, während Arsen durchläuft. Eine Elution der beladenen Säule mit H_2O kann auf Grund der unterschiedlichen Bindungsfestigkeit der Chlorokomplexe im wesentlichen in 2 Fraktionen erfolgen, wodurch noch eine Abtrennung des zum großen Teil schwerer eluierbaren und deshalb in der zweiten Eluatfraktion auslaufenden Bleis möglich wird.

Abb. 6 veranschaulicht diesen Prozeß an einem vereinfachten Verfahrensschema. Man gelangt auf diese Weise zu einer relativ reinen In-Lösung, die zur Weiterverarbeitung gehen kann. Vor allem gelingt hierbei in einfacher Weise eine sehr gute Abtrennung des in den Freiberger Produkten in hohem Maße enthaltenen Arsens. Tabelle 4 zeigt die Bilanz einer derartigen 2stufigen Abtrennung. Es läßt sich erkennen, daß eine relativ gute Laugenreinigung unter Umgehung der

Tabelle 4. Bilanz einer zweistufigen Indiumabtrennung aus salzsaurer Lösung am Wofatit SBW und Wofatit L150

Metall	In	As	Cd	Pb	Sn	Zn
Konzentration der Aufgabelösung (g/l)	9,93	12,35	1,78	2,36	7,01	19,15
Aufgabemenge (g)	19,86	24,70	3,56	4,72	14,02	38,30
davon in						
In-Fraktion nach SBW-Trennstufe (g)	18,65	24,20	1,53	4,48	1,40	4,59
In-Fraktion nach L150-Trennstufe (g)	17,80	0,60	0,15	0,11	0,84	4,27
Konzentration der Abgabelösung (g/l)	4,45	0,015	0,037	0,027	0,21	1,07
Abgetrennte Metallmengen (%)	90,00	0,24	4,20	2,30	6,00	11,10

Fäll- und Filtrationsprozesse möglich ist. Die Darstellung dieser Ergebnisse konnte hier nur in sehr gedrängter Form unter Beschränkung auf das Wesentliche erfolgen. Die Bearbeitung war bisher lediglich im vergrößerten Labormaßstab bei Verwendung von 2 l-Ionenaustauschersäulen möglich. Es ist selbstverständlich, daß bis zur technischen Reife dieses Verfahrens noch weitere Untersuchungen notwendig sind. Vor allem muß dabei das Verhalten von Sn, Bi und Sb genauer untersucht werden. Diese Metalle werden am Wofatit SBW recht fest gebunden, so daß ihre Elution Schwierigkeiten bereitet. Im Rahmen der Betrachtungen zur Anwendung von Ionenaustauschern für die Spurenmetallgewinnung dürfte jedoch eine derartige Arbeitsweise durchaus von Interesse sein.

Die Möglichkeiten zur Anwendung der Austauscher für die Gewinnung von Spurenmetallen und seltenen Metallen lassen sich noch viel weiter ausdehnen. Hier soll nur noch ganz kurz auf einige Ergebnisse von Versuchen zur Rheniumabtrennung und Reinigung eingegangen werden. So zeigten beispielsweise Laboruntersuchungen, daß eine Molybdän-Rheniumtrennung in Übereinstimmung mit Literaturangaben über Arbeiten mit ausländischen Harzen auch am Wofatit SBW möglich ist, wenn man zunächst beide Metalle als ReO_4^-- bzw. MoO_4^{--}-Ion am Austauscher bindet und dann das Molybdation mit ca. 2 n NaOH eluiert. Rhenium bleibt dabei am Austauscher und kann anschließend mit $HClO_4$ oder HNO_3 abgelöst werden. Da Rhenium und Molybdän meist zusammen auftreten, kann dieser Prozeß von Interesse sein. Weiterhin wurde die Möglichkeit einer technischen Rheniumabtrennung aus den rheniumhaltigen Heißwasser-Lösungen der Bleihütte Hettstedt untersucht. Zwar zeigten zunächst Modelluntersuchungen am Wofatit SBW in Abhängigkeit vom H_2SO_4-Gehalt selbst bei relativ hohen SO_4^{2-}-Konzentrationen von 2 bis 3 n noch günstige Resultate, doch mußte bei Übertragung der Versuche auf technische Lösungen festgestellt werden, daß der hohe Fremdanionengehalt — vor allem auch der Cl^--Anteil — die für ReO_4^--Abtrennung nutzbare Kapazität des Austauschers sehr weit absinken läßt. Es wurden deshalb für die weitere Verfahrensentwicklung Methoden der Flüssig-Flüssig-Extraktion bevorzugt [12].

Ähnlich wie beim Ionenaustausch wurde auch die naßmetallurgische Anwendung der Flüssig-Flüssig-Extraktion stark durch die Technologie der Uranextraktion beeinflußt. Allerdings zählt in der organischen Chemie die Gegenstromextraktion bereits seit längerer Zeit zu einer eingebürgerten Verfahrenspraxis, so daß die technisch-apparative Entwicklung in der Naßmetallurgie sich an diese Vorbilder anlehnen konnte. Es erscheint notwendig, praktischen Beispielen zur Anwendung der Extraktionsverfahren für die Spurenmetallgewinnung einige Betrachtungen zur Verfahrenstechnik voranzustellen.

Die naßmetallurgische Flüssig-Flüssig-Extraktion bedient sich im wesentlichen dreier verschiedener Apparatetypen für die Durchführung der Prozesse:

a) Mischer-Scheider-Zellen unterschiedlichster Konstruktion, bei denen die beiden Phasen in einem Teil der Anordnung – dem Mischer – intensiv gemischt werden und sich auf Grund ihrer Dichte im anderen Teil – dem Scheider – wieder trennen, um den jeweils nachfolgenden Zellen zugeführt zu werden.

b) Extraktionskolonnen mit unterschiedlichem Aufbau, bei denen beide Phasen im Gegenstrom durchlaufen und wobei die gegenläufige Bewegung der Phasen in der Kolonne durch ihre Dichteunterschiede hervorgerufen wird. Die zum guten Kontakt beider Phasen notwendige Zerteilung zumindest einer Phase in kleine Tröpfchen erreicht man dabei durch Füllkörper und spezielle Inneneinbauten, zum Teil in Verbindung mit einer Rührung oder Pulsation.

c) Zentrifugen, bei denen die intensive Mischung und die nachfolgende Phasentrennung durch die Rotation und die Zentrifugalkräfte erreicht werden.

Welchem Typ für das jeweilige Problem der Vorzug gegeben wird, ist eine von Fall zu Fall zu entscheidende Frage. Dabei spielen technische und ökonomische Faktoren eine wesentliche Rolle. Außerdem hängt es vom Extraktionssystem, seiner Neigung zur Emulsionsbildung, seinen Dichteunterschieden, seinem Verteilungsverhalten usw. ab. Es würde zu weit führen, diesen Fragenkomplex hier im einzelnen zu behandeln. Im folgenden Teil sollen deshalb – wiederum in Anlehnung an im Forschungsinstitut durchgeführte Untersuchungen – lediglich über Extraktionskolonnen einige Ausführungen gemacht werden.

Abb. 7 zeigt in einer schematischen Zeichnung 3 verschiedene Kolonnentypen. Es wird jeweils die leichte, meist organische Phase am Fuß, die schwere, meist wäßrige Phase am Kopf aufgegeben. Die Einspeisung beider Phasen erfolgt zweckmäßigerweise mit Dosierpumpen. Auf diese Weise wird es möglich, ein bestimmtes Phasenverhältnis organische Phase:wäßrige Phase gut einzustellen. Die Leistung einer Extraktionskolonne hängt einerseits vom möglichen Durchsatz, andererseits von der sogenannten theoretischen Stufenhöhe ab bzw. von der pro laufendem Meter Kolonnenhöhe sich nach dem Verteilungsgesetz ergebenden Zahl der theoretischen Gleichgewichtseinstellungen. Je größer diese Zahl der Gleichgewichtseinstellungen pro m bzw. je kleiner die für eine Gleichgewichtseinstellung notwendige Kolonnenhöhe ist, umso kürzer kann die Kolonne zur Lösung eines bestimmten Extraktionsproblems sein. Man denkt sich dementsprechend den Extraktionsvorgang über die Kolonnenlänge in eine aufeinanderfolgende Reihe

Füllkörperkolonne Kolonne mit rot. Einbauten Pulsationskolonne

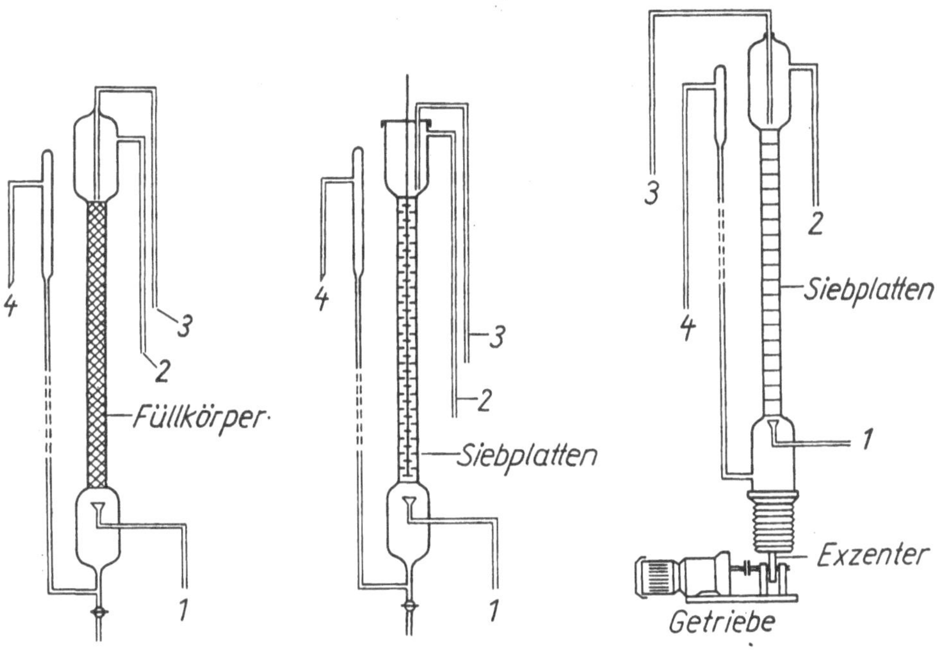

Abb. 7. Schematische Darstellung verschiedener Extraktionskolonnen
1 Einlauf der leichten Phase *3* Einlauf der schweren Phase
2 Auslauf der leichten Phase *4* Auslauf der schweren Phase

von Gleichgewichtseinstellungen zerlegt. Durch verschiedenartige Inneneinbauten oder durch eine mit Rührung oder Pulsation des Kolonneninhalts erzwungene Verteilung beider Phasen kann man diese Wirksamkeit beeinflussen.

Im Rahmen umfangreicher Untersuchungen zur Uranextraktion, die mit dem Ziel der Herstellung reaktorreiner Uranverbindungen durchgeführt wurden, über deren Ergebnisse hier aber nicht im einzelnen berichtet werden soll, sind im Forschungsinstitut vergleichende Untersuchungen über die Wirksamkeit der 3 im Bild gezeigten Kolonnentypen durchgeführt worden. Abb. 8 zeigt die Abhängigkeit der theoretischen Stufenzahl pro m Kolonnenhöhe von der Umdrehungszahl des Rührers beim Kolonnentyp mit innerer Rührung, untersucht an der Verteilung zwischen Uran und Tributylphosphat (TBP). Man erkennt deutlich eine bei ca. 700 Upm liegende Optimalarbeitsweise der Kolonne. In Abb. 9 sind die Ergebnisse von Versuchen mit dem gleichen System zur Abhängigkeit der theoretischen Stufenzahl pro m Kolonnenhöhe vom Durchsatz der Kolonne bei verschiedenen Kolonnentypen zusammengestellt. Hier zeigt sich die Überlegenheit der Pulsationskolonne gegenüber den anderen Kolonnentypen. Am ungünstigsten arbeitet eine einfache Füllkörperkolonne, weshalb sie trotz ihrer einfachen Bauweise auch immer weniger Anwendung findet. Die Abbildungen 10, 11 und 12 zeigen einige

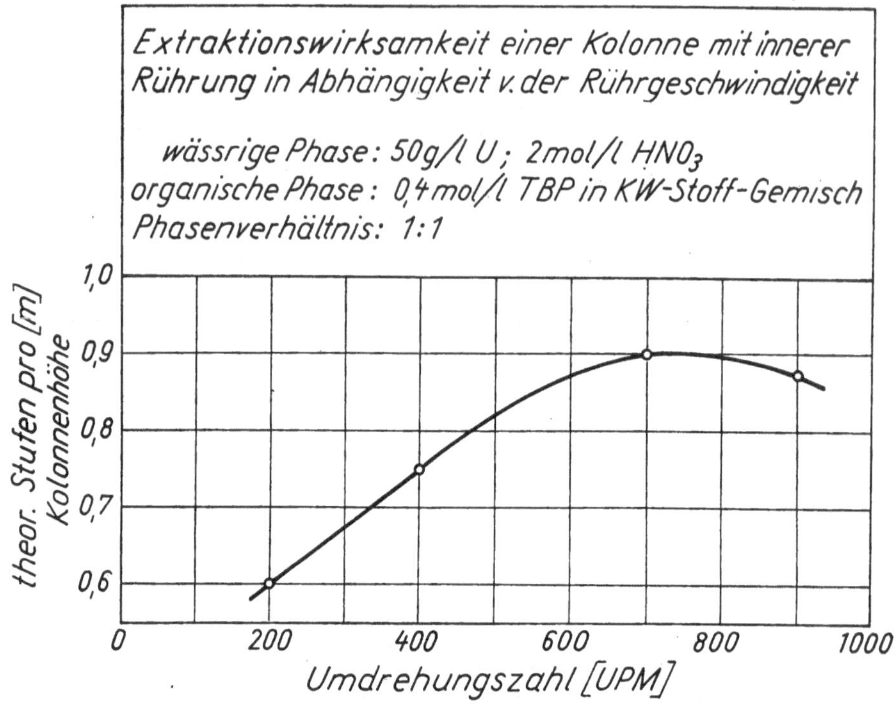

Abb. 8. Abhängigkeit der Extraktionswirkung einer Kolonne mit innerer Rührung von der Umdrehungszahl des Rührers

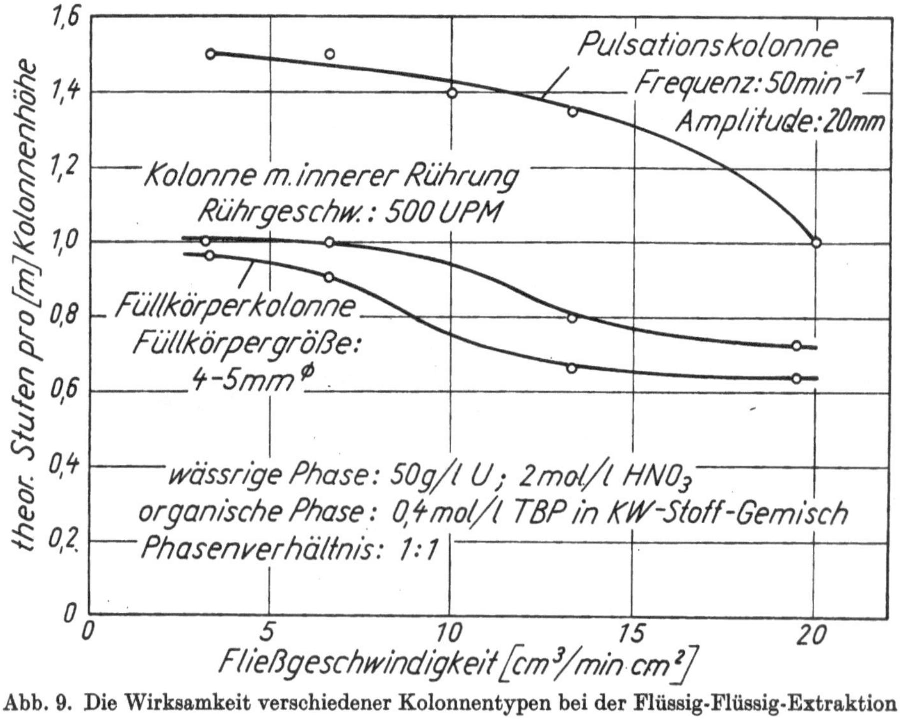

Abb. 9. Die Wirksamkeit verschiedener Kolonnentypen bei der Flüssig-Flüssig-Extraktion

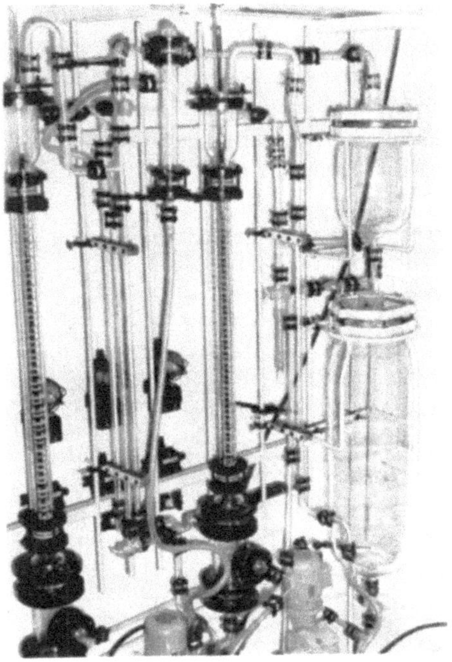

Abb. 10. Extraktionskolonne mit innerer Rührung in technischer Glasausführung

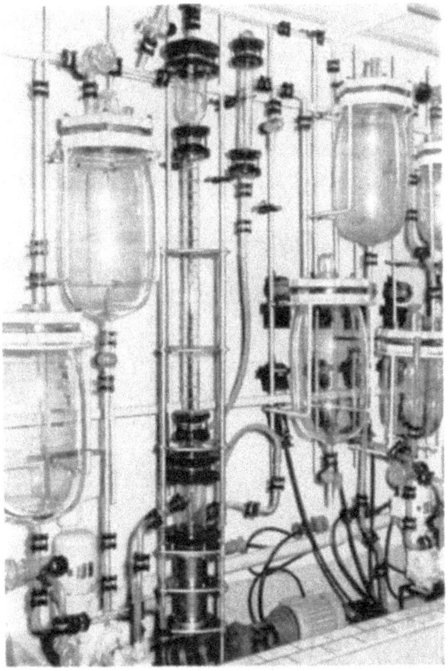

Abb. 11. Pulsationskolonnen in technischer Glasausführung

Abb. 12. Blick auf eine mehrstufige Extraktionsanlage (Kolonne mit innerer Rührung)

Ausschnitte aus dem Technikum für Extraktionsuntersuchungen im Institut. Von großer Bedeutung für die Wirksamkeit eines Extraktionsprozesses ist — abgesehen von den eben behandelten Fragen des Extraktors — selbstverständlich die Wirksamkeit des Extraktionsmittels. Zur Verdeutlichung des bereits erwähnten Einflusses der Polarität der P=O-Bindung in neutralen Organophosphorverbindungen auf die Verteilungsfaktoren der Extraktion sind in Abb. 13 die

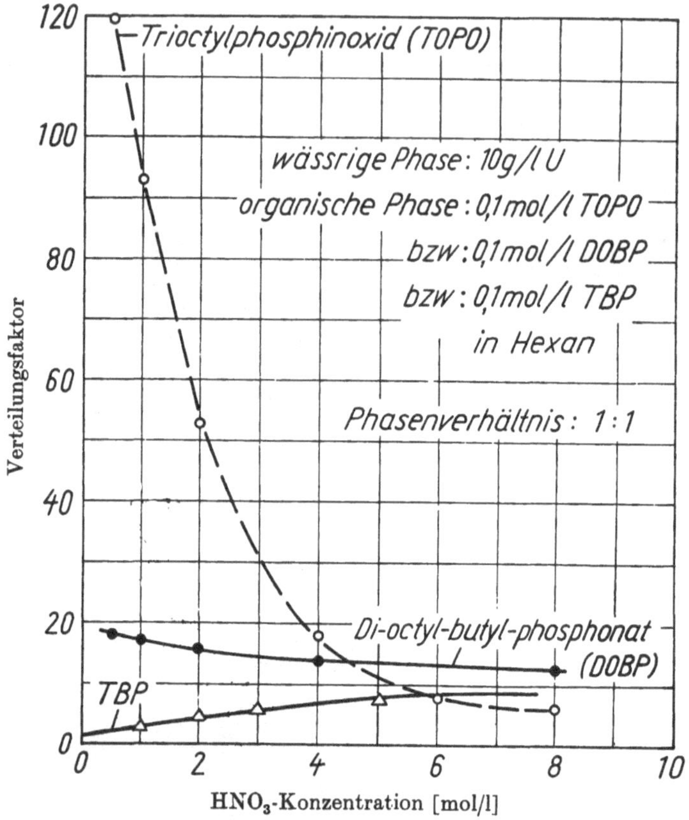

Abb. 13. Verteilungsfaktoren für die Uranylnitrat-Extraktion in Abhängigkeit von der HNO_3-Konzentration bei Verwendung verschiedener phosphororganischer Verbindungen als Extraktionsmittel

Ergebnisse unserer Untersuchungen mit verschiedenen Verbindungen dieses Typs bei der Uranextraktion zusammengestellt. Man erkennt deutlich die mit der zunehmenden Polarität der Bindung parallelgehende stärkere Extraktionswirkung der Verbindungen. Die bei höheren HNO_3-Konzentrationen auftretende Überschneidung der Kurven ist auf den wachsenden Einfluß einer Mitextraktion von HNO_3 zurückzuführen.

Abgesehen von der technisch sehr bedeutungsvollen Anwendung der Flüssig-Flüssig-Extraktion für die soeben kurz behandelte Uranreinigung gibt es noch eine Vielzahl von Anwendungsbeispielen aus der Metallurgie der seltenen Metalle und Spurenmetalle.

In Verbindung mit Untersuchungen zur Technologie der Niob- und Tantal-Herstellung werden Untersuchungen zur Trennung beider chemisch sehr eng miteinander verwandter Elemente durchgeführt [10]. Aus der Literatur ist bekannt, daß unter anderem verschiedene Ketone — z. B. Methylisobutylketon — als wirksame Extraktionsmittel zur Trennung geeignet sind und technische Anwendung finden. Unsere Untersuchungen bauen auf dem in der DDR technisch hergestellten Isobutyron, dem Diisopropylketon, auf. Die schlechte Löslichkeit tantal- und niobhaltiger Verbindungen in wäßrigen Medien und ihre große Neigung zur Hydrolyse und Ausfällung zwingt dabei zum Arbeiten im stark sauren Milieu, wobei die Pentoxide beider Metalle zu den ensprechenden Doppelfluoriden TaF_6^-, TaF_7^{--} bzw. NbF_6^-, NbF_7^{--} oder dem komplexen Oxifluorid $NbOF_5^{--}$ gelöst werden. Dabei tritt die Bildung des Nioboxifluorids bei niedrigeren HF-Konzentrationen ein, während bei höherem Anteil an freier Flußsäure eine Bildung des entsprechenden Fluoniobates erfolgt. Bei Tantal wird auf Grund der geringeren Hydrolyseneigung die Oxifluoridbildung nicht beobachtet. Auf dieser Tatsache beruht die Möglichkeit der Trennung beider Metalle durch Flüssig-Flüssig-Extraktion. Im organischen Lösungsmittel, hier dem Isobutyron, sind Tantal und Niob lediglich als entsprechende Hexa- bzw. Heptafluoniob- oder -fluotantalsäuren $HTaF_6$, H_2TaF_7 bzw. $HNbF_6$, H_2NbF_7 unter Oxoniumsalzbildung löslich. Die entsprechende Oxifluoniob-Verbindung wird von der organischen Phase nicht aufgenommen. Durch entsprechende Einstellung der Flußsäurekonzentration der wäßrigen Phase gelingt es zunächst, bei relativ niedrigem Gehalt an freier Flußsäure reines Tantal zu extrahieren, d. h. in die organische Phase zu überführen, während in der zweiten Stufe des Prozesses nach Erhöhung der Flußsäurekonzentration Niob aus der wäßrigen Phase und damit von den Verunreinigungen abgetrennt werden kann. Die Gesamtazidität der wäßrigen Phase muß dabei in beiden Stufen durch Zugabe einer anderen Mineralsäure entsprechend hoch gehalten werden.

In Abb. 14 sind die Verteilungsfaktoren für Nb und Ta in Abhängigkeit von der H_2F_2-Konzentration nach den vorliegenden Versuchsergebnissen zusammengestellt. Die HNO_3- bzw. H_2SO_4-Konzentration betrug in diesem Falle 4 n. Das System H_2F_2/H_2SO_4 wurde später gewählt, weil nicht bekannt war, in welchem Umfange HNO_3 bei hoher Gesamtazidität gegebenenfalls mit Isobutyron oxydativ reagiert. Es zeigte sich außerdem, daß H_2SO_4 als Mineralsäure die günstigsten Verteilungsfaktoren bei gleicher H_2F_2-Konzentration ergab. Man erkennt am Bild deutlich die oben erwähnte bevorzugte Ta-Extraktion bei niedrigeren H_2F_2-Konzentrationen im Vergleich zu Niob. Abb. 15 zeigt einerseits den Einfluß der H_2SO_4-Konzentration auf die Verteilungsfaktoren, andererseits den Einfluß des Ausgangsgehalts der wäßrigen Phase an Nb und Ta bezogen auf die zur Lösungsherstellung verwendete Pentoxidkonzentration auf den Verteilungsfaktor. In beiden Diagrammen wurde die H_2F_2-Konzentration gleich der für die technische Durchführung vorgesehenen gewählt. Der Extraktion in die organische Phase folgt zur Rückgewinnung der reinen Komponenten bei der Flüssig-Flüssig-Extrak-

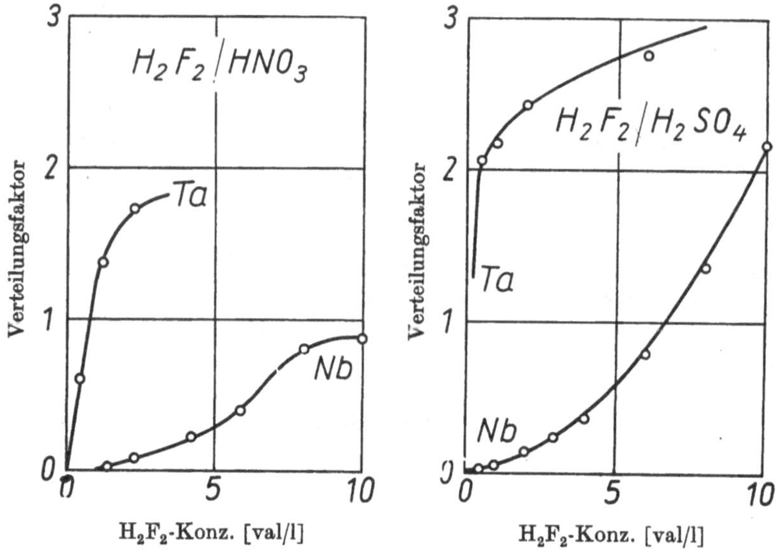

Abb. 14. Die Verteilungsfaktoren für Nb und Ta zwischen H_2F_2/Mineralsäure und Isobutyron in Abhängigkeit von der H_2F_2-Konzentration

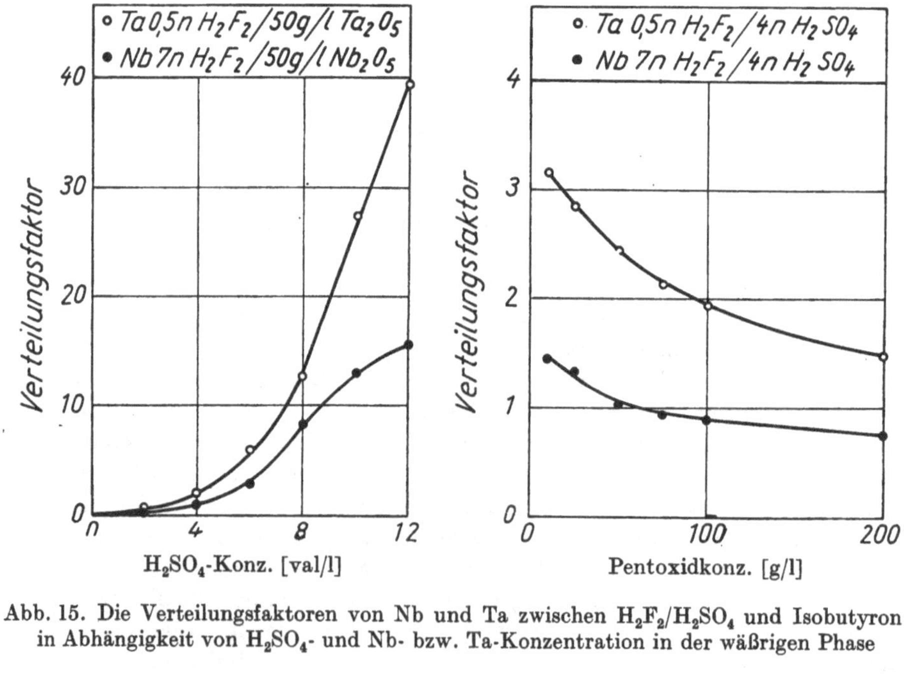

Abb. 15. Die Verteilungsfaktoren von Nb und Ta zwischen H_2F_2/H_2SO_4 und Isobutyron in Abhängigkeit von H_2SO_4- und Nb- bzw. Ta-Konzentration in der wäßrigen Phase

tion die Reextraktion. Diese Stufe entspricht der Elution beim Ionenaustausch. Im Falle des Tantals wird hier noch ein Waschprozeß zwischengeschaltet, mit dem im Oberteil der Tantal-Extraktionskolonne eine Reinigung der organischen Phase von mitextrahiertem Niob erfolgen soll. Die Reextraktion kann in einfacher Weise in einer Kolonne mit H_2O vorgenommen werden und führt zu getrennten reinen Pentoxiden Ta_2O_5 und Nb_2O_5. Abb. 16 zeigt den Verfahrensstammbaum, wie er

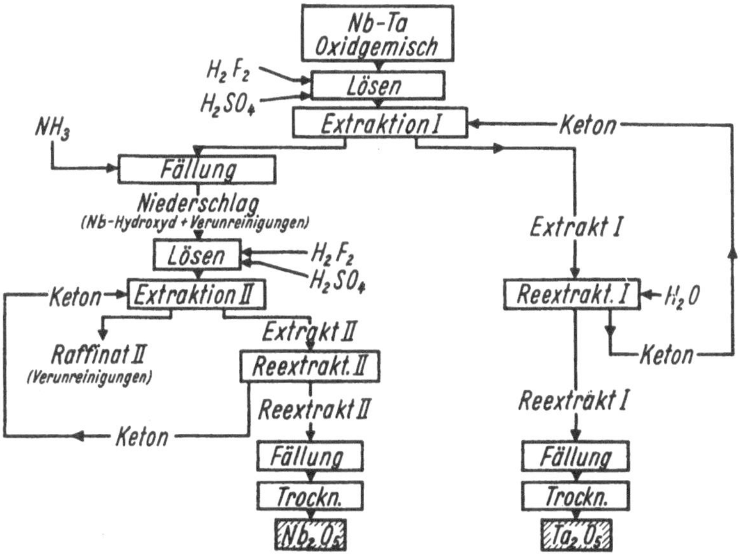

Abb. 16. Verfahrensstammbaum für die Nb-Ta-Trennung mit Isobutyron

für die Technikumsausführung vorgesehen ist. In Abb. 17 sind die Arbeitsbedingungen entsprechend dem derzeitigen Stand der Entwicklungsarbeiten zusammengestellt. Die technische Ausführung einer derartigen Anlage bringt auf Grund der stark korrosiven Eigenschaften der wäßrigen Phase und des hohen Lösungsvermögens der organischen Phase erhebliche Werkstoffprobleme mit sich. Am besten bewähren sich dabei Kunststoffe, wie z. B. Polyäthylen oder Teflon.

Eine weitere Möglichkeit zur technischen Anwendung der Flüssig-Flüssig-Extraktion zeichnet sich auf dem Gebiete der Rheniumgewinnung ab. Bekanntlich wird im VEB Mansfeld Kombinat Wilhelm Pieck Rhenium technisch aus Heißwasserlaugen von Wälzofenflugstäuben gewonnen. Der derzeitige Gewinnungsprozeß ist nicht befriedigend, weshalb nach Methoden zu seiner Verbesserung gesucht wird. Systematische Untersuchungen im Forschungsinstitut unter Anwendung radioaktiver Isotope zur Bestimmung von Verteilungsfaktoren verschiedener Extraktionsmittel haben ergeben, daß Tributylphosphat unter den hinsichtlich der Zusammensetzung der technischen Lösung gegebenen Bedingungen geeignet erscheint, wenn es in einer Konzentration von ca. 75 bis 85%, verdünnt mit 15

	Ta-Extraktion	Niob-Extraktion
wäßrige Phase:	0,7 n H_2F_2, 4 n H_2SO_4 bis zu 200 g Gesamtpentoxid	6—7 n H_2F_2, 8 n H_2SO_4 ca. 100 g Nb_2O_5
Waschlösung:	0,5 n H_2F_2. 4 n H_2SO_4	—
organische Phase:	Isobutyron	Isobutyron
Phasenverhältnis: (org.: wäßrig)	1,5:1 für Extraktion 4:1 für Waschung	1,5:1
erforderl. Stufenzahl:	8—10	8
	Ta-Reextraktion	**Niob-Reextraktion**
wäßrige Phase:	H_2O	H_2O
organische Phase:	Isobutyron (beladen)	Isobutyron (beladen)
Phasenverhältnis: (org.: wäßrig)	1:1,5	1:1,5
erforderl. Stufenzahl:	2—3	2—3

Abb. 17. Zusammenstellung der Arbeitsbedingungen bei der Nb-Ta-Trennung durch Extraktion mit Isobutyron

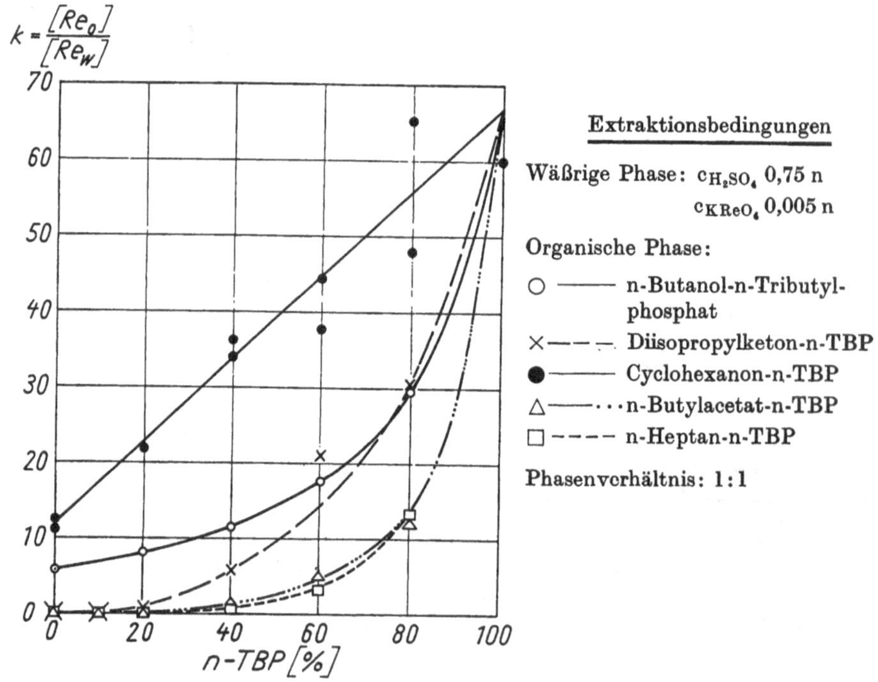

Abb. 18. Verteilungsfaktoren von Rhenium zwischen schwefelsauren Lösungen und verschiedenen n-TBP-Lösungsmittel-Gemischen in Abhängigkeit von der n-TBP-Konzentration

bis 25% eines neutralen Kohlenstoffs, angewandt wird. Die relativ hohe Viskosität und Dichte dieses Gemisches waren Veranlassung, eine Vielzahl von Mischungen aus TBP und anderen Verdünnungsmitteln bzw. Extraktionsmitteln zu untersuchen [11]. In Abb. 18 sind einige Beispiele für Verteilungsfaktoren derartiger Zweikomponentengemische zusammengestellt. Dabei zeigt sich, daß das obenerwähnte System, obwohl es nicht die besten Werte der Verteilungsfaktoren liefert, bisher doch zu den technisch günstigsten Resultaten führt, da in anderen Fällen – wie beispielsweise bei Cyclohexanon-TBP-Gemischen – die hohe Wasserlöslichkeit des Cyclohexanons stört oder die Gemische sehr stabile Emulsionen bilden, wodurch die Phasentrennung sehr erschwert wird. Deshalb wurde zunächst mit einem Gemisch aus 75% TBP und 25% neutralem Kohlenwasserstoff weitergearbeitet. Technikumsversuche mit Kolonnen mit innerer Rührung zeigten befriedigende Anfangsresultate. In Tabelle 5 sind die Verteilungsfaktoren der wesentlichsten Verunreinigungskomponenten zusammengestellt. Bis auf Molybdän liegen sie relativ niedrig, d. h., sie lassen eine gute Abtrennung des Rheniums erwarten. Für die Reextraktion kommt infolge der sowohl im sauren als auch im alkalischen Bereich erfolgenden Extraktion des Rheniums mit TBP praktisch nur H_2O bzw. eine schwach ammoniakalische Lösung in Frage. Rhenium wird von der organischen Phase offensichtlich als $HReO_4$ aufgenommen.

Aus Abb. 19 sind die Arbeitsbedingungen einer technischen Rheniumextraktion zu ersehen, wie sie aus den bisherigen Versuchsergebnissen abgeleitet werden können. Es handelt sich dabei um einen Verfahrensgang, dessen Technikumserprobung im Dauerbetrieb noch erfolgen muß. Die Wasch-Stufe vor der Reextraktion dient

Tabelle 5. Zusammenstellung verschiedener Verteilungsfaktoren für die Rheniumextraktion

Verteilungsfaktoren für die wichtigsten Komponenten der Re-haltigen Heißwasserlauge				
org. Phase:	75% n-TBP/25% n-Heptan			
wäßr. Phase:	$c_{H_2SO_4} = 0{,}75n$			
Phasenverhältnis:	1:1			
Verteilungsfaktor:	In	0,05	Tl	0,015
	Cd	0,04	Mo	0,438
	Fe	0,006		

Verteilungsfaktoren für die Rhenium-Reextraktion		
org. Phase:	75% n-TBP/25%-n-Heptan	
wäßr. Phase:	$c_{Re} = 0{,}005$ mol/l	
Verteilungsfaktor:	0,75n H_2SO_4	9,9
	0,1n H_2SO_4	1,4
	H_2O (neutral)	0,05
	0,1 n NH_3	0,11
	2,0 n NaOH	0,78
	6,0n NaOH	2,10

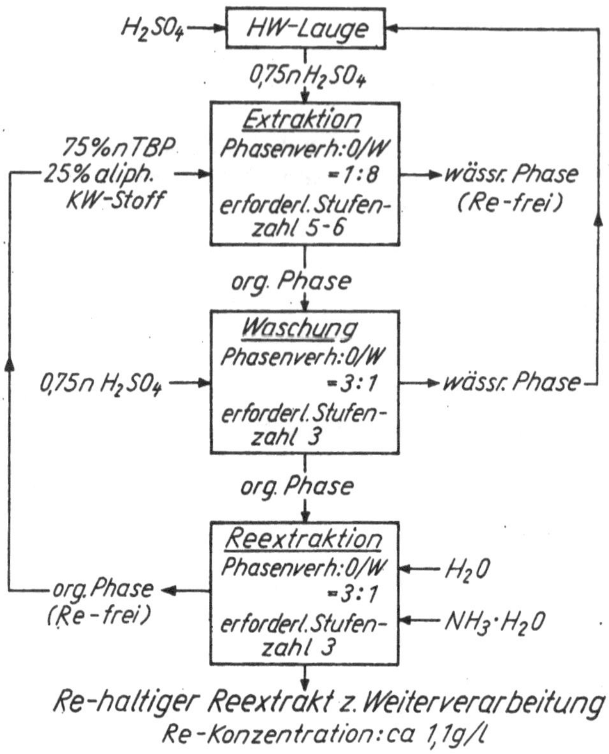

HW-Lauge: Re 0,05 g/l Zn 10,0 g/l Cd 1,0 g/l As 0,025 g/l Tl 0,1 g/l Cl 10,0 g/l F 0,2 g/l SO_4-S 5,0 g/l

Abb. 19. Arbeitsbedingungen für eine technische Rheniumextraktion aus schwach schwefelsauren, wäßrigen Lösungen (Heißwasserlauge)

dabei der Entfernung mitextrahierter Verunreinigungen. Der Prozeß gestattet nach den bisherigen Resultaten eine ca. 20fache Anreicherung des Rheniums im Reextrakt [12].

Zusammenfassende Betrachtungen

Es ist der Sinn dieser Abhandlung, ausgehend von allgemeinen Grundlagen anhand einiger praktischer Beispiele die Möglichkeiten der Anwendung von Ionenaustausch und Flüssig-Flüssig-Extraktion bei der Gewinnung und Reindarstellung von seltenen Metallen und Spurenmetallen aufzuzeigen. Dabei konnte selbstverständlich nur ein oberflächliches und nicht vollständiges Bild vermittelt werden. Die Anwendungsgebiete beider Methoden in der Naßmetallurgie überschneiden sich teilweise oder ergänzen sich. Beide Methoden stellen aber eine sehr nützliche und außerdem wissenschaftlich und technisch interessante Ergänzung der bisherigen naßmetallurgischen Verfahren dar. Bei ihrer Beurteilung muß weiterhin berücksichtigt werden, daß sie sich relativ einfach automatisieren lassen, so daß sie Mittel zur Einsparung von Arbeitskräften darstellen können. Ob im Einzelfalle eine Anwendung dieser Methoden in Frage kommt und welche von beiden dann gewählt wird, bedarf unabhängig von der Frage der wissenschaftlichen oder technischen Möglichkeit selbstverständlich eingehender wirtschaftlicher Überlegungen. Keinesfalls soll der Eindruck einer Überbewertung beider Verfahren erweckt werden. Auf jeden Fall stellen sowohl der Ionenaustausch als auch die Flüssig-Flüssig-Extraktion von der Sicht der Naßmetallurgie aus gesehen zwei sehr interessante Arbeitsgebiete dar, auf denen bei der Grundlagenforschung und auf anwendungstechnischem Gebiet noch viele Probleme zu lösen sind.

Diskussion

Dr. CHRISTA FISCHER-BARTELK,

Wissenschaftliche Mitarbeiterin im Institut für Metallhüttenkunde, Elektrometallurgie und Probierkunde der Bergakademie Freiberg:

Ergänzend zu Ihren Ausführungen über die Abtrennung des Rheniums aus Heißwasser- oder den sogenannten Dünnlaugen der Mansfelder Flugstäube durch Flüssig-Flüssig-Extraktion sei bemerkt, daß wir uns im Rahmen von Untersuchungen zur Einschränkung der Re-Verluste im naßmetallurgischen Teil des Re-Gewinnungsprozesses seit 1958 im Institut für Metallhüttenkunde, Elektrometallurgie und Probierkunde der Bergakademie Freiberg ebenfalls mit diesen Fragen beschäftigen. Aus sowjetischen Arbeiten ist bekannt, daß die Trennung des Rheniums aus Molybdatablaugen durch Adsorption an Aktivkohle möglich ist. In einer früheren Veröffentlichung konnten wir bereits zeigen, daß es gelingt, durch Einsatz von Aktivkohle eine selektive Trennung des Rheniums von seinen typischen Begleitelementen in der Lauge zu erzielen. Es fallen dabei unabhängig von der Anfangskonzentration in der Lauge beim Auswaschen des Rheniums aus der Aktivkohle Eluatfraktionen an, die mit einem Re-Gehalt von 5 bis 8 g/l ohne vorheriges Eindampfen eine direkte Fällung des Rheniums als Kaliumperrhenat zulassen.

Gegenüber der bisherigen Betriebstechnologie können durch Einführung des bereits im kleintechnischen Maßstab erprobten neuen Verfahrens der mit hohem Reagenzienbedarf belastete und in seiner Durchführung äußerst unangenehme Teilprozeß der Sulfidfällung aus stark schwefelsauren Laugen und die Abröstung des Sulfids einschließlich der verschiedenen Laugestufen des Röstguts eingespart werden.

Literatur

[1] GRIESSBACH, R., Austauschadsorption in Theorie und Praxis. Akademie-Verlag Berlin 1957, 450 S.
[2] HELFFERICH, F., Ionenaustauscher, Bd. I Grundlagen. Verlag Chemie GmbH., Weinheim/Bergstr. 1959, 520 S.
[3] NACHOD, F. C., SCHUBERT, J., Jon Exchange Technology. Academic Press Inc., Publishers, New York 1956, 660 S.
[4] HECKER, E., Verteilungsverfahren im Laboratorium. Verlag Chemie GmbH, Weinheim/Bergstr. 1955, 229 S.

[5] MORRISON, G. H., FREISER, H., Solvent Extraction in Analytical Chemistry. Verlag John Wiley & Sons, Inc., New York/London 1957, 269 S.
[6] NIESE, S., BEER, M., NAUMANN, D., KÖPSEL, R., Extraktive Aufarbeitung bestrahlter Kernbrennstoffe. Akademie-Verlag, Berlin 1960, 223 S.
[7] ZIEGENBALG, S., SCHEFFLER, E., Freiberger Forschungsh., Reihe B 58 (1961) 1–21.
[8] ZIEGENBALG, S., SCHEFFLER, E. in K. ISSLEIB: Anomalien bei Ionenaustauschvorgängen. Akademie-Verlag, Berlin 1962, S. 343–364.
[9] SCHEFFLER, E., ZIEGENBALG, S., Freiberger Forschungsh., Reihe B 83 (1963) 111–120.
[10] SCHEFFLER, E., ZIEGENBALG, S., Veröffentl. in Vorbereitung.
[11] ZIEGENBALG, S., GEBHARDT, G., SCHEFFLER, E., Veröffentl. in Vorbereitung.
[12] SCHEFFLER. E., ZIEGENBALG, S., Vortrag Berg- und Hüttenmännischer Tag 1963 Freiberg/Sa., Veröffentl. in Vorbereitung.

Dr. ENDRE BALAZS, cand. sc. techn.
Leiter der Abteilung Elektrometallurgie im Forschungsinstitut für NE-Metalle, Budapest

AUFGABEN DER METALLURGISCHEN FORSCHUNG BEI DER INTENSIVIERUNG DER ALUMINIUM-ELEKTROLYSE

Zur Erhöhung der metallurgischen Produktion und zur Verbesserung der technisch-wissenschaftlichen Kennzahlen hat sich die Intensivierung der metallurgischen Prozesse als zweckmäßig erwiesen. Das gilt selbstverständlich auch für die Al-Metallurgie, d. h. für die Al-Schmelzflußelektrolyse. In den folgenden Ausführungen sollen die Hauptrichtungen der metallurgischen Forschung, die der Intensivierung der Al-Elektrolyse dienen können, sowie die sich dabei ergebenden Aufgaben besprochen werden.

Zunächst werden die Arten der Intensivierung der Al-Elektrolyse behandelt, danach die Hauptrichtungen der Forschung auf diesem Gebiet erläutert und weiterhin einige Beispiele aus der Forschungsarbeit der Al-Metallurgie in Ungarn angeführt.

Unter Intensivierung werden solche Maßnahmen verstanden, die eine Erhöhung der Produktionskapazität der Al-Elektrolyseöfen bzw. der Ofenreihen — ohne Veränderung ihrer äußeren Hauptdimensionen (der Grundfläche der Kathode) und unter Beibehaltung der ständigen Reihenspannung und des Elektrodenabstands — ergeben.

Bei einer gegebenen Al-Elektrolyseofenreihe können die Intensivierungsmöglichkeiten nach folgender Gleichung in Problemkreise eingeteilt werden:

$$P_S = 0{,}336 \cdot I \cdot \eta \cdot \frac{V_S}{V_D}; \qquad (1)$$

darin bedeuten:

P_S = Produktion der Ofenreihe in kg/h,
0,336 = elektrochemisches Äquivalent in kg/kA · h,
I = Stromstärke in kA,
η = Stromausbeute in Einheitsteilen,
V_S = gegebene Serienspannung in V,
V_D = Durchschnittsspannung pro Ofen in V.

Die Möglichkeiten der metallurgischen Produktionserhöhung sind also bei einer gegebenen Ofenreihe folgende: Stromstärkeerhöhung, Erhöhung der Stromausbeute und Verminderung der durchschnittlichen Ofenspannung (Erhöhung der Zahl der arbeitenden Öfen).

Der normale Betrieb eines Al-Elektrolyseofens wird energetisch durch Konstanthaltung des *Wärmegleichgewichts* bei entsprechender Temperatur gesichert.

Dieses Wärmegleichgewicht faßt alle drei obenerwähnten Intensivierungsparameter als Faktoren zusammen. Sie können unabhängig voneinander und vom Wärmegleichgewicht nicht geändert werden. Zur Untersuchung dieses Zusammenhangs wurden von den im Schrifttum in bezug auf das Ofenwärmegleichgewicht gebräuchlichen Ausdrücken folgende gewählt:

$$Q = 0{,}861 \cdot I \cdot [V_H + 1{,}5\,(1 - \eta)]\,, \tag{2}$$

$$V_H = I \cdot R_H\,, \tag{3}$$

$$V_D = V_H + V_P + V_{SCH}\,. \tag{4}$$

Es bedeuten:

Q = Wärmeabgabe des Ofens in kcal/h,
I = Stromstärke in A,
V_H = Heizspannung in V (der am Wärmegleichgewicht beteiligte Bruchteil der Gesamtspannung),
η = Stromausbeute in Einheitsteilen,
R_H = Heizwiderstand in Ohm (der am Ofenwärmegleichgewicht beteiligte Bruchteil des Gesamtwiderstands),
V_P = Polarisationsspannung in V,
V_{SCH} = Spannungsabfall außerhalb des Ofens in V.

Bemerkt sei, daß die auf der Grundlage der oben angegebenen Gleichungen durchgeführten Berechnungen nur annähernde Werte ergeben, da z. B die mit den einzelnen Teilen der Polarisationsspannung zusammenhängenden Energiemengen und die der Verbrennungswärme entsprechende Energiemenge im Wärmegleichgewichtsausdruck nicht enthalten sind. Hinzu kommt, daß die eindeutige Trennung des Heizwiderstands und der nicht heizenden Widerstände nicht immer möglich ist.

Aus den oben angeführten Gleichungen ist ersichtlich, daß die Serienintensivierung eines Al-Elektrolysevorgangs auf die Veränderungsmöglichkeiten folgender Hauptfaktoren zurückgeführt werden kann: Verminderung des Heizwiderstands, Erhöhung der Wärmeabgabe des Ofens, Erhöhung der Stromausbeute, Verminderung der Polarisationsspannung sowie des Spannungsabfalls an den Schienenverbindungen.

Untersuchung der Verminderung des Heizwiderstands

Als Heizwiderstand wird — der häufigsten Definition entsprechend — der sich vom Bolzeneintritt in die Anode bis zum Austritt der Eisenschienen aus der Kathode erstreckende Widerstandswert angenommen, wobei die mit der Polarisationsspannung zusammenhängenden Erscheinungen nicht eingerechnet sind (Abb. 1).

Die Verteilung des Heizwiderstands sowie die Spannungsbilanz eines zeitgemäßen Al-Elektrolyseofens mittlerer Leistung sind in Tabelle 1 veranschaulicht.

Bei Kenntnis der Stromstärke des Al-Elektrolyseofens (in unserem Beispiel 60000 A) können die Möglichkeiten der Stromstärkeerhöhung und die Ofen-

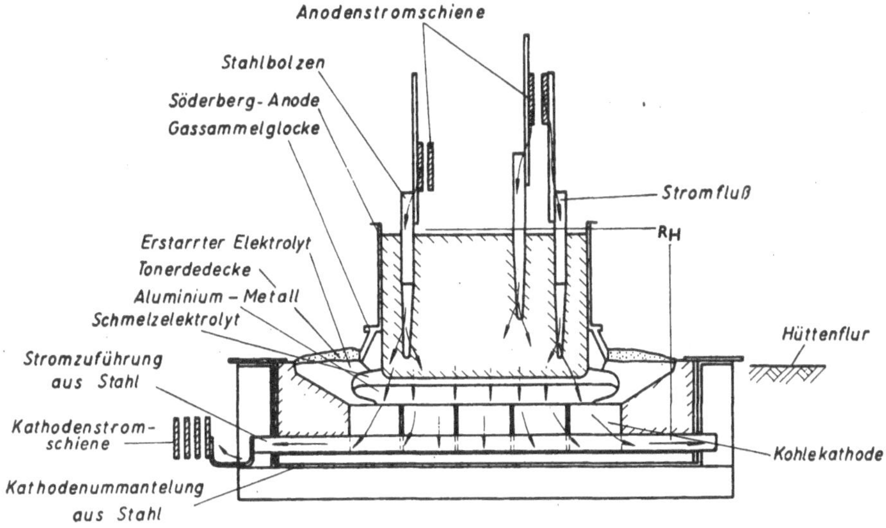

Abb. 1. Schematische Querschnittskizze eines Aluminium-Elektrolyseofens

Tabelle 1. Verteilung des Heizwiderstands und der Spannungsabfälle in einem Al-Elektrolyseofen von mittlerer Produktivität

Nr.	Widerstandsabschnitt	mV	Heizwiderstand Ohm · 10^{-5}	Heizspannung bzw. Heizwiderstand %	Gesamtspannung %
I/1	Anode	425	0,7	18,0	54,5
2	Elektrolyt	1500	2,5	62,0	
3	Kathode	425	0,7	18,0	
4	Anodeneffekt	50	0,1	2,0	
	Insgesamt	2400			
II	Polarisationsspannung	1600	–	–	36,4
III	Schienenverbindung	400	–	–	9,1
	Insgesamt	4400	4,00	100,0	100,0

spannungsverminderung — auf Grund der Gleichungen (2) und (3) — im Falle der Abnahme des Heizwiderstands bei konstantem Elektrodenabstands-, Stromausbeute- und Wärmeverlustwert berechnet werden. Auch die Polarisationsspannung wird als konstant angenommen unter der Voraussetzung, daß sie sich nur auf einen konstanten Anodenstromdichtezustand beziehen kann. Die Ergebnisse des Berechnungsbeispiels sind in Abb. 2 dargestellt.

Aus dieser Abbildung ist ersichtlich, daß eine 10%ige Heizwiderstandsverminderung eine etwa 5%ige Stromstärkeerhöhung und gleichzeitig eine etwa 2,8%ige

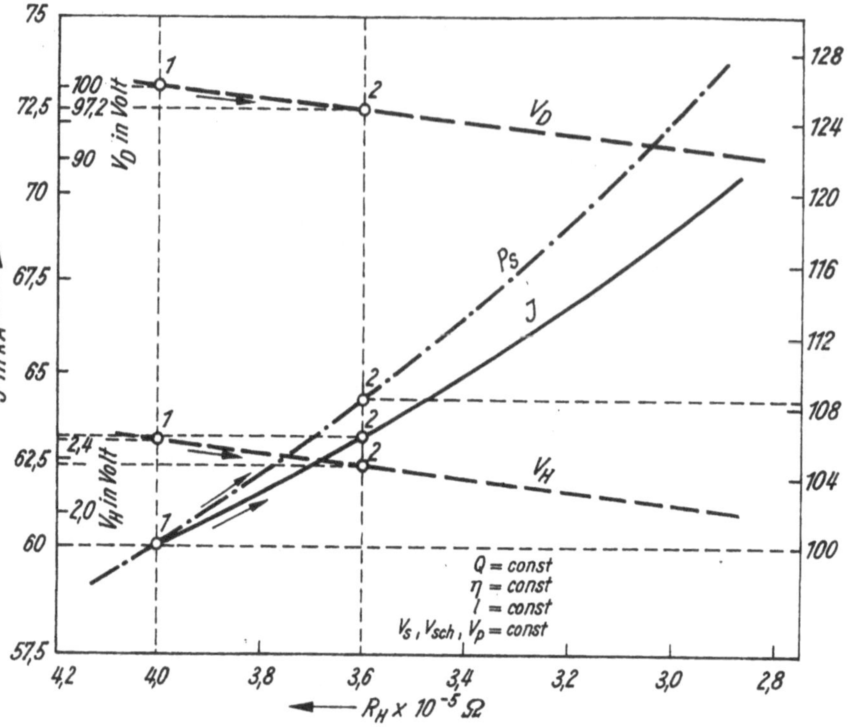

Abb. 2. Abhängigkeit der Stromstärke (I), der Heiz- und Durchschnittsspannung (V_H, V_D), der Produktionskapazität der Ofenreihe (P_S) eines Aluminium-Elektrolyseofens von der Änderung des Heizwiderstands des Ofens (R_H)

Durchschnittsspannungsverminderung ermöglicht. Infolge dieses Ergebnisses kann die Zahl der einschaltbaren Öfen bei gegebener Reihenspannung im gleichen Maße erhöht werden. Schließlich kann eine etwa 8%ige Erhöhung der Produktion der Ofenreihe durch die 10%ige Verminderung des Heizwiderstands erreicht werden. Der spezifische Verbrauch an elektrischer Energie nimmt dabei infolge Verminderung der durchschnittlichen Ofenspannung nach der folgenden bekannten Gleichung ab:

$$E = \frac{V_D}{0{,}336}\ \mathrm{kWh}/t\ \text{Gleichstrom}. \tag{5}$$

Erhöhung der Wärmeabgabe des Ofens

Durch Erhöhung der Wärmeabgabe des Ofens wird — nach den Gleichungen (2) und (3) — eine Stromstärkeerhöhung möglich, wodurch allerdings bei konstanten anderen Umständen auch eine Erhöhung der Heizspannung eintritt (infolge Erhöhung aller entsprechenden Stromdichtewerte). Mit der Erhöhung der Anodenstromdichte tritt auch ein Anstieg der Polarisationsspannung ein.

Aus der Zunahme der Ofenspannung ergibt sich die Verminderung der Zahl der einschaltbaren Öfen und damit zugleich die Abnahme der Serienproduktion. Aus Tabelle 2 ist dieser Zusammenhang am Beispiel der erwähnten 60000-Ampere-Öfen ersichtlich, vorausgesetzt, daß sich die Stromausbeute nicht ändert (88%) und der Spannungsabfall in der Schienenverbindung (durch entsprechende Querschnittsvergrößerungen) sowie der Elektrodenabstand konstant bleiben. Die Polarisationsspannung ändert sich in Abhängigkeit von der Anodenstromdichte nach Angaben von Pen [2]. Es sei darauf verwiesen, daß der Erhöhung der Wärmeabgabe des Ofens bzw. der gleichzeitigen entsprechenden Erhöhung der Stromstärke praktisch gewisse Grenzen gesetzt sind (z. B. durch Überbelastung einzelner Widerstandsabschnitte, Gegebenheiten der Technologie und der Ofenabmessungen usw.).

Tabelle 2. Zusammenhang zwischen der Stromstärke des Ofens, der Heiz- und Durchschnittsspannung, dem spezifischen Energieverbrauch an Gleichstrom sowie der Entwicklung der Produktionskapazität der Ofenreihe und der Wärmeabgaben des Ofens

Wärmeabgabe	Stromstärke		Heizspannung	Polarisationsspannung	Gesamtspannung		Eingeschaltete Öfen	Produktion der Ofenreihe	Energieverbrauch (Gleichstrom)	
kcal/h	A	%	V	V	V	%	%	%	kWh/kg	%
133,280	60000	100,0	2,40	1,600	4,400	100	100	100,	14,870	100
142,000	62000	103,3	2,48	1,607	4,487				15,160	
150,980	64000	106,7	2,56	1,615	4,575				15,456	
160,250	66000	110,0	2,64	1,623	4,663				15,753	
169,790	68000	113,3	2,72	1,630	4,750				16,047	
179,050	70000	116,7	2,80	1,638	4,838	110	90,9	106,1	16,344	110

Aus dem angeführten Beispiel ist ersichtlich, daß die durch die Wärmeabgabeerhöhung verursachte Stromstärkeerhöhung sowie die damit verbundene Zunahme der Durschnittsofenspannung und die Abnahme der Zahl der einschaltbaren Öfen schließlich zu einer etwa 6,1%igen Erhöhung der Gesamtproduktion führten; gleichzeitig nahm aber der spezifische Energieverbrauch um etwa 10% zu. Dies bedeutet unter Vernachlässigung gewisser Amortisationsfaktoren, daß die sich durch die Wärmeverlusterhöhung ergebende Intensivierung im Gegensatz zum Weg der Verminderung des Heizwiderstandes, wobei sich die Produktionskapazität und der spezifische Energieverbrauch im günstigen Sinne ändern, nur dann wirtschaftlich ist, wenn der auf den spezifischen Energieverbrauch entfallende Teil der Selbstkosten höchstens 61% jener Kostenanteile beträgt, die sich mit der Steigerung der Produktion mehr oder weniger verringern.

In den aluminiumerzeugenden europäischen Staaten trifft dies im allgemeinen nicht zu. Unter diesen Umständen ist die durch die Erhöhung der Wärmeabgaben erzielbare Intensivierung unwirtschaftlich.

Anders sind allerdings solche Wärmeabgaben zu beurteilen, die infolge Verminderung des Heizwiderstands, Erhöhung der Stromausbeute oder Verringerung der Ofenspannung durch Intensivierungsmaßnahmen unvermeidlich werden

(z. B. Erhöhung der Anodenbolzenzahl usw.). In solchen Fällen sollten die wirtschaftlichen Auswirkungen der beabsichtigten Maßnahmen gründlich geprüft werden.

Untersuchung der Möglichkeiten der Stromausbeuteerhöhung

Die Erhöhung der Stromausbeute ergibt nach (1) und (2) eine doppelte Intensivierung. Einerseits nimmt die Ofenproduktion unmittelbar zu, anderseits bietet sich die Möglichkeit, die Stromstärke infolge Verminderung der Wärmeentwicklung im Ofen zu erhöhen. Aus Abb. 3 ist ersichtlich, daß bei Einhaltung sonstiger

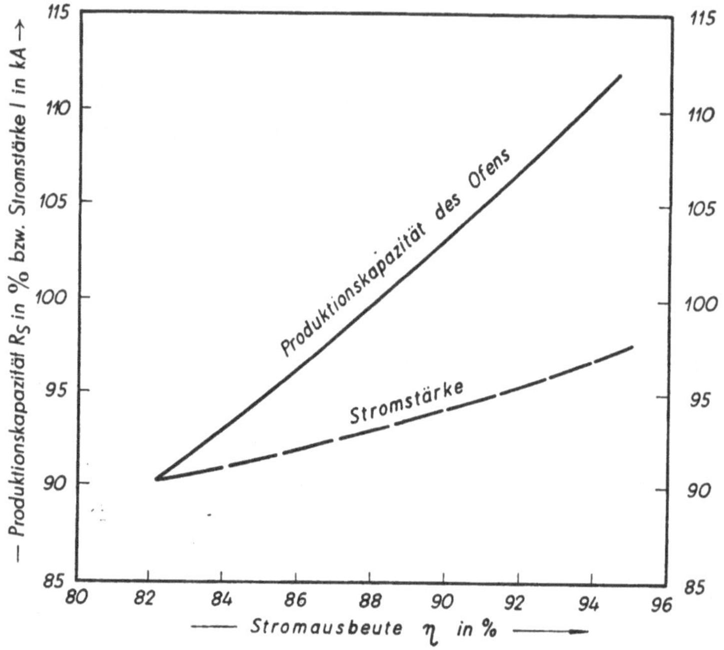

Abb. 3. Zusammenhang zwischen Stromausbeute, Stromstärke und Produktionskapazität eines Aluminium-Elektrolyseofens bei unverändertem Elektrodenabstand, gleichbleibenden Ofenverlusten usw.

konstanter Umstände (z. B. Elektrodenabstand, Ofenwärmeverluste usw.) jedes Prozent Stromausbeuteerhöhung etwa 1,8% Produktionszunahme ermöglicht.

Die Hauptfaktoren der Stromausbeuteerhöhung bei der Al-Elektrolyse sind:

a) Verminderung der Überhitzung der Kryolithschmelze,

b) Vergrößerung des Elektrodenabstands,

c) Erhöhung der Kathodenstromdichte,

d) Änderung der Zusammensetzung des Elektrolyts.

Hinsichtlich der Elektrolytüberhitzung und des Elektrodenabstands wurden bei den Berechnungen stets optimale Betriebswerte angenommen. Die Vergrößerung der Kathodenstromdichte erscheint in Zukunft weniger zweckmäßig, besonders unter Berücksichtigung einer möglichen Vergrößerung der innerhalb der gegebenen Ofengrunddimensionen anwendbaren Elektrodenabmessungen, einer wichtigen und aussichtsvollen Richtung der Al-Metallurgie. Infolge der Eigenart des Wärmegleichgewichts ist diese Vergrößerung mit einer Verminderung der Anodenstrom- und gleichzeitig auch der Kathodenstromdichte verbunden.

Es sei noch bemerkt, daß eine Erhöhung der Kathodenstromdichte und eine Erhöhung der Ofenheizspannung in gleicher Richtung wirksam sind.

Die günstigste Möglichkeit besteht vermutlich in einer weiteren Verbesserung der Elektrolyt-Zusammensetzung, wobei allerdings die gleichzeitigen Änderungen der anderen Eigenschaften des Elektrolyten im Hinblick auf eine Intensivierung des Ofens nicht unbeachtet gelassen werden dürfen (z. B. spezifische elektrische Leitfähigkeit, Tonerdeauflösungsfähigkeit usw.). Es kann rechnerisch ermittelt werden, daß eine 1%ige Verbesserung der Stromausbeute bei konstantem Elektrodenabstand hinsichtlich der Intensivierungsmöglichkeiten der Produktion durch eine etwa 5%ige Verminderung der spezifischen elektrischen Leitfähigkeit vollkommen kompensiert wird.

Verminderung der Polarisationsspannung

Wegen der Stromdichteauswirkungen der auf stufenweise Erhöhung der Ofenstromstärke sowie auf Verminderung der Heizwiderstände abzielenden Bemühungen zeigen die Polarisationswerte der Al-Elektrolyseöfen im Laufe der mehrere Jahrzehnte andauernde Entwicklung eine abnehmende Tendenz. Bei den neuzeitlichen Öfen mit niedrigerer Stromdichte beträgt, entgegen den älteren Werten von 1,7 bis 1,8 V, die Polarisationsspannung etwa 1,6 V; gleichzeitig liegt aber der aus thermodynamischen Rechnungen ableitbare Wert, der von der Zusammensetzung der Verbrennungsprodukte abhängig ist, bei 1,1 bis 1,2 V.

Die Forschung muß in Zukunft Wege finden, die Differenz zwischen den theoretischen und praktischen Werten zu vermindern. Als Beispiel sei erwähnt, daß die Oxydationsgeschwindigkeit der Kohle bekanntlich durch gewisse Zusätze beeinflußt werden kann. Untersuchungen ergaben, daß diese die Verbrennungsgeschwindigkeit verändernde Wirkung auch auf den Kreis jener Polarisationserscheinungen übergreift, die bei der elektrochemischen Abscheidung des Sauerstoffs an der Kohlenelektrode beobachtet werden können.

Wird der Wert der auf diesem Gebiet theoretisch erreichbaren Spannungsabnahme mit 0,4 V angenommen und vorausgesetzt, daß die gesamte Spannungsabnahme von nichtheizendem Charakter ist, so kann aus dem schon erwähnten Beispiel berechnet werden, daß dieses Resultat bei einer Ofenspannung von 4,4 V eine annähernd 10%ige Erhöhung der Anzahl der eingeschalteten Öfen ergeben kann, die einer gleichen Produktionserhöhung der Ofenreihe entspricht.

Verminderung des Spannungsabfalls in den Stromschienenverbindungen

Eine Verminderung des Spannungsabfalls in den Stromschienenverbindungen kann durch weitere Verbesserung der Konstruktion der Ofenschienenverbindungen sowie durch Erweiterung der Schienenquerschnitte erreicht werden. Der optimale Wert letzterer hängt vom Preis der Energie und der Al-Schienen, von den Investitionskosten der neuen Öfen und von der Höhe jenes Bruchteils der Selbstkosten ab, der sich bei Erhöhung der Al-Produktion nicht proportional ändert.

Diese Gruppe von Problemen ist — neben ihrer mit der Intensivierung der Ofenreihe zusammenhängenden Bedeutung — als eine ausgesprochene Konstruktions- und nicht als Forschungsfrage anzusehen.

Angaben über eine intensivierte ungarische Al-Elektrolyseofenreihe

Durch Anwendung einiger der erwähnten Intensivierungsmethoden konnte die Al-Metallurgie der Volksrepublik Ungarn schon bedeutende Ergebnisse erzielen.

In Tabelle 3 sind die Resultate der Intensivierung einer ungarischen Al-Elektrolyseofentype zusammengestellt. Bei der Bewertung wurden die auf die Einheit

Tabelle 3. Angaben über Entwicklung einer ungarischen Al-Elektrolysierofenreihe im Zeitintervall 1953—1963

	Benennung	Ursprünglich geplant	Stand von 1953	1959	1963	Nach der heutigen Perspektive erreichbar
1.	Spezif. Strombelastung in kA/m^2	2,15	2,26	2,50	2,90	3,2 bis 3,4
2.	Spezif. Ofenproduktion in $kg/m^2 \cdot$ Tag	14,9	15,8	17,5	20,0	23 bis 25
3.	Durchschnittsspannung eines Ofens in V	—	5,0	4,8	4,3	3,8 bis 3,9
4.	Serienproduktionskapazität (bei gleicher Serienspannung) in %	100	106	122	158	—
5.	Spezif. Gleichstrom-Energieverbrauch in kWh/t	—	18000	16500	15000	12800 bis 13200

der inneren Grundfläche der Kathodenummantelung bezogene Stromstärke in kA/m^2 und die auf dieselbe Einheit berechnete tägliche Metallproduktion in kg/Ofentag $\cdot$ m^2 als Kennwerte angenommen, die — im Gegensatz zur Stromdichte der Anode oder der Kathode oder einem sonstigen Mittelwert — die spezifische Strombelastung bzw. Produktionswirksamkeit des Ofens eindeutig zeigen [3].

Bei der erwähnten Veränderung der Ofenspannung und der daraus resultierenden Produktionsänderung der Ofenreihe sowie bei Verminderung des spezifischen Energieverbrauchs spielten selbstverständlich auch andere Änderungen eine gewisse Rolle (z. B. Verminderung der Ofenwärmeverluste usw.).

In Tabelle 3 sind ferner die nach den jetzigen Kenntnissen perspektivisch erreichbaren entsprechenden Zahlenwerte mit angeführt.

Die Hauptrichtungen der Forschungsarbeiten

Aus den bisherigen Ausführungen ist ersichtlich, daß bei hohen Elektroenergiepreisen für die Intensivierung der Aluminiumelektrolyse folgende Forschungsrichtungen erfolgversprechend sind:

1. Verminderung der Heizwiderstände,
2. Änderung der Elektrolytzusammensetzung zwecks Erhöhung der Stromausbeute,
3. Verminderung der Polarisationsspannung.

Die Verminderung der Heizwiderstände ist auf zwei Wegen erreichbar. Einmal durch Veränderung der Konstruktion (z. B. der geometrischen Abmessungen), zum anderen durch Beeinflussung der physikalischen Eigenschaften der stromleitenden Stoffe. Nach Abb. 1 bestehen folgende Möglichkeiten: Änderung der Anzahl der Stromzuführungsbolzen sowie ihrer Durchmesser und ihrer Anordnung, Reduzierung der stromleitenden Anodenlänge, Veränderung des Anodenquerschnitts und Elektrodenabstands, Verminderung der stromleitenden Kathodenlänge, Änderung der Zahl der Kathodenstromzuleitschienen und ihres Querschnitts usw. Dieser Komplex sowie die Konstruktionsart der Stromleiterschienen und deren Querschnitt fallen in das Gebiet der Ofenkonstruktion. Die Forschung kann allerdings auch hierbei wirksame Hilfe leisten. So kann z. B. eine bessere Ausnutzung des Kathodenraums durch Einbau einer Anode mit größerem Querschnitt, durch Verwendung von Schmelzelektrolytzusammensetzungen mit besserer Tonerdelösefähigkeit oder durch Einsatz von Baustoffen mit geringeren Wärmeleitzahlen, wodurch Wärmeisolationen in kleineren Dickeabmessungen möglich sind, erzielt werden.

Zu der zweiten Gruppe der Probleme — den physikalischen Eigenschaften — gehören: Fragen des Übergangswiderstands zwischen Stromzuleitungsbolzen und Anode, Eigenschaften des Anodenmaterials, des Schmelzelektrolyten, des stromleitenden Kathodenmaterials, Übergangswiderstandswerte zwischen Kathodenmaterial und Stromzuleitungen aus Stahl. Dieser ganze Fragenkomplex ist Gegenstand der Forschung.

Auch die Veränderung der Zusammensetzung des Schmelzelektrolyten zur Erhöhung der Stromausbeute sowie Untersuchungen der die Polarisationsspannung beeinflussenden Faktoren gehören in den Bereich der Forschungsaufgaben.

Zur Intensivierung der Aluminiumelektrolyse zeichnen sich also nach den bisherigen Darlegungen folgende Hauptforschungsrichtungen ab:

1. *Untersuchungen der Kohleelektrodenrohstoffe, Rezeptur- und Verfahrensfragen der Elektrodenerzeugung* mit dem Ziel einer Verminderung des spezifischen elektrischen Widerstands und der Änderung einiger Elektrodeneigenschaften (z. B. Polarisationsspannung) durch Verwendung besonderer Rohstoffe; Umstellung der Rezepturen, Anwendung veränderter Erhitzungsgeschwindigkeiten beim Brennen der Elektroden usw.

2. *Untersuchung der physikalisch-chemischen und der physikalischen Eigenschaften des Schmelzelektrolyts* zwecks Senkung des spezifischen Widerstands und der Metallverluste sowie Veränderung einzelner elektrochemischer Eigenschaften (z. B. Sicherung der optimalen Aluminiumoxid-Konzentration, Verwendung von Beimengungen im Schmelzelektrolyt, andere Elektrolyt-Zusammensetzungen, Untersuchung der Polarisationserscheinung usw.).

3. *Untersuchung der Kontakteigenschaften zwischen Kohleelektrode und Stahlstromzuleitung* zur Verbesserung des Übergangswiderstands bzw. zu seiner zeitlichen Stabilisierung (z. B. Struktur des Kontakts, Einfluß der Stoffeigenschaften sowie Oberflächenbeschaffenheit der Stahlstromzuführungsbolzen usw.).

4. Weitere Untersuchungen, die den Forderungen der Konstruktion und der technischen Entwicklung gerecht werden (z. B. Schaffung von Wärmedämmstoffen mit niedrigeren Wärmeleitzahlen und besseren Betriebseigenschaften).

Zu einigen Forschungsergebnissen auf dem Gebiet der Aluminiumelektrolyse in Ungarn

Zum Abschluß sollen — ohne auf Einzelheiten einzugehen — einige bei der Intensivierung der Aluminiumelektrolyse von der elektrometallurgischen Abteilung des Forschungsinstituts für Nichteisenmetalle in Budapest erzielte Ergebnisse kurz erwähnt werden.

Kohle-Elektroden

Zur Klärung des Zusammenhangs zwischen dem Raumbedarf des gemahlenen Kokses in Anodenmassen und der spezifischen elektrischen Leitfähigkeit der aus diesen erzeugten gebrannten Anodenmasseproben seien einige Ergebnisse von A. Romwalter erwähnt. Die Plastizitätswerte der Anodenmasseproben waren im ungebrannten Zustand in allen Fällen konstant. Ihr Brenntemperaturhöchstwert betrug durchweg 1000 °C. Die Meßergebnisse sind aus Abb. 4 ersichtlich. Es ist eindeutig zu erkennen, daß der Raumbedarf des gemahlenen Kokses in der Anodenmasse die spezifische elektrische Leitfähigkeit der gebrannten Anodenmasseprobe größtenteils festlegt. Der zwischen Raumbedarf des gemahlenen Kokses in der Anodenmasse und deren Korngröße bestehende bekannte ursächliche Zusammenhang weist eindeutig auf die Notwendigkeit einer konstanten optimalen Korngrößenzusammensetzung hin, die nur durch bestimmte konstruktive und technologische Voraussetzungen (z. B. automatische Dosierung der Rohstoffmahlungen, Kontrolle der konstanten Anodenmassezusammensetzung, kontinuierliches Mischen und Kneten) bei der Anodenmasseerzeugung erzielbar ist.

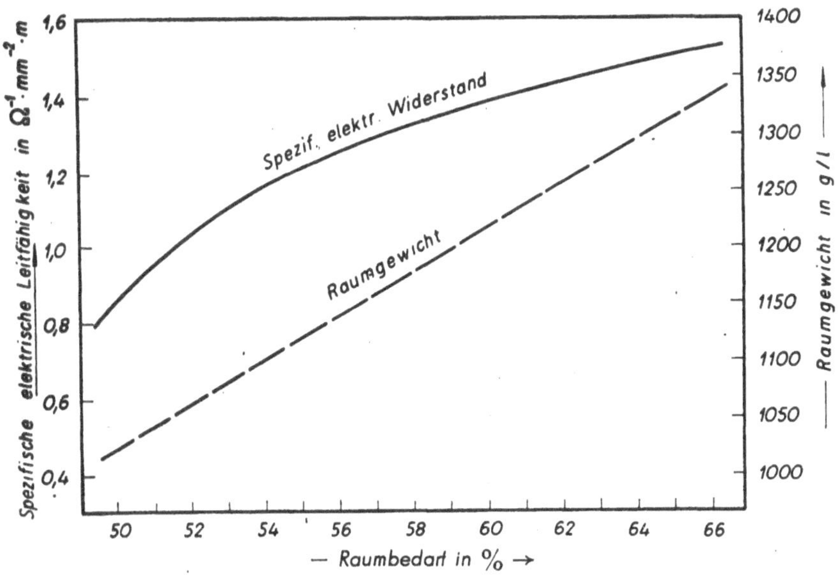

Abb. 4. Zusammenhang zwischen einigen physikalischen Eigenschaften gebrannter Anodenmasseproben

Kryolith-Schmelzelektrolyt

Obwohl aus dem Schrifttum bekannt ist, daß durch Zugabe einzelner Salze die spezifische elektrische Leitfähigkeit von Kryolith-Schmelzen vorteilhaft verändert werden kann, liegen doch nur sehr wenige Untersuchungsergebnisse vor, die sich auf in Betriebselektrolysen gebräuchliche Elektrolytzusammensetzungen beziehen. Die auf Abb. 5 erkennbaren, durch $BaCl_2$- und LiF-Zugaben verursachten und von J. ADAM beobachteten Änderungen der spezifischen elektrischen Leitfähigkeit von Betriebselektrolyten und Elektrolyten aus synthetischem Kryolith wurden mit Hilfe einer im Institut konstruierten Präzisionsmeßbrücke festgestellt. Die Zusammensetzung des Schmelzelektrolyten aus synthetischem Kryolith war folgende: $NaF/AlF_3 = 2{,}61$; 6,0% Al_2O_3; der Betriebselektrolyt enthielt: $NaF/AlF_3 = 2{,}81$; 5,1% Al_2O_3, 4,2% CaF_2.

Es ist ersichtlich, daß die spezifische elektrische Leitfähigkeit der Schmelzelektrolytproben durch $BaCl_2$- weniger, durch LiF-Zugaben stärker erhöht wird; z. B. erhöht eine Zugabe von 15% LiF die Leitfähigkeit um 25%. Nach den Gleichungen (2) und (3) kann eine — bei konstantem Elektrodenabstand, gleichbleibender Stromausbeute sowie unverändertem Wärmeverlust der Öfen — mögliche Zunahme der Ofenstromstärke um 6,6% und eine dementsprechende mögliche 3,6%ige Verminderung der Ofendurchschnittsspannung berechnet werden. Diese Berechnung ergibt die Möglichkeit einer 10%igen Produktionserhöhung je Ofenreihe bei einer gleichzeitigen Einsparung an elektrischer Energie von etwa 500 kWh.

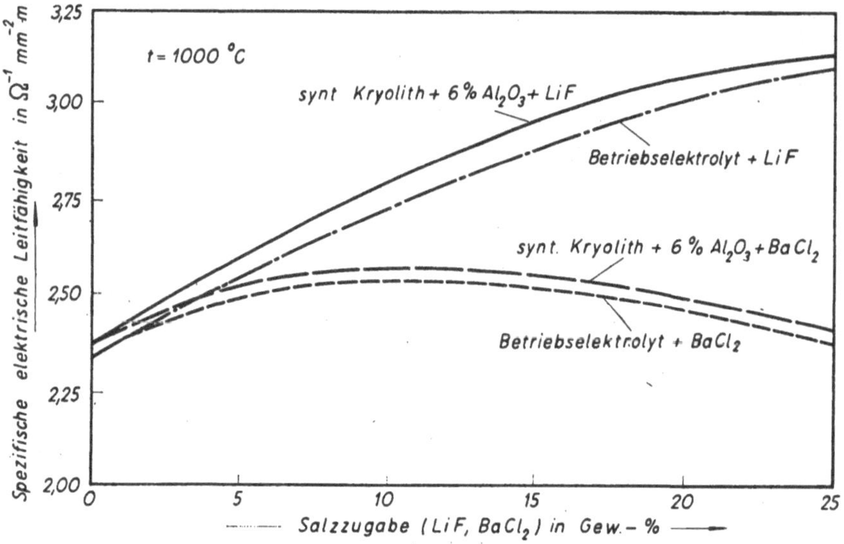

Abb. 5. Einfluß einzelner Zusätze auf die spezifische elektrische Leitfähigkeit von synthetischem Kryolith und Betriebselektrolytproben

Die Verwendung von Lithiumsalzen in der Industrie kann jedoch nicht allein auf der Grundlage der hier gemachten Angaben entschieden werden. Dazu müssen auch noch deren andere Eigenschaften, ihr Preis und die durch ihre Verwendung mögliche Herabsetzung der Aluminiumselbstkosten untersucht werden.

Eigenschaften des Kohle-Stahl-Kontakts

Die bei den Söderberg-Anoden mit senkrechten Stromzuführungsbolzen auftretenden Betriebsschwierigkeiten sind in Fachkreisen bekannt. Diese Schwierigkeiten sind größtenteils auf die Eigenschaften des Kohle-Stahlbolzen-Kontakts zurückzuführen und entstehen bei der Wiedereinsetzung eines gereinigten Stahlbolzens in das teilweise mit Anodenmasse gefüllte „Bolzenloch“ der Anode. Hinzu kommen die hierdurch gegebene Erhitzungsgeschwindigkeit und die sich bildende Struktur der Bolzenlochfüllung. Die Verkokung der die Bolzen umgebenden Bolzenlochfüllung erfolgt unter ungünstigen Umständen bei hoher Temperatur und schneller Erhitzung. Dadurch entsteht vielfach infolge des unvollständigen Kontakts zwischen Anodensubstanz und Bolzen ein hoher Übergangswiderstand und eine porenreiche, lockere Struktur der Bolzenlochfüllung. Die Röntgenbildreihe auf Abb. 6 zeigt den von J. Örkényi untersuchten Einfluß der Brenntemperatur und -geschwindigkeit auf die Struktur der gebrannten Anodenmasse und auf die Güte des Kontakts zwischen Kohle und Stahlbolzen. Nach Erreichung der angegebenen Brenntemperatur wurden die Proben noch langsam bis 1000 °C weiter erhitzt. Die auf den Röntgenbildern in Umgebung der Modell-Stahlbolzen sichtbaren lichten Flecken zeigen Hohlräume in der Struktur der gebrannten

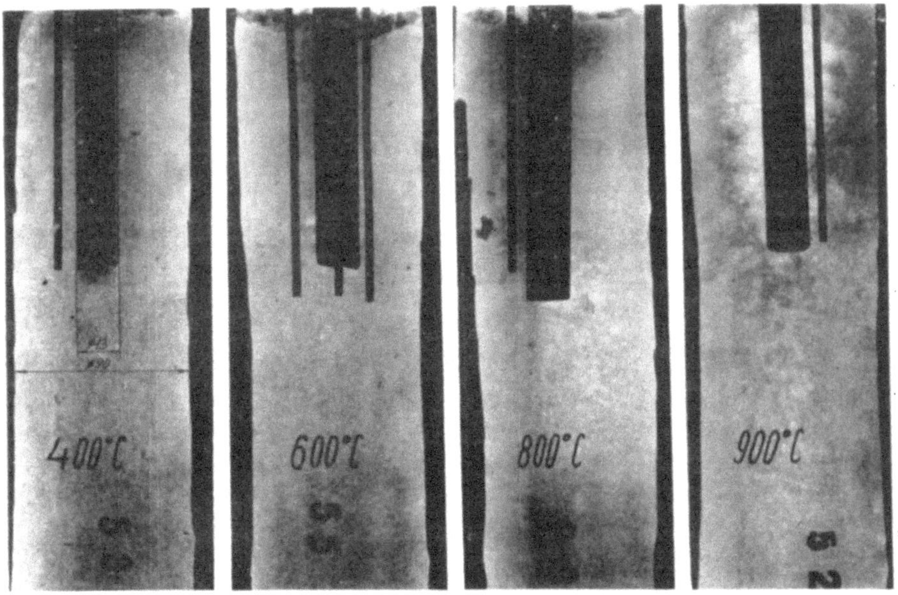

Abb. 6. Röntgenbilder bei 400, 600, 800, 900 °C gebrannter Anodenmasseproben mit Modell-Stahlbolzen

Anodenmasse an. Aus der Abbildung ist zu erkennen, daß die Brenntemperatur und die dadurch bedingte Erhitzungsgeschwindigkeit einer gegebenen Anodenmasse ihre Struktur im gebrannten Zustand sowie die Güte ihres Kontakts mit dem Modell-Stahlbolzen stark beeinflußt. Um den Übergangswiderstand (mit Heizwiderstandcharakter) zu vermindern, müssen im Betrieb an jenen Stellen der Anoden, an denen die Verkokung der frisch eingebrachten Bolzenlochfüllung erfolgen soll, möglichst niedrige Temperaturwerte angestrebt werden.

Wie den bisher erwähnten Möglichkeiten und Zahlenangaben zu entnehmen ist, bestehen nach wie vor bedeutende Perspektiven auf dem Gebiet der Intensivierung der Aluminiumelektrolyse. Es ist eine interessante Aufgabe der Forschung, diese auszubauen und durch ihre Mitarbeit auch die Voraussetzungen zu deren praktischen Verwirklichung zu schaffen.

Literatur

[1] Molnar, I., Kohaszati Lapok 93 (1962) H. 2.
[2] Beljajev, A. I., Rapoport, M. B., Firszanova, L. A., Az aluminium kohaszata. Budapest 1957, S. 90.
[3] Balázs, E., Az aluminium elektrolizis kemencék folyamatos timföldadagolasa. Kurzer Auszug aus der Dissertation zur Erlangung des Titels eines Kandidaten der technischen Wissenschaften.

Dr. Peter Siklósi

DURCHFÜHRUNG TECHNOLOGISCHER BERECHNUNGEN MIT EINEM ELEKTRONISCHEN RECHENAUTOMATEN, DARGESTELLT AM BEISPIEL DER MEHRSTUFIGEN EXPANSION EINER DRUCKLAUGE

Nach der Behandlung der Korrelationsrechnung möchte ich ein Beispiel für komplizierte technologische Berechnungen anführen, wie sie in ähnlicher Art bei der Planung oft vorkommen können und die wir normalerweise durch Näherung und Schätzung ersetzen, weil die genaue Rechnung außerordentlich langwierig ist. Bei solchen Berechnungen, insbesondere wenn sie in großer Anzahl notwendig sind, können elektronische Rechenmaschinen unschätzbare Dienste leisten.

Die Aufgabe lautet:

Bestimmung der optimalen Expansionsstufenzahl und der optimalen Heizfläche der Vorwärmer einer für den Aufschluß von 137 m^3/h Bauxit-Dicklaugepulpe projektierten kontinuierlichen Autoklavenserie bei optimaler Schaltung der Vorwärmerreihe. Eine der möglichen Schaltungen ist Abb. 1 zu entnehmen.

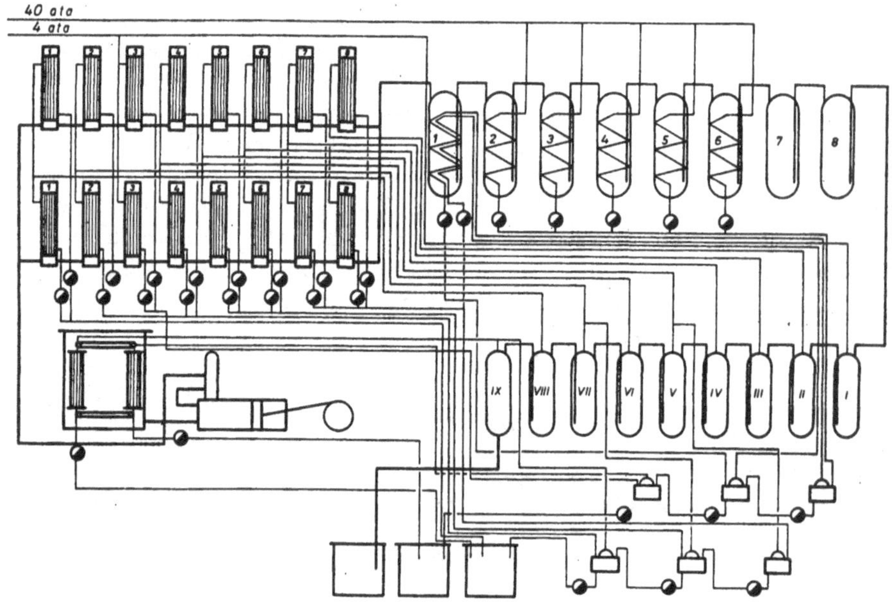

Abb. 1. Schaltung einer dem Aufschluß von Bauxit-Dicklaugenpulpe dienenden kontinuierlichen Autoklavenserie

Die kontinuierliche Aufschlußeinrichtung besteht aus folgenden Teilen:

8 Autoklaven, davon 6 beheizbare, mit 96 m^2 Heizfläche,
2×8 Pulpevorwärmer mit je 100 m^2 Heizfläche,
9 Expansionsgefäße,
3 alkalische Kondens-Ausdämpfer,
3 reine Kondens-Ausdämpfer.

Arbeitsweise der Autoklavenserie:

Die aufzuschließende Pulpe wird in den in Reihe geschalteten 8 Vorwärmern mit Expansionsdampf vorgewärmt und danach in der Autoklavenserie mit dem vom Kraftwerk kommenden Hochdruckdampf auf die Temperatur des Aufschlusses weitererhitzt. Dabei strömt die Pulpe die aus 8 Autoklaven bestehende Serie entlang und expandiert in 9 Stufen bis auf atmosphärischen Druck. Der Dampf vom Kraftwerk heizt die Pulpe vom zweiten Autoklaven an. Der erste Autoklav wird teilweise mit dem Sekundärdampf des Hochdruckdampfkondensats, teilweise mit dem Dampf der ersten Pulpenexpansionsstufe geheizt. Der Dampf der zweiten Expansionsstufe heizt den achten Vorwärmer, der der dritten den siebenten usw. Die achte Expansionsstufe heizt den ersten Vorwärmer. Den Dampf der neunten Stufe benutzt man nicht in der Aufschlußserie, sondern zur Heizung der Pulpelagertanks. Ein Glied der Vorwärmerreihe wird mit vom Kraftwerk stammendem Gegendruckdampf beheizt, dem die Brüden der zweiten Expansionsstufe des Autoklavenkondensats beigemischt werden. Das Kondensat der Expansionsdämpfe wird gesammelt, zweistufig expandiert, und die Brüden werden zur entsprechenden Vorwärmerstufe geleitet. Bei gegebener Stufenzahl und Heizfläche muß man die optimale Schaltung ermitteln, d. h., die Frage beantworten, welcher Vorwärmer mit dem Gegendruckdampf geheizt und in welchem Verhältnis die Heizfläche des ersten Autoklaven zwischen dem Dampf der ersten Expansionsstufe und den Brüden des Autoklavenkondensats aufgeteilt werden soll.

Da die Heizfläche aus 31 Einheiten besteht, kann die Aufteilung 32fach sein. So muß man aus den vorstellbaren 8×32 = 256 Varianten die beste systematisch auswählen.

Um diese Varianten miteinander vergleichen zu können, muß eine vergleichbare Kennziffer verwendet werden. Diese Kennziffer ist die für eine konstante Pulpemenge je Stunde aufgewandte Heizdampfmenge. Da in der Autoklavenserie sowohl Hoch- als auch Niederdruckdampf verwendet wird und außerdem auch aus der neunten Expansionsstufe bestimmte veränderliche Dampfmengen an andere Stellen der Anlage gelangen, sind ihre Wertverhältnisse zu berücksichtigen.

Aus einer Veröffentlichung des Instituts für Energiewirtschaft der Technischen Hochschule Budapest geht hervor, daß der Wert des Niederdruckdampfs — die Produktion der elektrischen Energie und die verschiedenen Amortisationskosten nach dem volkswirtschaftlichen Stand gerechnet — 43% des Hochdruckdampfs ausmacht. Der Dampf aus der letzten Expansionsstufe ist den Brüden der ersten Stufe der vierstufigen Eindampferei gleichwertig; deren Wert entspricht also 75% des Nieder- und 32,25% des Hochdruckdampfs. Rechnet man mit diesen Relationen, so muß — vom Hochdruckdampfbedarf ausgegangen — der Niederdruckdampfbedarf hinzugezählt bzw. die dem Niederdruckdampfnetz zur Verfügung stehende Dampfmenge, die sich in der möglicherweise vorhandenen dritten Expansionsstufe des reinen Kondensats entwickelt, wenn Druck und Temperatur der zweiten höher sind als die entsprechenden Kennzahlen des Gegendruckdampfs, abgezogen werden. Das kann dann der Fall sein, wenn der reine Dampf einen der an fünfter bis achter Stelle stehenden Vorwärmer heizt. Schließlich müssen die aus der letzten Expansionsstufe und aus dem letzten alkalischen Ausdämpfer an andere Stellen der Anlage weitergegebenen Dampfmengen ebenfalls abgesetzt werden.

Die zur Berechnung benutzten Ausgangsdaten waren folgende:

Pulpemenge		137 m^3/h
Spezifische Wärme der Pulpe bei Raumtemperatur		1,10 $Mcal/m^3 \cdot {}^\circ C$
Aufschlußtemperatur		230 °C
Ausgangstemperatur der Pulpe		95 °C
Werte des Hochdruckdampfs:	Druck	39 atm.
	Temperatur	390 °C
Werte des Niederdruckdampfs:	Druck	2,8 atü
	Temperatur	170 °C
Wärmeübergangskoeffizient:	im Autoklav	500 $kcal/m^2$ h °C
	im Vorwärmer	800 $kcal/m^2$ h °C
Heizfläche eines Vorwärmers:		100 m^2
Heizfläche eines Autoklavheizelements		3,1 m^2

Die Berechnung des Wärmeaufwands der Autoklavenserie kann nach folgender Methode erfolgen:

Zuerst ist die Temperatur der aus dem ersten Autoklaven austretenden Pulpe zu schätzen. Hieraus kann die in der Autoklavenserie verbrauchte Hochdruckdampfmenge ermittelt werden, die die Pulpe von dieser Temperatur auf 230 °C erhitzt. Außerdem kann errechnet werden, welche Eintrittstemperatur im ersten Autoklaven zur entsprechenden Austrittstemperatur gehört. Daraus können der Druck der ersten Expansionsstufe und des ersten Kondensationsausdämpfers sowie die sich in diesen Geräten entwickelnden Dampfmengen ermittelt werden. Des weiteren wird die Temperatur der im letzten Vorwärmer eintretenden Pulpe angenommen, auf dieser Grundlage der Druck der zweiten Expansionsstufe und die sich dort entwickelnde Dampfmenge ermittelt und die mittlere Temperaturdifferenz errechnet. Wenn diese der geschätzten Temperatur entspricht, so war die Näherung richtig. Stimmen die Ausgangs- und Endwerte nicht überein, so wird eine andere Näherung benutzt. Nach mehreren Näherungen erhält man die Temperatur der Pulpe beim Eintritt in den achten Vorwärmer. Durch dieses bei jedem Glied der Vorwärmerserie wiederholte Verfahren erhält man schließlich die Temperatur der in die Autoklavenserie eingetretenen Pulpe. Falls diese mit den vorausgesetzten 95 °C übereinstimmt, war die Rechnung richtig; anderenfalls muß man sie wiederholen, indem die anzunehmende Austrittstemperatur des ersten Autoklaven verändert wird. Diese kurze Übersicht über das Rechenverfahren erklärt, weshalb diese Rechnung für die elektronische Rechenmaschine programmiert wurde. Der Rechengang besteht aus der vielfachen Wiederholung der iterativen Lösung eines exponentiellen Gleichungssystems, einmal für jeden Vorwärmer, zum anderen für die aus acht Vorwärmern bestehende Expansionsserie. Die gesamte kalorische Berechnung einer einzigen Schaltung mit nicht einmal allzu großer Genauigkeit nimmt ungefähr drei Wochen eines Ingenieurs in Anspruch. Es ist offensichtlich, daß die manuelle Auswahl der besten der 256 möglichen Varianten aussichtslos ist.

Vor der ausführlichen Beschreibung der mathematischen Behandlung sollen noch einige Ausgangsvoraussetzungen und eine Definition der benutzten Kurzzeichen angegeben werden. Aus den Messungen der Wärmebilanz der kontinuierlichen Aufschlußserie in der Tonerdefabrik von Ajka ergab sich, daß der Wärme-Wirkungsgrad einer mit größenordnungsmäßig gleicher Dampfentwicklung bzw. mit gleichem Dampfverbrauch arbeitenden Expansionsgefäß-Pulpevorwärmer-Stufe 85% beträgt. Der Wärme-Wirkungsgrad der Autoklavenheizung wurde in der Rechnung mit 90% angenommen. Bei verhältnismäßig hohen Temperaturen (200 °C und darüber) verändert sich die spezifische Wärme des Wassers beträchtlich. Deshalb wurde die nicht ganz exakte Näherung benutzt, nach der sich die spezifische Wärme der Pulpe proportional zu der Tabellen entnehmbaren spezifischen Wärme des Wassers verändert.

Die spezifische Wärme des Wassers ist mit Hilfe einer nach der Wasserdampftabelle aufgestellten Näherungsgleichung zweiten Grades ermittelt worden. Auf ähnliche Weise entstanden Näherungsgleichungen für den Wärmeinhalt des Wasserdampfs in gesättigtem und den Expansionsstufen entsprechendem überhitzten Zustand. Die Siedepunktserhöhung der Pulpe war einheitlich mit 11 °C festgelegt. Sie nimmt mit sinkender Temperatur etwas ab; bei niedrigen Temperaturen erhöht sich jedoch die Konzentration der Pulpe wegen der Eindampfung in den Expansionsstufen. Da keine genauen Angaben vorlagen, konnte die Annahme konstanter Siedepunktserhöhung als annehmbare Näherung betrachtet werden.

Bei den Rechnungen wurden folgende Kurzzeichen benutzt: die Temperatur der Pulpe vom ersten Vorwärmer bis zum Austrittspunkt des ersten Autoklaven: A_1 bis A_9; der diesen Temperaturen entsprechende Wärmeinhalt: B_1 bis B_9; die Expansionstemperaturen in den zwei Kondensatexpansionsgefäßen: C_1 und C_2; in den acht Expansionsstufen der Pulpe: C_3 bis C_{10}; die entsprechenden Wärmeinhalte: D_1 und D_2 bzw. D_3 bis D_{10}.

G_0 ist der Hochdruckdampfverbrauch in t/h', G_1 die in der ersten Expansionsstufe des reinen Kondensats entwickelte Dampfmenge, G_2 die von der letzten Expansionsstufe an andere Stellen der Anlage übergebene Dampfmenge, G_3 bis G_{10} sind die Expansionsdampfmengen der 8 Expansionsstufen, und G_{11} ist die Summe der mit den erwähnten Faktoren berechneten Dampfmengen. G_1 ist, falls Dampf aus der Autoklavenserie abgegeben wird, negativ. Verbraucht die Autoklavenserie Niederdruckdampf, ist es positiv. Q bezeichnet den Dampfwärmeinhalt bei der im Index angegebenen Temperatur.

P bedeutet die Zahl der Heizelemente des ersten Autoklaven, der mit dem ersten Expansionsdampf des reinen Kondensats beheizt wird. Das Zeichen des mit dem zweiten Expansionsdampf des reinen Kondensats und mit dem Niederdruckdampf beheizten Vorwärmers ist K. N ist die laufende Indexzahl der Vorwärmer, J die der Expansionsstufen.

Dementsprechend sind die folgenden Gleichungen aufstellbar:

Für die mit Hochdruckdampf beheizten Autoklaven gilt:

$$G_0 = (236{,}4 - B_9) \cdot 0{,}3354\,.$$

Für den ersten Autoklaven:

a) $$(236{,}4 - B_9) \cdot 0{,}3354 \cdot (256{,}3 - D_1) = 1{,}825\,P\,(C_1 - A_9)\,.$$

$$G_1 = \frac{(236{,}4 - B_9) \cdot 0{,}3354 \cdot (256{,}3 - D_1)}{Q\,C_1 - D_1}\,.$$

b) $$150{,}7 \cdot (236{,}4 - D_3) = 1{,}825\,(31 - P) \cdot (C_3 - A_9 - 11)\,.$$

$$G_3 = \frac{150{,}7\,(236{,}4 - D_3)}{Q\,C_3 - (C_3 - 11)'}\,.$$

$$B_8 = B_9 - 0{,}85 \cdot (236{,}4 - D_3) - 0{,}001892 \cdot (236{,}4 - B_9) \cdot (256{,}3 - D_1)\,.$$

Für den K-Vorwärmer:

$$\frac{94{,}12 \cdot [A\,K - A \cdot (K-1)]}{\ln \dfrac{C_2 - A\,(K-1)}{C_2 - A\,K}} = (236{,}4 - B_9) \cdot 0{,}3354 \cdot (D_1 - D_2)\,.$$

$$B\,(K-1) = B\,K - 0{,}001892 \cdot (236{,}4 - B_9) \cdot (D_1 - D_2)\,.$$

Für die J-Expansionsstufe:

$$G\,(J+2) = \frac{(150{,}7 - \sum_{L=3}^{J+1} G\,L) \cdot [D\,(J+1) - D\,(J+2)]}{Q\,C\,(J+2)' - [C\,(J+2) - 11]}\,.$$

$$B\,(N-1) = N\,B - 0{,}00564 \cdot \left[150{,}7 - \sum_{L=3}^{J+1} G\,L\right] \cdot [D\,(J+1) - D\,(J+2) + H\,J]\,.$$

$$\frac{94{,}12 \cdot [A\,N - A\,(N-1)]}{\ln \dfrac{C\,(J+2) - A\,(N-1) - 11}{C\,(J+2) - A\,N - 11}} = \left[150{,}7 - \sum_{L=3}^{J+1} G\,L\right] \times [D\,(J+1) - D\,(J+2) + H\,J]\,.$$

Hierin ist:

$H\,J = G_3 \cdot (C_3 - 11)' + G_4 \cdot (C_4 - 11)' - (G_3 + G_4) \cdot (C_6 - 11)'$, wenn $J = 4$.

$= (G_3 + G_4 + G_6) \cdot (C_6 - 11)' + G_5 \cdot (C_5 - 11)'$
$- (G_3 + G_4 + G_5 + G_6) \cdot (C_8 - 11)'$, wenn $J = 6$.

$= (G_3 + G_4 + G_5 + G_6 + G_8) \cdot (C_8 - 11)' + G_7 \cdot (C_7 - 11)'$
$- (G_3 + G_4 + G_5 + G_6 + G_7 + G_8) \cdot (C_{10} - 11)'$, wenn $J = 8$.

$= 0$ in allen weiteren Fällen

und $N = 9 - J$, wenn $J > 9 - K$, und $N = 10 - J$, wenn $J < 10 - K$.

Die mit ' bezeichneten Temperaturen bedeuten spezifische Wasserwärmeinhalte; die mit ' versehenen Dampfwärmeinhalte bedeuten Enthalpiewerte des überhitzten Dampfes.

Die benutzten Näherungsgleichungen sind:

$$B = 3{,}796 + 0{,}9268\,A + 0{,}00036\,A^2\,.$$

$$Q\,A = 614{,}02 + 0{,}1069\,A + 0{,}002148\,A^2 - 0{,}00000679\,A^3\,.$$

$$Q\,A' = 585{,}47 + 0{,}6107\,A - 0{,}000629\,A^2 - 0{,}000001235\,A^3\,.$$

Aus diesen Ausgangsgleichungen sind folgende Zusammenhänge abzuleiten:

$$(0{,}028544 - 0{,}000120744\,B_9)\,C_1^2 + (73{,}485 - 0{,}31085\,B_9 + 1{,}825\,P)\,C_1 - (20020{,}7 + 1{,}825\,P \cdot A_9 - 84{,}69\,B_9) = 0\,. \tag{1}$$

$$0{,}054252\,C_3^2 + (196{,}244 - 1{,}825\,P) \cdot C_3 - (35675{,}7 + 56{,}575\,A_9 - 20{,}075\,P - 1{,}825\,P \cdot A_9) = 0. \tag{2}$$

$$B\,(K-1) = 3{,}796 + 0{,}9268\,A \cdot (K-1) + 0{,}00036\,A \cdot (K-1)^2\,. \tag{3a}$$

$$D_2 = 3{,}796 + 0{,}9268\,C_2 + 0{,}00036\,C_2^2\,. \tag{3b}$$

$$B\,K - B \cdot (K-1) - 0{,}001892 \cdot (236{,}4 - B_9)\,(D_1 - D_2) = F = 0\,. \tag{3c}$$

$$C_2 = A\,K + \frac{A\,K - A \cdot (K-1)}{\exp \dfrac{0{,}53087}{0{,}9268 + 0{,}00036 \cdot [(A\,K - A \cdot (K-1)]} - 1}\,. \tag{3d}$$

$$B\,(N-1) = 3{,}796 - 0{,}9268\,A \cdot (N-1) + 0{,}00036\,A \cdot (N-1)^2\,. \tag{4a}$$

$$D\,(J+2) = 3{,}796 + 0{,}9268\,C \cdot (J+2) + 0{,}00036\,C \cdot (J+2)^2\,. \tag{4b}$$

$$B\,N - B\,(N-1) - 0{,}00564035 \cdot \left[(150{,}7 - \sum_{L=3}^{T+1} G\,L)\right] \times [D\,(J+1) - D\,(J+2) + H\,J] = F = 0\,. \tag{4c}$$

$$C\,(J+2) = A\,N + 11 + \frac{A\,N - A \cdot (N-1)}{\exp \dfrac{0{,}53087}{0{,}9268 + 0{,}00036 \cdot [A\,N + A \cdot (N-1)]} - 1}\,. \tag{4d}$$

Die Lösung besteht, wie bereits erwähnt, darin, daß der A_8-Wert geschätzt, bei gegebenem P-Wert die Gleichungen zweiten Grades (1) und (2), danach die Gleichungssysteme (3a) bis (3d) bzw. (4a) bis (4d) bei ebenfalls gegebenem K-Wert gelöst werden, bis der F-Wert mit der erforderlichen Genauigkeit (z. B. 0,0001 °C) den Nullwert erreicht. Das Gleichungssystem (3) wurde einmal und das Gleichungssystem (4) siebenmal auf die einzelnen Vorwärmer durchgerechnet, und zwar bis zum Erreichen eines Werts A_0, der mit der mehrmaligen Wiederholung der Rechnung zu 95 °C genähert werden muß.

Das Programm wurde im Autocode des Elliot-803-Rechenautomaten zusammengestellt. Es wurde so verfaßt, daß die zwei Kennzahlen der verschiedenen Varianten, das Kennzeichen K des mit reinem Dampf geheizten Vorwärmers und die Aufteilungsproportion P der Heizfläche des ersten Autoklavs im Betrieb, vom Steuerpult eingegeben werden können.

Nach dieser Methode ist die Bestimmung der optimalen Schaltung mit der Errechnung von 6 bis 15 Varianten möglich. Diese Rechnungen sind auf Vorwärmerserien von 8, 12 und 16 Stufen – innerhalb der auf 100, 150 und 200 m² Fläche mit Expansionsdampf und auf 100, 200 und 300 m² Fläche mit Niederdruckdampf geheizten Vorwärmerstufen – ausgeführt worden. Es wurde also das Optimum von 27 Varianten ermittelt, das die Errechnung von 247 Schaltungsvarianten bedeutete. Auf Grund der Ergebnisse gelang es, eine allgemeine Gleichung zu bestimmen, die als Funktion von Stufenzahl und Flächen den Dampfverbrauch der Aufschlußserie ergibt und zur Bestimmung der optimalen Stufenzahl und der optimalen Heizflächen dienen kann. Zur Zeit wird an der Ermittlung der Investitionskosten der einzelnen Varianten gearbeitet. Nach Beendung dieser Rechnungen kann das wirtschaftliche Optimum bestimmt werden.

Diese Rechnungen haben etwa 12 Stunden Maschinenzeit und 2 Ingenieurmonate gekostet, wogegen bei manueller Ausarbeitung 20 Ingenieurjahre nötig gewesen wären; sie hätten also nie durchgeführt werden können.

Dr. Georg Sigmond
Forschungsinstitut für Metallindustrie, Budapest

ANWENDUNG DER KORRELATIONSRECHNUNG MITTELS ELEKTRONISCHER RECHENAUTOMATEN AUF DEN AUSRÜHRPROZESS BEI DER TONERDEHERSTELLUNG

Voraussetzung für die Anwendung mathematischer Methoden ist die mathematische Analyse eines gegebenen Prozesses bzw. Betriebs. Hierfür hat sich die Korrelationsrechnung bewährt, die von uns unter anderem zur Analyse des Ausrührens, eines Teilprozesses der Tonerdeherstellung, verwendet wurde. Mit Hilfe des Korrelationsrechnens konnten Zusammenhänge bestimmt werden, die vorher nicht bekannt waren, und es ließen sich dadurch Schlüsse ziehen, die zur Erhöhung der Wirtschaftlichkeit des Ausrührprozesses beitragen.

Die Korrelationsrechnung

Das Prinzip der Korrelationsrechnung darf als bekannt vorausgesetzt werden. Zum besseren Verständnis der folgenden Ausführungen soll jedoch die Methode kurz erläutert werden.

In der klassischen Physik haben die Zusammenhänge zwischen den einzelnen Faktoren im allgemeinen einen funktionellen Charakter: Zum gegebenen Wert eines Faktors gehört ein bestimmter Wert eines anderen Faktors. Der Zusammenhang der Faktoren kann im allgemeinen durch eine mathematische Gleichung ausgedrückt werden.

Die Zusammenhänge in der Betriebspraxis werden dadurch charakterisiert, daß der Wert des einen Faktors den Wert des anderen Faktors nicht eindeutig bestimmt; jedoch liegt eine gewisse Beziehung zwischen dem Wert des einen Faktors und dem Durchschnittswert des anderen vor. Diese wird stochastische Beziehung bzw. Korrelation genannt. Mit der numerischen Analyse solcher Beziehungen beschäftigt sich die Korrelationsrechnung. Mit ihrer Hilfe können die zwischen dem Wert des einen Faktors und dem Druchschnittswert des anderen Faktors bestehenden stochastischen Zusammenhänge in gewisser Hinsicht durch funktionelle Beziehungen angegeben werden. Es ist allerdings wichtig zu wissen, wie stark die fraglichen Werte von ihrem Durchschnittswert abweichen. Deshalb muß die Geschlossenheit dieser Beziehung in der Korrelationsrechnung mit bewertet werden.

Wenn zwei Größen, zwischen denen eine stochastische Beziehung besteht, im Koordinatensystem dargestellt werden, so entsteht eine Punktwolke. Ihr kann gewöhnlich eine Gerade oder eine Kurve zugeordnet werden, die sich dem Durchschnittswert der Punkte am besten anpaßt. Die in der Korrelationsrechnung angewandte Methode ist die Methode der kleinsten Quadrate, nach der die Gerade oder Kurve so bestimmt wird, daß die Quadratsumme der aus den Koordinaten ihrer einzelnen Punkte und aus den Koordinaten der ursprünglichen Werte gebildeten Differenzen ein Minimum ergibt. Die dadurch erhaltene Gerade oder Kurve wird die regressive Linie der Y-Variablen genannt. Die stochastische Beziehung kann in gewisser Weise durch die Werte der regressiven Linie ersetzt werden. Allerdings ist die Einführung einer Meßzahl notwendig, die angibt, wie dicht sich die stochastische Beziehung dem durch die regressive Linie vertretenen funktionelle Zusammenhang annähert.

Kennzeichnung der Geschlossenheit des Zusammenhangs

Die Schwankungen der ursprünglichen Y_i-Werte der abhängigen Veränderlichen um ihren mathematischen Mittelwert $\bar{Y}$, d. h. ihre Streuung σ_y, sind festzustellen:

$$\sigma_y = \frac{(Y_i - \bar{Y})^2}{n},$$

wobei n die Zahl der Daten bedeutet.

Weiterhin ist die durch die Differenz der gemessenen Y_i- und der berechneten Y'_i-Werte gebildete Quadratsumme der „Reste"

$$\text{Rest} = \sum (Y_i - Y'_i)^2$$

und die Standard-Abweichung

$$S_{y'} = \frac{(Y - Y')^2}{n}$$

zu berechnen.

Hieraus kann der die Enge des Zusammenhangs charakterisierende Korrelationskoeffizient abgeleitet werden:

$$r = 1 - \frac{(Y - Y')^2}{(Y - \bar{Y})^2}.$$

Der Wert von r liegt zwischen 0 und 1. Wenn dieser Wert in der Nähe von 1 liegt, so ist der Zusammenhang eng; liegt er in der Nähe von 0, so besteht kein Zusammenhang.

Vielfache Korrelation

Obenstehend wurde der Zusammenhang von zwei Faktoren behandelt In der technischen Praxis ist aber der Wert eines Faktors gewöhnlich das Resultat des Zusammenwirkens mehrerer Einflußfaktoren. Daraus ergibt sich das Problem der vielfachen Korrelation.

Da das zweidimensionale Koordinatensystem nicht anwendbar ist, wird die Darstellung mit Hilfe von Zeitreihen durchgeführt, d. h., es werden die Werte der abhängigen Veränderlichen und die an ihrer Bildung teilnehmenden unabhängigen Veränderlichen in gewissen Zeitpunkten genannt. Diese Werte können oft auch in einem Koordinatensystem dargestellt werden, das als Ausgangspunkt zur Erschließung der Zusammenhänge dienen kann.

Bei zwei Variablen wird der stochastische Zusammenhang im linearen Fall durch folgende Gleichung dargestellt:

$$Y' = a + b X ;$$

bei kurvenartigem Zusammenhang durch

$$Y' = f(X) ,$$

wobei Y' die berechneten Werte der abhängigen Variablen und X die bemessenen Werte der unabhängigen Variablen vertritt.

Bei mehrveränderlicher Korrelation ist der Zusammenhang im linearen Fall mit der Gleichung

$$Y' = a + b_1 X_1 + b_2 X_2 + b_3 X_3 + \cdots$$

charakterisiert. Schon an dieser Stelle muß bemerkt werden, daß im Falle mehrerer Variablen die nichtlinearen Zusammenhänge im allgemeinen sehr schwierig zu analysieren sind. Zweckmäßiger ist es, mit linearen Zusammenhängen zu arbeiten. Diese sind zwar weniger genau, doch entschädigt die wesentliche Vereinfachung der Berechnungen gewöhnlich reichlich für die Verminderung der Genauigkeit.

Die Darstellung des Ausrührvorgangs

Im Verlaufe der Tonerdeherstellung gewonnene verdünnte, abgekühlte Natriumaluminatlauge gelangt nach Zugabe des Tonerdehydrat-Impfstoffs in Rührbehälter, wo die Lauge sich zersetzt und, abhängig von der Ausrührzeit und anderen Faktoren, 50–60% der gelösten Tonerde in Form von Tonerdehydrat ausgeschieden werden.

Der Ausrühreffekt ist für den Kreislaufwirkungsgrad und den Energieaufwand von entscheidender Bedeutung. Obwohl die auf den Ausrühreffekt einwirkenden Faktoren seit Beginn der Tonerdeherstellung bekannt sind, konnte bisher eine Auswertung der gemeinsamen Auswirkungen dieser Faktoren noch nicht vorgenommen werden. In Abb. 1 ist der Verlauf des Ausrühreffekts innerhalb von 100 Dekaden dargestellt. Aus der Abbildung geht hervor, daß der Effekt große Schwankungen aufweist. Für einen wirtschaftlicheren Betrieb ist es notwendig, jene Faktoren, die den Ausrührprozeß beeinflussen, gründlich zu überprüfen.

Aus der annähernd hundertjährigen Praxis der Tonerdeherstellung ist bekannt, daß der Ausrühreffekt (dessen prozentualer Wert nachfolgend mit Y bezeichnet wird) hauptsächlich durch 6 Faktoren beeinflußt wird:

X_1 Ausrührzeit (Stunden),
X_2 Impfverhältnis (Verhältnis des sich im Impfstoff bzw. in der Aluminatlauge befindenden Al_2O_3-Gehalts),
X_3 Endtemperatur des Vorgangs,

X_4 Kornzusammensetzung des Impfstoffs (die durch die sogenannte Benzolzahl charakterisiert wird),
X_5 Molverhältnis der Aluminatlauge: Mol Na_2O/Mol Al_2O_3,
X_6 Konzentration der Aluminatlauge: Na_2O g/l.

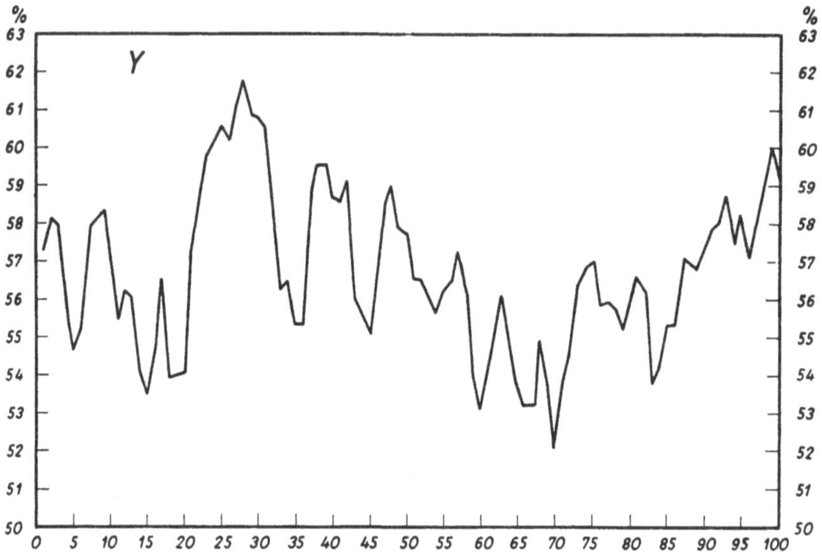

Abb. 1

Ausgangswerte

An Stelle einer ausführlichen Aufzählung der Daten gebe ich einige charakteristische Datenserien an:

Y	X_1	X_2	X_3	X_4	X_5	X_6
57,3	110,6	2,29	42,5	10,7	1,83	126,2
54,7	106,9	2,28	44,4	7,9	1,86	129,1
53,5	91,8	2,16	43,5	8,9	1,85	130,1
60,2	118,1	2,44	40,9	11,9	1,83	126,8

Aus den Angaben geht hervor, daß sowohl die abhängigen als auch die unabhängigen Veränderlichen große Schwankungen aufweisen. Die Schwankungen der abhängigen Veränderlichen übersteigen 10%. Zur Durchführung der Korrelationsrechnung sind folgende Werte zu bilden: der Durchschnittswert der eine Variable betreffenden Daten, die einzelnen Abweichungen vom Durchschnittswert, die Quadratzahlen der Abweichungen und ihr gegenseitiges Produkt. Zum Schluß ist aus den Ergebnissen ein Gleichungssystem mit mehreren Unbekannten — die sogenannte Normalgleichung — zu bilden und zu lösen. Darauf wird noch näher eingegangen.

Die rechnerische Arbeit würde auch mit Hilfe einer elektrischen Rechenmaschine noch mehrere hundert Stunden in Anspruch nehmen. Deshalb sollten die Berechnungen unbedingt mit einem elektronischen Rechenautomaten durchgeführt werden.

Berechnung mittels eines elektronischen Rechenautomaten

Die Berechnungen wurden mit dem elektronischen Rechenautomaten Ural I durchgeführt. Das Programm haben wir selbst ausgearbeitet. Die Programmierung der Auswertung der oben erwähnten Produktsummen bereitete keine besonderen Schwierigkeiten. Allerdings ist die Programmierung der Lösung der aus den Produktsummen gebildeten Normalgleichung außerordentlich kompliziert.

Die zu lösende Normalgleichung hat folgende Form:

$$\begin{bmatrix} x_1 x_1 + x_1 x_2 + x_1 x_3 + \cdots x_1 x_n \\ x_1 x_2 + x_2 x_2 + \cdots\cdots\cdots x_2 x_n \\ x_1 x_3 + x_2 x_3 + \cdots\cdots\cdots x_3 x_n \\ \vdots \quad \vdots \quad \vdots \\ x_1 x_n + x_2 x_n + \cdots\cdots\cdots x_n x_n \end{bmatrix} \cdot \begin{bmatrix} b_1 \\ b_2 \\ b_3 \\ \vdots \\ b_n \end{bmatrix} \cdot \begin{bmatrix} x_1 y \\ x_2 y \\ x_3 y \\ \vdots \\ x_n y \end{bmatrix},$$

d. h., sie ist mit Matrix-Formelzeichen markiert:

$$A \cdot b = x\,y\,.$$

Die Sätze $x_i\,x_j$ bzw. $x_i\,y$ vertreten die nach obigen Gesetzmäßigkeiten gebildeten Produktsummen. Zu ihrer Lösung ist es zweckmäßig, die sogenannte Simplexmethode anzuwenden, wobei die Spalten der Matrix nacheinander eliminiert werden.

Als Resultat der Berechnungen kann der Ausrühreffekt als Funktion der sechs Variablen durch folgende regressive Gleichung ausgedrückt werden:

$$Y' = 52{,}82 + 0{,}0867\,X_1 + 3{,}52\,X_2 - 0{,}192\,X_3 + 0{,}430\,X_4 - 2{,}611\,X_5 - 0{,}0358 X_6\,.$$

Der Rechenautomat hat außer den Koeffizienten in obiger Gleichung auch die sogenannten β-Werte, mit deren Hilfe feststellbar ist, in welchem Maße sich die einzelnen Faktoren an der Gestaltung des Ausrühreffekts beteiligen, berechnet, ferner den totalen Korrelationsindex ($R = 0{,}86$), der die Enge der Beziehung charakterisiert, den Standardfehler (1,04%) sowie den relativen Fehler (1,83%).

Auf Grund der Ergebnisse konnte festgestellt werden, daß am Ausrühreffekts in erster Linie die Ausrührzeit, das Impfverhältnis und die Feinheit des Impfstoffs beteiligt sind. Die Endtemperatur des Ausrührens ist von geringerer Bedeutung; die Auswirkungen des Molekularverhältnisses und der Konzentration der Aluminatlauge können hingegen vernachlässigt werden. Aus der regressiven Gleichung ergaben sich diejenigen b_i-Werte, die zeigen, wie sich Veränderungen der unabhängigen Variablen auf die veränderliche Variable auswirken. Daraus konnte geschlossen werden, daß eine weitere Steigerung des Impfverhältnisses wirtschaftlich ist. Diese Maßnahme wurde im Betrieb durchgeführt, und der Erfolg ließ sich nachweisen.

In modernen Rechenautomaten (Ural II, Elliott 803) stehen uns für die Korrelationsrechnung fertige Programme zur Verfügung. So werden den Rechenautomaten ausschließlich die Ausgangswerte eingegeben, die von der Maschine aufgearbeitet werden. Vom Kommandopult aus können wir auf beliebige Relationen der verschiedenen Variablen durch Knopfdruck eine Antwort erlangen. Dem Gerät kann die Anweisung gegeben werden, eine beliebige Variable sowohl als abhängige wie auch als unabhängige Variable zu behandeln.

Die entsprechenden Berechnungen wurden mit dem elektronischen Rechenautomaten Elliott 803 durchgeführt. Diesem Gerät kann nach Berechnung der Durchschnittswerte der Variablen Anweisung gegeben werden, für jede Variable die Streuungs- und die Restquadrate

$$(X_i - X_i')^2$$

und die auf einen Freiheitsgrad bezogenen Streuungs- bzw. Restquadrate

$$\frac{(X_i - X_i')^2}{D\,F}$$

zu berechnen, wobei X_i die effektiven Werte der Variablen bedeutet. Im Falle *einer* Variablen ist X_i' gleich $\overline{X}$, im Falle mehrerer Variablen hingegen gleich X. DF bedeutet den Freiheitsgrad, d. h. die Differenz zwischen den Datengruppen und der Zahl der in Betracht kommenden Variablen (bei 100 Daten und bei Beobachtung einer Variablen beträgt $DF = 99$). Dementsprechend berechnet das Gerät im Falle einer Variablen das dem Durchschnittswert der betreffenden Variablen nahekommende Streuungsquadrat und im Falle mehrerer Variablen das aus der Differenz der effektiven und der berechneten Werte von der abhängigen Variablen gebildete Restquadrat.

In der nächsten Etappe wird der Maschine Anweisung gegeben, den Zusammenhang der als abhängig angenommenen Variablen hinsichtlich jeder unabhängigen Variablen paarweise zu untersuchen. Die dadurch auf einen Freiheitsgrad fallenden Restquadratwerte zeigen die Enge des Zusammenhangs: Je mehr sich der Wert des Restquadrats vermindert, desto enger ist der Zusammenhang. Zum engsten Zusammenhang gehört das kleinste Restquadrat.

Im Falle der als Beispiel angeführten Ausrührungskorrelation lauten die von der Maschine Elliott 803 ausgedruckten primären Daten wie folgt:

Laufzahl Unabhängige Variable	Korrelations-koeffizient b_i	Standard-fehler b_i	Freiheitsgrad $D\,F$	$\Sigma\,(X_i - X_i')^2$	$\frac{\Sigma\,(X_i - X_i')^2}{D\,F}$
(Untersuchung der abhängigen Variablen an sich)			99	436,8	4,412
1	0,1363	0,01877	98	283,9	2,897
2	5,229	0,6258	98	**255,1**	**2,603**
3	−0,3608	0,1004	98	385,9	3,938
4	0,4726	−0,09592	98	350,1	3,572
5	21,87	8,273	98	407,7	4,160
6	−0,3834	−0,08188	98	356,9	3,642

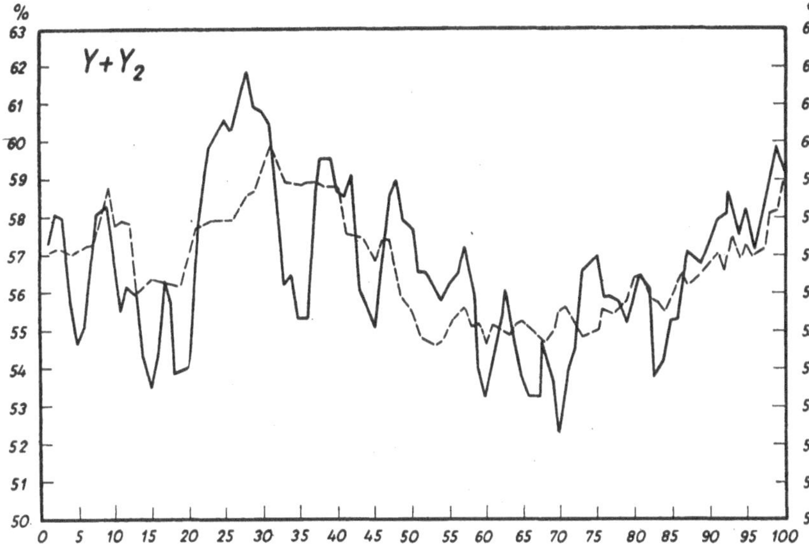

%
63
62
61
60
59
58
57
56
55
54
53
52
51
50
Y+Y2
0 5 10 15 20 25 30 35 40 45 50 55 60 65 70 75 80 85 90 95 100

Abb. 2

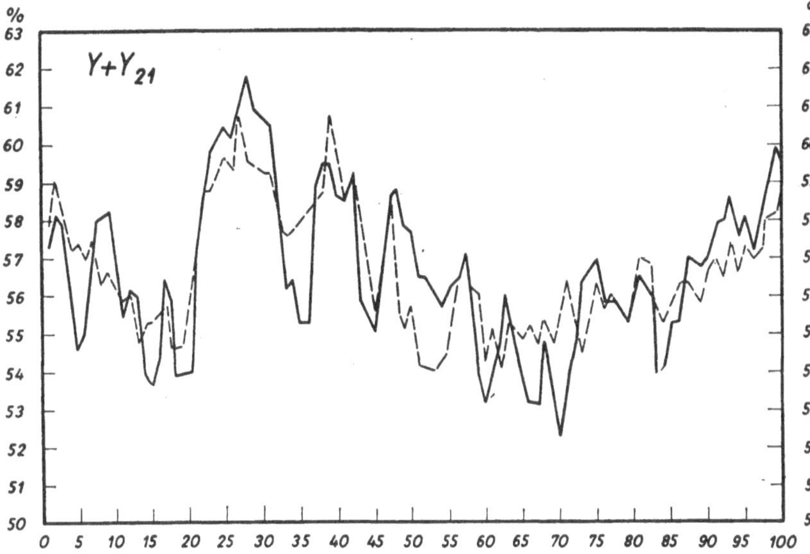

%
63
62
61
60
59
58
57
56
55
54
53
52
51
50
Y+Y21
0 5 10 15 20 25 30 35 40 45 50 55 60 65 70 75 80 85 90 95 100

Abb. 3

Ein minimales Restquadrat wird dann erzielt, wenn die abhängige Variable mit der unabhängigen Variablen Nr. 2 in Zusammenhang gebracht wird. Demzufolge wurden die Schwankungen der abhängigen Variablen von den Schwankungen der 2. Variablen in stärkstem Maße beeinflußt. Aus Abb. 2 sind die effektiven Werte der abhängigen Variablen sowie die als Funktion der 2. Variablen berechneten Werte zu ersehen.

Danach erhält das Gerät die Anweisung, diejenige nachfolgende Variable auszuwählen, die bei der 2. abhängigen Variablen das Restquadrat am meisten vermindert. Es zeigt sich, daß sich das Restquadrat beim Heranziehen der 1. unabhängigen Variablen am meisten vermindert (bis auf 1,757), während beim Heranziehen mehrerer Variablen der Wert den vorherigen übertrifft. Als Funktion der 1. und 2. Variablen ausgedrückte Y'-Werte sind in Abb. 3 dargestellt.

Diese Methode fortsetzend, erhalten wir die in der Tabelle festgelegten optimalen Werte:

Unabhängige Variable Laufzahl	b_i	DF	Restquadrat	$\frac{\text{Restquadrat}}{(DF)}$	Abbildung
2 1 4	3,894 0,1028 0,3712	96	118,0	1,230	Nr. 4
2 1 4 3	3,559 0,08913 0,4290 −0,1869	95	108,1	1,137	Nr. 5

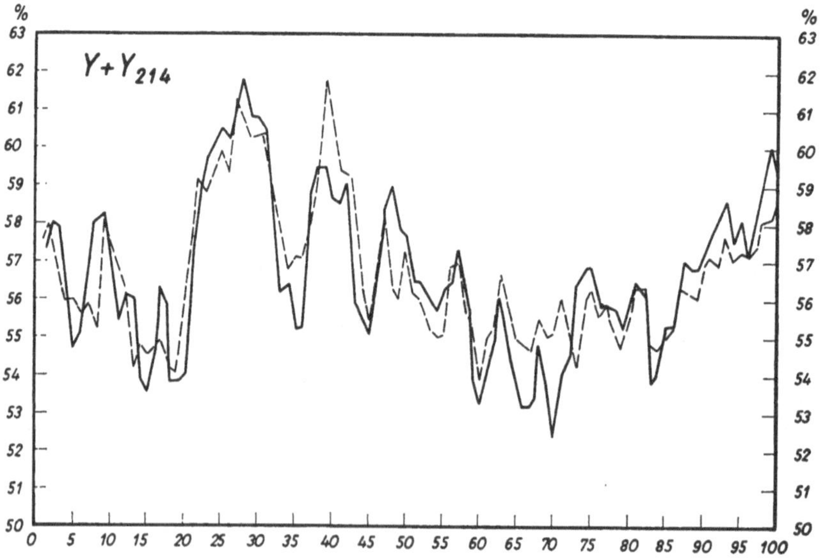

Abb. 4

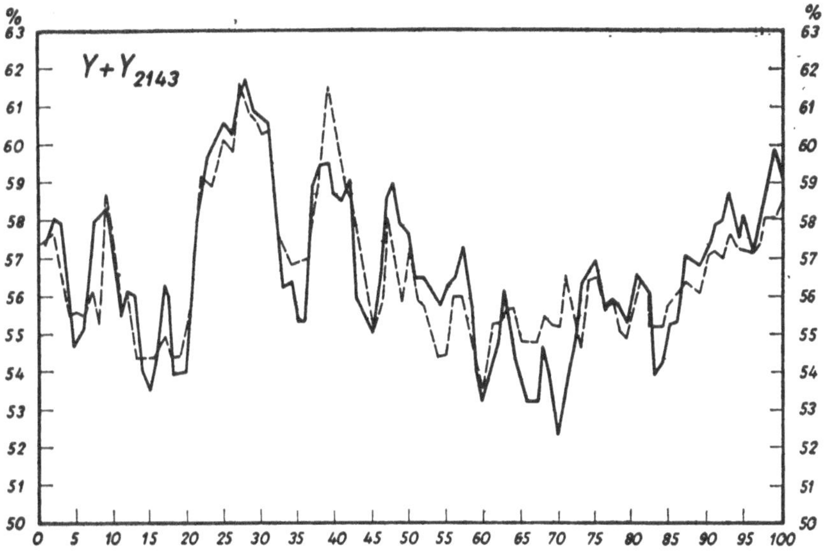

Abb. 5

Die Heranziehung weiterer Variablen erhöht das Restquadrat erneut. So hatten die 5. und 6. unabhängige Variable in der beobachteten Zeitspanne auf die Gestaltung der abhängigen Variablen keinen bedeutenden Einfluß; sie können deshalb aus der Regressionsgleichung weggelassen werden. Das zeigt sich auch daraus, daß der aus den ersten vier Variablen berechnete Korrelationsindex $R = 0{,}87$ beträgt, eine Zahl, die die aus sechs Variablen berechnete Zahl 0,86 übertrifft. Letzten Endes lautet die Gleichung des Ausrührprozesses in der Funktion der geprüften Variablen wie folgt:

$$Y' = 42{,}85 + 0{,}08913\ X_1 + 3{,}559\ X_2 - 0{,}1869\ X_3 + 0{,}4290\ X_4 .$$

Vergleicht man diese Gleichung mit der von der Maschine Ural I berechneten, so kann festgestellt werden, daß sich die Werte der regressiven Faktoren mit dem Wegbleiben der 5. und 6. unabhängigen Variablen nur sehr wenig veränderten. Der Ausrühreffekt wird in erster Linie durch die 2., 1., 4. und 3. unabhängige Variable beeinflußt, deren Veränderung im Ausrühreffekt die mit b_i-Wert bestimmte Veränderung verursacht. Wie schon erwähnt, wurden die rechnerisch ermittelten Werte durch die Betriebsergebnisse bestätigt. Vor allem mit der Veränderung der Variablen X_2 konnten wirtschaftliche Ergebnisse erzielt werden.

Nichtlineare Korrelation

In der technischen Praxis ist die Anzahl der linearen Beziehungen leider nur gering. Am häufigsten kann der zwischen den Faktoren bestehende Zusammenhang mit einer Kurve angenähert werden. Die am meisten auftretenden Kurventypen sind die exponentiellen, parabolischen und hyperbolischen Kurven. Sofern eine zweivariable Korrelation in Betracht kommt, wird am zweckmäßigsten so vorgegangen, daß man die Werte im Koordinatensystem aufträgt und den Zusammenhang entweder mit einem Kurventyp in Näherung darzustellen versucht oder, wenn man keinen anderen Anhaltspunkt besitzt und unter mehreren Kurventypen zu wählen hat, diejenige Kurve aussucht, die das kleinste Restquadrat ergibt. Wenn man eine exponentielle Kurve erhält, so kann diese mit Hilfe der Logarithmen der Werte linear werden, und man behandelt sie als eine zweivariable, lineare, regressive Beziehung. Bei hyperbolischen Beziehungen ist man oft in der Lage, diese Beziehungen zu linearisieren, indem die reziproken Werte der einzelnen Variablen herangezogen werden.

Ein gutes Beispiel dafür ist der Fall der von uns bearbeiteten Adsorption. Beim Gegenstromwaschen der Rotschlämme in Tonerdefabriken entsteht ein empfindlicher Mehrverlust dadurch, daß aus der Aluminatlauge beträchtliche Mengen Ätznatron dem Rotschlamm anhaften. Die Adsorption nimmt mit der Konzentration der Lauge zu; der Zusammenhang ist aber nicht linear. Man findet in der Kurve bei einer Konzentration von 3 g Na_2O/l einen Sprung. Deshalb wurden die sich unter und über 3 g/l befindenden Kurventeile getrennt behandelt. Für jeden Teil — sofern der Zusammenhang, der im ersten Augenblick logarithmisch erscheint, nach dieser Methode berechnet wird — ergibt sich ein verhältnismäßig großes Restquadrat. Dafür versuchten wir bei der Annäherung der Kurven die LANGMUIRsche Isotherme anzuwenden:

$$L = \frac{p\,x}{1 + b\,x}\,,$$

wobei L die in Gewichtsprozent der Trockensubstanz ausgedrückte adsorbierte Menge ist, während b und p Konstanten sind. Die Korrelationsrechnung kann mit obiger Formel nur nach außerordentlich komplizierten und zeitraubenden Berechnungen durchgeführt werden. Das Problem läßt sich aber wesentlich vereinfachen, wenn der reziproke Wert beider Seiten der Gleichung genommen wird:

$$\frac{1}{L} = \frac{1 + b\,x}{p\,x} = \frac{1}{p\,x} + \frac{b}{p}\,.$$

Werden folgende Substituierungen durchgeführt:

$$\frac{1}{L} = Y\,, \qquad \frac{1}{x} = X\,, \qquad \frac{1}{p} = B \quad \text{und} \quad \frac{b}{p} = A\,,$$

so kann die Gleichung wie folgt geschrieben werden:

$$Y = A + B\,X\,.$$

Dies ist eine einfache lineare Form, die entsprechend leicht zu handhaben und bei Vorhandensein großer Datenmengen vorteilhaft auf dem Rechenautomaten zu verarbeiten ist.

Auf Grund der so erhaltenen Formel haben wir festgestellt, daß unter 3 g/l $p = 1{,}633$ bzw. $b = 2$ beträgt; über 3 g/l ist $p = 0{,}429$ bzw. $b = 0{,}28$. Die Versuchsdaten ergaben für diese Kurve mit zwei Abschnitten einen Korrelationsindex $R = 0{,}93$, der wesentlich besser ist als das durch den logarithmischen Zusammenhang erhaltene Ergebnis (0,86). Obige Formel ist zur Berechnung der Massenbilanz beim Gegenstromwaschen des Rotschlamms (gleichfalls eine außerordentlich langwierige iterative Berechnung) unentbehrlich und zugleich bei der

Durchführung der Berechnungen mit dem elektronischen Automaten leicht programmierbar. Mit Hilfe der Berechnungen konnten die wirtschaftlich optimale Waschstufenzahl, die Menge des Waschwassers und der Filtertyp als Funktion der Agglomeration des Schlamms ermittelt werden. Unter Einsatz des elektronischen Rechenautomaten wurde die Wirtschaftlichkeit von 1029 Varianten nach einem 30reihigen Programm überprüft. Die Betriebszeit des Geräts betrug 2 Stunden.

Parabolischer Zusammenhang

In der technischen Praxis begegnet man oft Zusammenhängen, die einer parabolischen Funktion entsprechen, wobei es sehr schwierig zu entscheiden ist, ob die Annäherung mit einer Parabel zweiten Grades oder mit einer logarithmischen Kurve zweckmäßiger ist. Es gibt auch Methoden für manuelle Berechnungen von Parabeln zweiten und dritten Grades. Diese werden in erster Linie dann gebraucht, wenn man aus dem Zusammenhang auch einen entsprechenden technischen Anhaltspunkt ableiten kann. Ist dieser hinsichtlich des Kurventyps nicht vorhanden und ist gleichzeitig die mit der Kurve durchzuführende Annäherung von außerordentlicher Bedeutung, so können wir mit Hilfe eines Polynoms n-ten Grades einen auf dem elektronischen Rechenautomaten bearbeitbaren Annäherungs-Zusammenhang erhalten. Ausgehend von der Gleichung

$$Y' = a + b_1 X + b_2 X^2 + b_3 X^3 + \cdots + b_n X^n$$

und den Substitutionen

$$X = X_1\,, \quad X^2 = X_2\,, \quad X^3 = X_3 \ \ldots \quad \text{usw.},$$

kann man schließlich mit der Gleichung

$$Y = a + b_1 X_1 + b_2 X_2 + \cdots$$

rechnen, die uns aus dem Beispiel der multiplen linearen Regression bekannt und nach den dortigen Ausführungen mit Hilfe des fertigen Programms des Rechenautomaten ohne weiteres bearbeitbar ist. Damit erhalten wir auch für Kurven seltsamster Form genaue Zusammenhänge, und die Maschine gibt nach der behandelten Methode an, wieviel Potenzen der Unbekannten gebraucht werden, um einen richtigen Zusammenhang ausarbeiten zu können. Wenn zum Beispiel die Heranziehung der 5. Potenz in der Rechnung das Restquadrat nicht mehr vermindert, so wird die Annäherung mit dem Polynom vierten Grades durchgeführt.

Zusammenfassung

Es wurde die Korrelationsrechnung und ihre moderne Bearbeitungsweise mit elektronischen Rechenautomaten behandelt. Die zwei betriebsmäßigen Anwendungsbeispiele zeigten, daß diese Methode Analysen technischer Vorgänge erlaubt, die bislang einfach nicht möglich waren. Gleichzeitig gibt sie Hinweise auf notwendige Veränderungen, die die Wirtschaftlichkeit des Betriebes vorteilhaft beeinflussen. Die Berechnungen wurden im Auftrage des Projektierungsbüros der Aluminiumindustrie auf dem elektronischen Rechenautomaten des Ministeriums für Schwerindustrie der Volksrepublik Ungarn durchgeführt.

Dr.-Ing. Karl Kaiser
Hauptmetallurge des VEB Walzwerk Hettstedt

STRANGGIESSEN VON SCHWEREN BUNTMETALLEN

In zahlreichen metallurgischen Fachzeitschriften der Industrieländer wird laufend über das Stranggießen berichtet, wobei zur Zeit der Strangguß von Stahl im Vordergrund steht. Im Jahre 1958 gab E. Herrmann [1] in seinem Handbuch des Stranggießens 327 Literaturstellen und 1347 verschiedene Patente an, ohne die Einzelanmeldungen des gleichen Patents in den verschiedenen Ländern zu berücksichtigen. Inzwischen dürften diese Zahlen um etwa 50% gestiegen sein.

Im Rahmen einer einzigen Abhandlung ist es also nicht möglich, eine umfassende Übersicht auch nur über das Stranggießen von schweren Buntmetallen zu geben. Der Zweck der folgenden Ausführungen soll sein, aus einem in der DDR gelegenen großen Werk der Buntmetallverarbeitung, das sich seit vielen Jahren mit Stranggußproblemen von schweren Buntmetallen befaßt, über Entwicklungsarbeiten und praktische Erfahrungen auf diesem Gebiet zu berichten. Auf längere theoretische Erörterungen und Berechnungen wird deshalb verzichtet. Immerhin scheint es notwendig, einige allgemeine Ausführungen über Wesen und Entwicklung des Stranggießens zu machen.

Begriffsbestimmung

Unter Strangguß versteht man Gießverfahren, bei denen der eingegossene Werkstoff schon während des Gießens als erstarrter Strang aus der Gießform austritt. Der Strang ist länger als die Form. Er kann die Gestalt eines Walzbarrens, eines Rundbolzens, einer Stange, eines Rohres, eines Blechbands oder jeden anderen erzielbaren Querschnitt haben.

Man kann in der Stranggußtechnik zwei große Gruppen unterscheiden. Bei der ersten Gruppe werden Gießformen verwendet, die mit dem eingegossenen Schmelzgut wandern, bis dieses hinreichend erstarrt ist. Die Formen oder Formteile werden dann erneut an den Gießort gebracht. Hierher gehören vor allem Gießbänder, Gießketten und Gießwalzen. Die zweite Gruppe arbeitet mit Gießformen, die im wesentlichen ortsfest und ungeteilt sind, gegen deren Wandung der Gießstrang eine Relativbewegung ausführen muß, wodurch sich besondere Erschwernisse ergeben. Dennoch haben die Verfahren der zweiten Gruppe zur Zeit größere Bedeutung. Der Strangguß höher schmelzender Metalle und Legierungen wird praktisch nur nach Verfahren dieser Gruppe durchgeführt. Es gibt außerdem noch weitere Unterteilungen, wie z. B. ofenunabhängige und ofenabhängige Verfahren und andere.

Mit dem Stranggießverfahren werden verschiedenartige Ziele angestrebt. So wollte man schon in der Frühzeit der Entwicklung Halbzeuge unter Umgehung von kostspieligen und zeitraubenden Zwischenstufen herstellen. Das Fernziel ist ein vollkontinuierliches Verfahren, um das Metall ohne Unterbrechung vom schmelzflüssigen Zustand bis zum fertigen Halbzeug zu verarbeiten. Bei Gußstücken großen Querschnitts, wie Walzbarren und Preßbolzen, kann der Abfall durch Verringerung der verlorenen Köpfe gesenkt werden. Ein wichtiger Gesichtspunkt ist die Verbesserung der Güte durch Unterdrückung von Seigerungserscheinungen und Vermeidung der Lunkerbildung [1, 2].

Entwicklung des Stranggießens

Bereits Henry Bessemer hat sich mit dem Strangguß beschäftigt. Sein diesbezügliches britisches Patent stammt aus dem Jahre 1857 (Abb. 1) [1].

Aber erst die Arbeiten von S. Junghans nach 1927 brachten die entscheidende Wendung in der Entwicklung der Stranggußtechnik zur industriellen Reife. Das Junghans-Verfahren wurde zunächst für Messing eingeführt (Abb. 2) [3].

Ein ganz großer Erfolg war in den dreißiger Jahren dem sogenannten Wassergußverfahren der Vereinigten Aluminiumwerke für Aluminium und dessen Legierungen beschieden (Abb. 3) [4]. Heute, nach etwa 25 Jahren, gibt es wohl keine

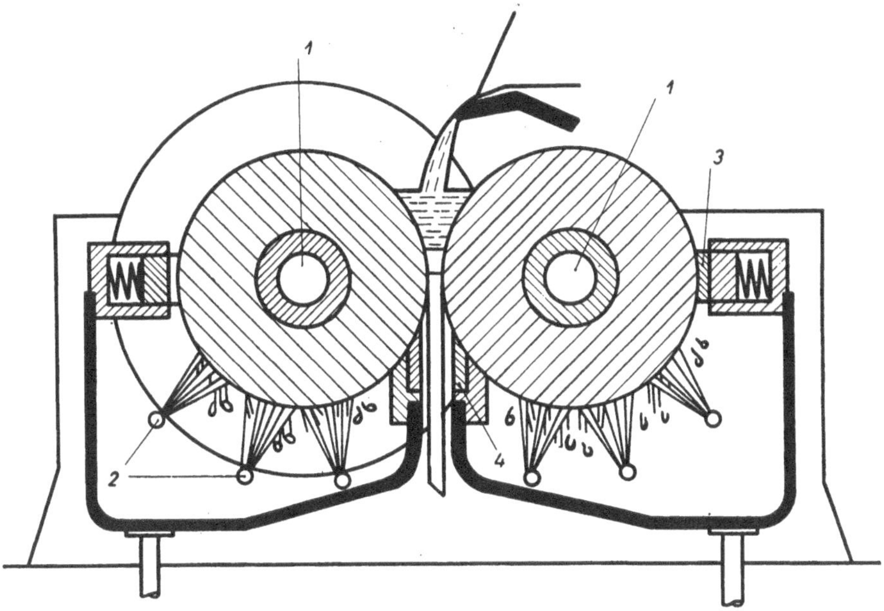

Abb. 1. Stranggießverfahren von Henry Bessemer [1]

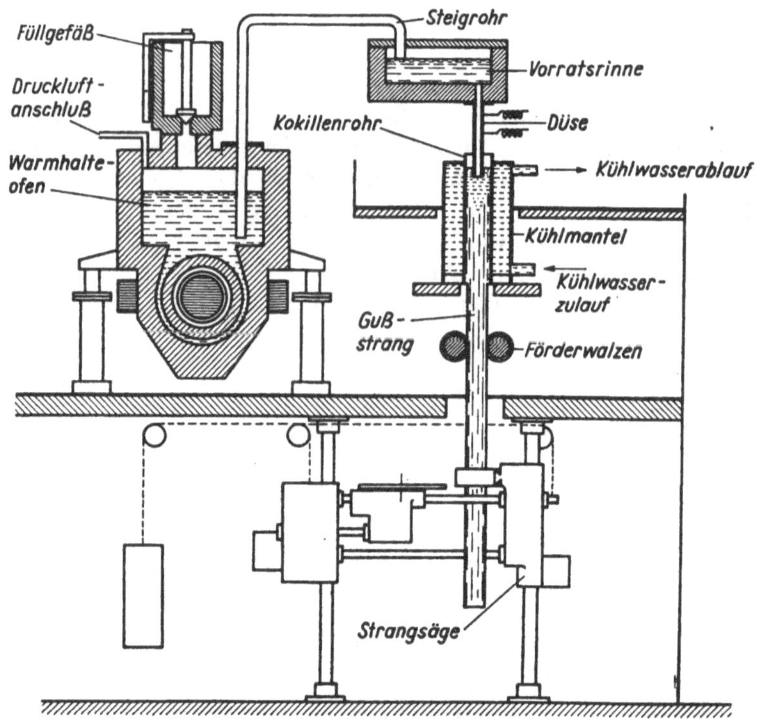

Abb. 2. Vollkontinuierliche Stranggießanlage für Messing von S. JUNGHANS, 1933 [3]

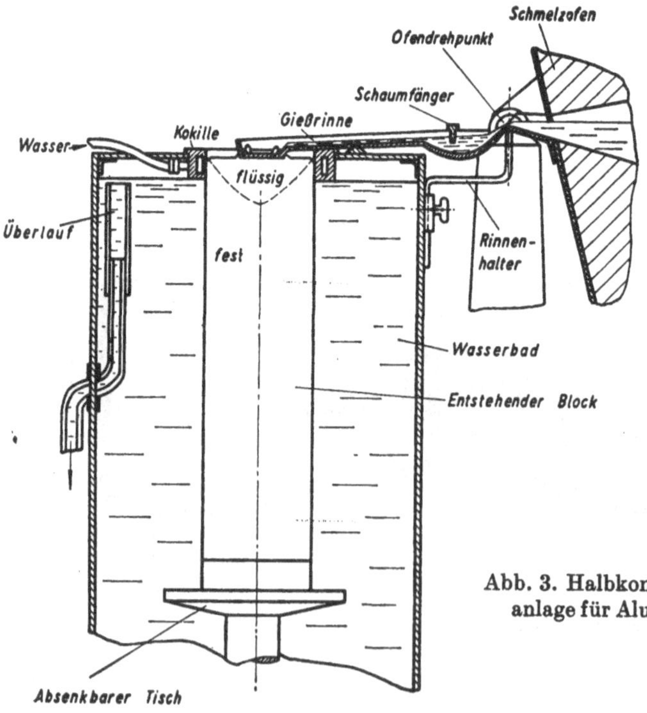

Abb. 3. Halbkontinuierliche Stranggieß-
anlage für Aluminium (Wasserguß)

Leichtmetall-Blockgießerei ohne Strangguß. Bei diesen Anlagen handelt es sich um die zweite Gruppe der Stranggießverfahren mit im wesentlichen ortsfester Kokille unter Relativbewegung des Strangs zur Kokille. Der große Unterschied zwischen dem JUNGHANS-Verfahren und dem Wassergußverfahren liegt in der Länge der Kokillen. JUNGHANS benutzte längere Kokillen in der Größenordnung 600 bis 1000 mm, das Wassergußverfahren eine kurze Kokille von etwa 150 bis 250 mm mit anschließender, sehr intensiver Kühlung durch Einlaufen in ein Wasserbad. Letztgenanntes Verfahren gestattet, nur begrenzte Längen von etwa 3 bis 8 m zu gießen; es wird auch als halbkontinuierliches Verfahren bezeichnet. Im Gegensatz dazu sind die JUNGHANS-Anlagen auf vollkontinuierlichen Betrieb eingerichtet, wobei mittels besonderer Trennvorrichtungen die Stränge abgeteilt werden.

Entwicklungsarbeiten des Walzwerkes Hettstedt für das Stranggießen schwerer Buntmetalle

Im Jahre 1943 wurde in den damaligen Kupfer- und Messingwerken Hettstedt in der Schwermetallgießerei eine Wassergußanlage für Zinklegierungsstränge in Bolzen- und Plattenform in Betrieb genommen. Diese Anlage kam mit Kriegsende

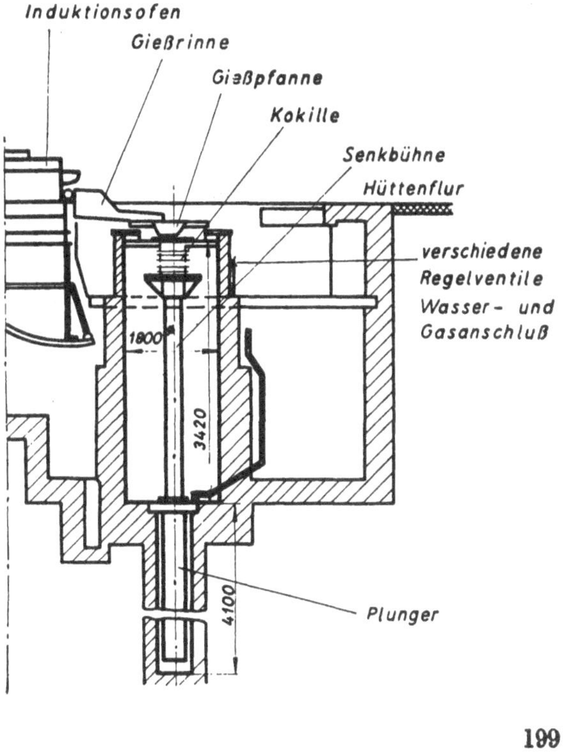

Abb. 4. Wassergußanlage für schwere Buntmetalle im Walzwerk Hettstedt, 1952

zum Erliegen. Im Jahre 1951 regte die damalige sowjetische Generaldirektion die Durchführung von Stranggußversuchen mit einer Anzahl von schweren Buntmetallen auf dieser stillgelegten Anlage an. Die Anlage bestand aus einem Niederfrequenz-Induktionsofen mit einem Abstichgewicht von 1,5 t und elektro-mechanischem Kippwerk. Die Stranggußanlage selbst stand vor dem Ofen in der Grube (Abb. 4). Es wurde also unmittelbar aus dem Ofen über eine kurze Rinne in die Stranggußkokille gegossen. Das Bild gibt den typischen Aufbau einer Wassergußanlage wieder. Die Abmessungen der Kokillen gehen aus der Tabelle 1 hervor.

Tabelle 1. Kokillenabmessungen

Durchmesser bzw. Querschnitt mm	Länge mm
98	180
135	230
190	300
100 × 100 (Drahtbarren)	200
400 × 150 (Walzplatte)	300

Die Rundkokillen wurden aus Kupferrohr mit 10 mm Wanddicke hergestellt, die Plattenkokillen aus 10 mm Kupferblech gebogen und geschweißt. Die Rundkokillen erweiterten sich am unteren Ende um etwa 1,5 mm im Durchmesser. Sie waren weder verchromt noch poliert. Die Kühlung erfolgte durch Rohrschlangen, die mit Spritzlöchern versehen waren (Abb. 5). Wie ersichtlich, zeichnen sich die Kokillen beim Wassergußverfahren durch große Einfachheit aus.

Das Wasser im Betonbehälter stand bei den leicht abzugießenden Legierungen bis an den unteren Rand der Kokille. Bei Legierungen, die zu Spannungsrissen neigen, mußte der Wasserspiegel gesenkt werden.

Das Versuchsprogramm umfaßte 163 Güsse, die aus den Metallen Kupfer, Nickel, Zink, aus sechs Messinglegierungen mit und ohne Bleigehalt sowie aus

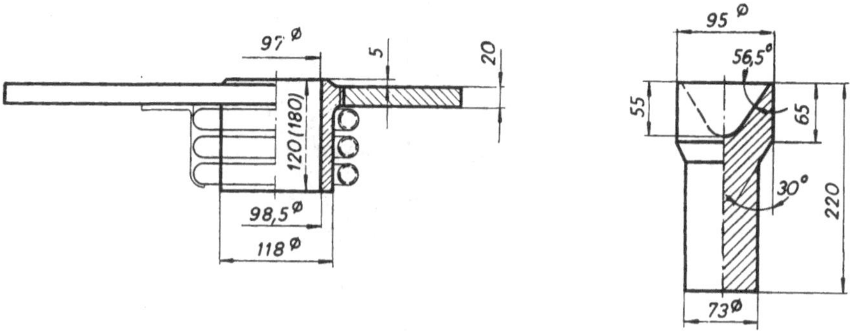

Abb. 5. Kokille und Kokillenfuß der Wassergußanlage für schwere Buntmetalle

Kupfernickel 80/20, insgesamt zehn verschiedenen Werkstoffen, bestanden. Um einen Begriff über die damals erzielten Ergebnisse zu vermitteln, wird in Tabelle 2 als Beispiel das Ergebnis mit der 98 mm Rundkokille dargestellt.

Tabelle 2. Gießbedingungen für Rundbolzen 98 mm ∅

Werkstoff	Gießtemperatur °C	Düse ∅ mm	Absenk-geschwindigkeit mm/min	Wasserstand
Cu	1150	6,5	310	normal
Ms 63	960	8	500	normal
Ms 60	960	7	360	−230 mm
CuNi 80/20	1250	6	150	0

Länge der Kokille 180 mm.

Bei der Auswertung wurde festgestellt, daß die angeführten schweren Buntmetalle sich im Wassergußverfahren mit einer etwas längeren Kokille als bei Aluminium mit verhältnismäßig brauchbaren Absenkgeschwindigkeiten gießen lassen. Die Legierung Kupfernickel 80/20 ließ sich wohl noch in die Rundkokille von 98 mm ∅, allerdings bei entleertem Wasserbehälter, gießen, jedoch nicht mehr in die größere Kokille von 190 mm ∅. Die Spannungen werden infolge der schlechten Wärmeleitfähigkeit zu groß. Es entstehen große Spannungsrisse im Inneren des Gußstückes (Abb. 6.)

Nickel ließ sich überhaupt nicht im Wassergußverfahren gießen. Seine Wärmeleitfähigkeit ist so gering, daß sich in der kurzen Kokille nur eine dünne Schale bildet, die leicht Durchbrüche erleidet. Es setzen dann explosionsartige Umsetzungen mit dem Wasser ein, wie dies bei einem Versuch mit Nickel geschah und zur Beschädigung des Betonbehälters führte.

Das Gießen von Zink im Wassergußverfahren hat sich nach unseren Versuchen als unzweckmäßig erwiesen. Zum Teil sind Korngrenzenrisse aufgetreten. Die grobe Stengelkristallstruktur, wie sie sehr ausgeprägt beim Zink auftritt, ist umformungstechnisch ungünstig. Zudem sind die Absenkgeschwindigkeiten sehr niedrig. Auch neuere Versuche mit Zink im VEB Walzwerk Hettstedt führten bisher noch nicht zum Erfolg. Zur Zeit laufen in Hettstedt Versuche, durch Erzeugung von Kristallkeimen eine feinere Kristallstruktur zu erzielen, um auf diesem Wege zum Erfolg zu kommen. Dagegen haben sich Zinklegierungen recht gut im Wassergußverfahren gießen lassen.

Die Messinglegierungen mit höheren Zinkgehalten von 40% und mehr — das sind zweiphasige Legierungen — neigen zu Spannungsrissen und müssen mit etwas verminderter Absenkgeschwindigkeit und abgesenktem Wasserspiegel gegossen werden.

Die Oberflächenbeschaffenheit der Gußstränge bei Kupfer und Kupfernickel war unbrauchbar, bei den Messinglegierungen nicht ausreichend. Die Ursache wurde in der starken Oxidbildung auf dem Metallspiegel in der Kokille gesehen, die durch einen normalen Schutzgasschleier nicht verhindert werden kann. Diese Feststellung wird auch in der Literatur erwähnt.

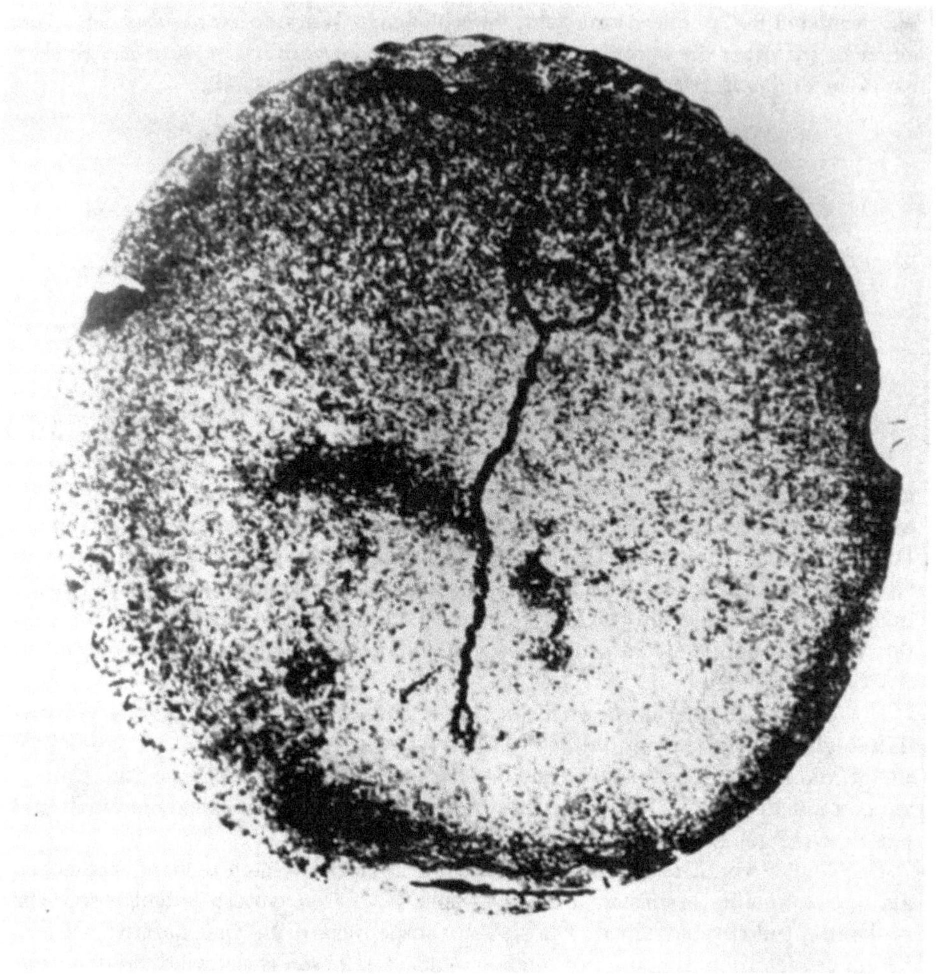

Abb. 6. Querschliff von stranggegossenem Kupfer-Nickel 190 mm ⌀

Das Stranggießen von Kupfer muß noch einer näheren Betrachtung unterzogen werden. Die ersten Versuche mit Kupfer, das in dem erwähnten Induktionsofen unter einer Holzkohlendecke erschmolzen wurde, sonst aber keinerlei desoxydierende Zusätze erhielt, ergaben eine starke Porenbildung, die darauf zurückzuführen ist, daß beim Schmelzen unter Holzkohlendecke im Induktionsofen eine weitgehende Beseitigung des Sauerstoffs eintritt bei gleichzeitiger Erhöhung des Wasserstoffgehalts. Beim Gießen unter Luftzutritt erfolgt dann eine gewisse Aufoxydation, die zur Reaktion mit dem Wasserstoff unter Bildung von Wasserdampf führt, der die Porigkeit bzw. das Steigen verursacht. Es ist bekannt, daß durch Zugabe von Phosphor im Überschuß die Aufoxydation beim Gießen vermieden werden kann. Deshalb wurden die Versuche unter Zusatz von etwa 0,05% P fortgesetzt, wodurch die Porigkeit beseitigt wurde.

Verfolgt man in der Fachliteratur die Berichte über Kupferstrangguß, so stellt man beachtlicherweise fest, daß tatsächlich fast alle diese Anlagen mit einem mit Phosphor desoxydiertem Kupfer oder auch mit sauerstofffreiem Kupfer unter Schutzgasatmosphäre betrieben werden [5, 6]. Ein weiteres Eingehen auf dieses Problem ist an dieser Stelle nicht möglich.

Bei der abschließenden Auswertung der Versuche wurde als größter Vorteil des Stranggießens — vom metallurgischen Standpunkt aus — die Vermeidung des Lunkers angesehen, der besonders bei den zinkreichen Legierungen Ms 60 und Ms 58 aus ungekühltem Walzplattenguß — Gießen in Kühlkokillen wie bei Ms 63 ist hier nicht möglich — sehr nachteilig ist und zu häufigen Reklamationen führt. Einen weiteren Vorteil bot die Einsparung von Kopfabfall beim Gießen längerer Strägen.

Das Gesamtergebnis der Versuche ermutigte 1951 nicht, der Einführung des Stranggusses von Schwermetallen näher zu treten. Für diese Einstellung gab es eine Reihe von Gründen, auf die hier nicht eingegangen werden soll. In der Zwischenzeit hat sich aber der Strangguß für schwere Buntmetalle in der ganzen Welt weiter entwickelt; er hat in vielen Werken Eingang in die Produktion gefunden.

In diesem Zusammenhang sei noch einmal erwähnt, daß die erste JUNGHANS-Anlage zum Gießen von Messing benutzt wurde [3].

Neue Strangguß-Anlage in der Schwermetallgießerei des VEB Walzwerk/Hettstedt

Im Zuge der Vorbereitungen zur Rekonstruktion der Schwermetallgießerei des VEB Walzwerk Hettstedt wurde dort im Jahre 1961 eine größere Versuchsanlage für den Messingstrangguß errichtet. Das Ziel war, in einem laufenden Betrieb die Zweckmäßigkeit des Messingstranggusses zu erproben, wobei insbesondere auch Sondermessinge abgegossen werden sollten. Im Laufe des Betriebs wurden auch Neusilber, Zinnbronze und Aluminiumbronze vergossen. Beim Bau wurde eine sowjetische Dokumentationsarbeit als Grundlage benutzt.

Im Prinzip ähnelt die Anlage dem Wassergußverfahren, d. h., es wird eine kurze Kokille von 220 mm Länge aus Kupfer mit Wasserkühlung bei halbkontinuierlichem Betrieb angewendet. Die Stränge tauchen indessen nicht in ein Wasserbassin ein, sondern werden nur durch das aus der Kokille austretende Wasser durch Berieselung sekundär gekühlt. Die Absenkung erfolgt nicht wie bei den bisher üblichen Wassergußanlagen hydraulisch, sondern mechanisch mit langen Gewindespindeln, wobei der Strang durch eine feste Verbindung des Gießfußes mit dem Gießtisch gezogen wird, also nicht nur durch das Eigengewicht absinkt. Das hat den Vorteil, daß das Absenken zwangsläufig mit einer stets gleichbleibenden, einmal eingestellten Geschwindigkeit erfolgt. Bei den üblichen Leichtmetall-Wassergußanlagen wird durch das im Verlaufe des Gießprozesses anwachsende Stranggewicht bei einmal eingestelltem Rückflußventil die Absenkgeschwindigkeit erhöht. Sie wird dann nach Gefühl vom Bedienungsmann reguliert. Außerdem stellen sich bei diesen Anlagen nach jahrelanger Benutzung ruckartige Absenkungen ein. Alle diese Nachteile werden durch den mechanischen Antrieb beseitigt. Ein weiterer wesentlicher Vorteil ist der Umstand, daß die Anlagen nicht so tief gegründet werden müssen und deshalb geringere Baukosten verursachen.

Die Gesamtanlage wird auf Abb. 7 im Grundriß dargestellt. Es sind zwei Schmelzöfen in Form von Niederfrequenz-Induktions-Rinnenöfen vorhanden mit einem Abstichgewicht von je 1,8 t. Das Schmelzgut fließt über eine Rinne in einen tiefer liegenden Warmhalte- und Gießofen, einen Netzfrequenz-Induktions-Rinnenofen mit 2 t Nutzinhalt. Während des Gießens können die anderen Öfen weiter schmelzen. Diese räumlich enge Kopplung von Schmelz- und Gießofen hat sich allerdings in der Praxis in Anbetracht der häufig vorkommenden Legierungswechsel und Reparaturen nicht bewährt.

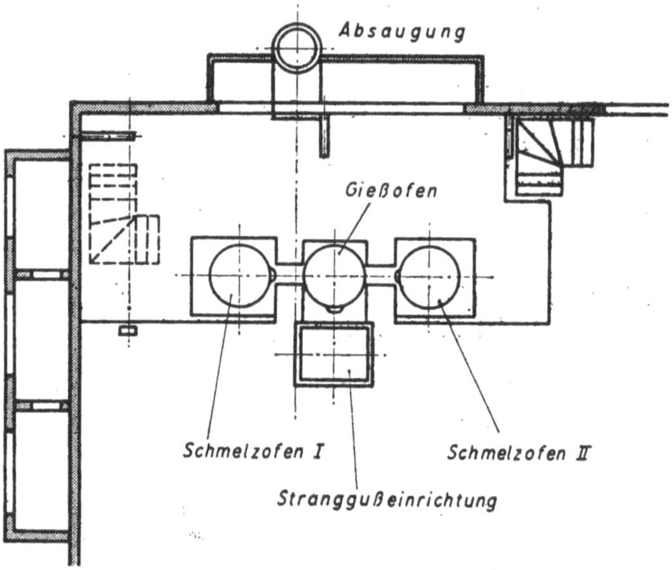

Abb. 7. Lageplan der Stranggußanlage für schwere Buntmetalle, 1961

Das Gießen erfolgt durch Kippen des Gießofens mittels einer elektrisch-mechanischen Kippeinrichtung, wobei das Metall über die Ofenschnauze und eine Rinne mit Ausgleichsgefäß in die Kokille fließt. Die Konstruktion der Stranggußeinrichtung geht aus Abb. 8 hervor.

Die Senkbühne wird durch zwei Gewindespindeln angetrieben. Der Antrieb selbst befindet sich vor dem Gießtisch in einer abgedeckten Grube. Die Absenkgeschwindigkeit kann durch ein PIV-Getriebe mit Verstellmotor stufenlos zwischen 50 und 220 mm/min geregelt werden. Das Heben erfolgt mit Hilfe eines gesonderten Hubmotors mit erhöhter Geschwindigkeit von 540 mm/min. Alle mechanischen Vorgänge werden von einer Bedienungstafel aus geschaltet. Die maximale Stranglänge beträgt 3 m.

Abb. 9 zeigt die Stranggußanlage. Für Platten- oder Mehrfachstränge gehen von dem Ausgleichsgefäß zwei oder auch mehr Einzelrinnen aus, die an ihrem Ende

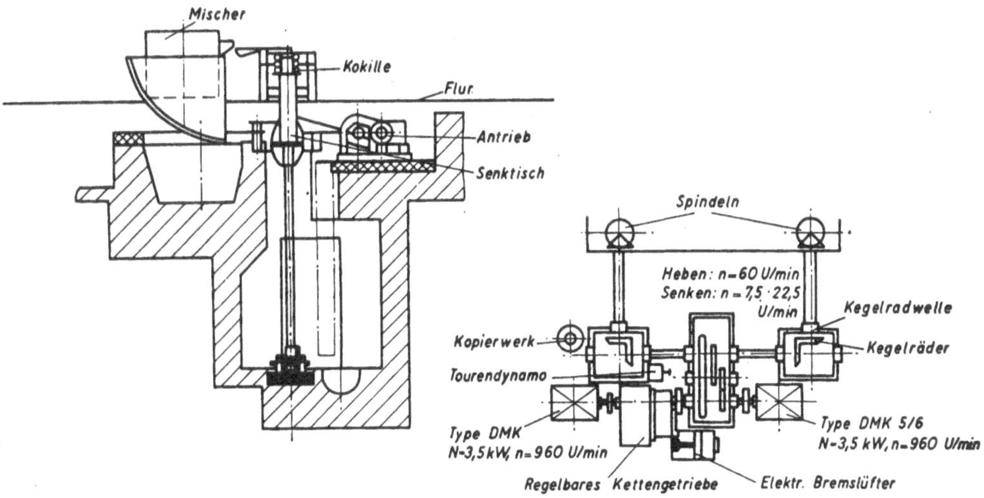

Abb. 8. Neue Stranggußanlage für schwere Buntmetalle im Walzwerk Hettstedt, 1961

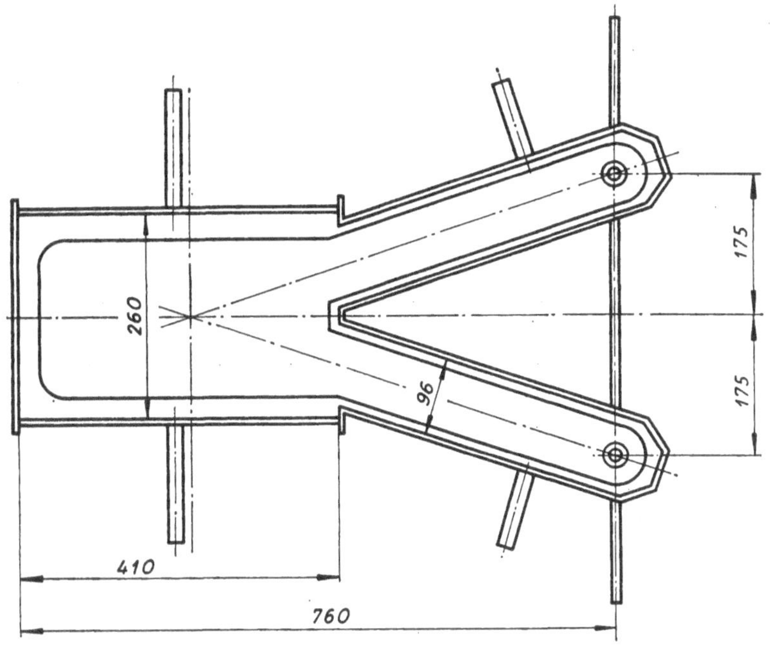

Abb. 9. Ausgleichsgefäß mit Gießrinnen

Düsen aus Elektrokohle haben. Diese Düsen sollen einen gleichmäßigen Zufluß des flüssigen Metalls in die Kokille gewährleisten; sie tauchen in die Schmelze in der Kokille ein. Dies ist eine wichtige Voraussetzung für die Vermeidung von Oxidbildungen auf der Gußoberfläche. Die Anlage wird meistens für den Abguß von Walzplatten benutzt. Konstruktion und Abmessungen der Kokille gehen aus Abb. 10 hervor. Die Kokille besteht aus einem etwa 5 mm dicken Kupfermantel,

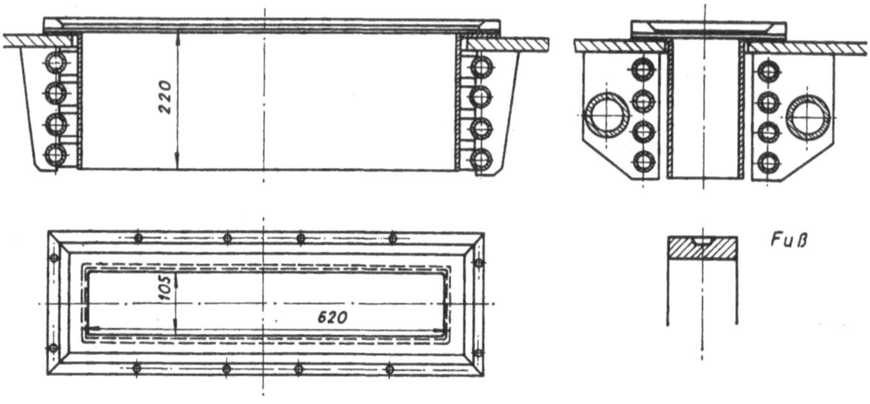

Abb. 10. Stranggußkokille für Walzplatten

der von 3 Kühlrohren mit Spritzlöchern umgeben ist. Das Kühlwasser spritzt zunächst gegen die Kokille und fließt dann an dem austretenden Strang herunter, wodurch eine sekundäre Kühlung erfolgt. Der Wasserverbrauch beträgt 1,3 m^3/min. Die Kokille ist nicht verchromt. Bei Beginn des Gießens wird die Kokille durch einen Fuß, der an der Senkbühne befestigt ist, verschlossen. In der Fläche nach der Gußseite zu befindet sich eine Bohrung mit Gewinde. Nach beendetem Guß kann der Fuß abgeschraubt werden.

Wie bei früheren Versuchen hat sich auch hierbei ein Verteiler als notwendig erwiesen, der den Gießstrahl in der Schmelze abbremst und seitlich zur Kokillenwand ablenkt. Die Wirksamkeit dieses Verteilers ist aus Abb. 11 zu erkennen. Durch den Verteiler entsteht ein flacherer Sumpf, was in Anbetracht der Durchbruchgefahr und der Vermeidung von Spannungsrissen wichtig ist. Der Verteiler besteht aus einem entsprechend gebogenen Blech aus einer Eisen–Chrom–Nickel-Legierung.

Es bestätigte sich auch jetzt, daß die Oxidbildung beim Messingstrangguß den Gießvorgang und die Oberflächenbeschaffenheit der Stränge nachteilig beeinflußt. Durch Abdecken mit Kienruß gelingt es, die Oxidbildung weitgehend zu unterdrücken und die für das Bedienungspersonal lästige Zinkdampfentwicklung sehr stark einzudämmen. Bei unseren früheren Versuchen stand uns diese Erfahrung noch nicht zur Verfügung.

Beim Stranggießen von Walzplatten ist das Verhältnis der Breite zur Dicke der Platten von besonderer Bedeutung. Nach amerikanischen Angaben soll bei Dicken

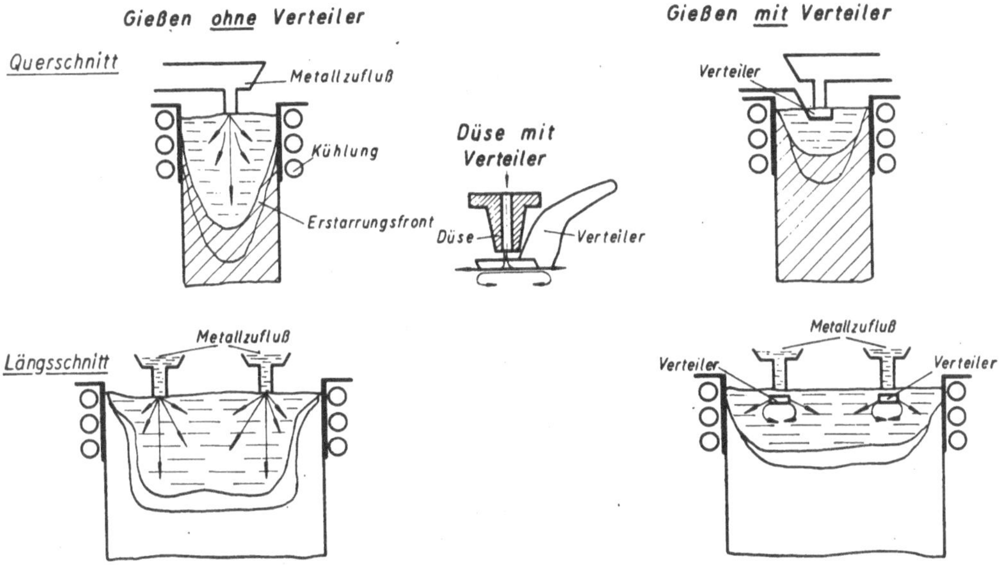

Abb. 11. Wirkung des Gießverteilers beim Strangguß

unter 130 mm das Seitenverhältnis weniger als 6, bei größeren Dicken bis zu 8 betragen. Für α-Messing wurde ein Seitenverhältnis von 5,9 und bei den spannungsempfindlichen α + β-Messingen ein Seitenverhältnis von 4,6 eingehalten.

Die Hettstedter Anlage läuft seit etwa eineinhalb Jahren in der normalen Produktion der Schwermetallgießerei. Die zuletzt herrschenden Gießbedingungen gehen aus Tabelle 3 hervor.

Tabelle 3. Gießbedingungen für schwere Buntmetalle

Werkstoff	Kokillenabmessungen mm	Gießtemperatur °C	Düsenzahl und Durchmesser mm	Absenkgeschwindigkeit mm/min	Masse je Guß kg	Gießzeit min
Ms 63 Ms 60 Pb Ms 58	150 × 680 × 220 Seitenverhältnis 4,6	1000 980 980	2 St. 10 ∅	60	1800	30 bis 40
Ns 6218 Ns 6512 SoMs 70	105 × 620 × 220 Seitenverhältnis 5,9	1200 1160 1080	2 St. 10 ∅	120	1500	20 bis 30
AlBz 4 SnBz 6	190 ∅	1160 1120	1 St. 10 ∅	100	700	25 bis 30
Ms 70 Ms 63 Ms 58	190 ∅	1080 1000 980	1 St. 10 ∅	100	700	25 bis 30

Die mit der Hettstedter Anlage erzielten Vorteile liegen zunächst auf metallurgischem Gebiet. Die geringe Gießstrahlhöhe beim Gießen und der ruhige, wirbelfreie Fluß sind grundsätzliche Vorteile gegenüber der bisherigen Gießweise über einen Gießtrichter mit bis zu 20 Einzelgießstrahlen von mehr als 2 m Höhe bei Beginn des Gießens. Dies macht sich in der Vermeidung von Oxideinschlüssen bemerkbar, vor allem bei den Al-haltigen Legierungen wie Sondermessing 70 und bei Aluminiumbronze. Weiterhin müßte sich, auf die Dauer gesehen, eine Senkung des Abbrands bemerkbar machen, die natürlich im Einzelfall nur schwer nachweisbar ist.

Ein sehr großer Vorteil ist die Vermeidung jeglicher Lunkerbildung. Das trifft vor allem für die Legierungen Ms 60 und Ms 58 zu, bei denen die bisher ständig auftretenden Dopplungen durch Lunker häufig zu Ausschuß und zu Reklamationen der Weiterverarbeiter führten. Auch Neusilber neigte bei der früheren Gießmethode zu Lunkern, die jetzt nicht mehr auftreten.

Ein weiterer großer Vorteil besteht darin, daß die Warmwalzschwierigkeiten bei Neusilber mit einem Schlage behoben wurden. Es war uns in den letzten Jahren nicht mehr möglich gewesen, Neusilber durch Warmwalzen zu verarbeiten. Wir waren genötigt, zur reinen Kaltwalzbearbeitung überzugehen. Es wird angenommen, daß die Verbesserung auf das ruhige oxidfreie Eingießen sowie auf das Vermeiden von Schwindungsrissen zurückzuführen ist.

Ökonomisch gesehen, liegen die Vorteile in der Erzielung großer Blockmassen von 750 bis 2000 kg. So wird der Abfall durch den notwendigen Kopfverschnitt gesenkt. Dadurch ergeben sich bekanntlich große Vorteile bei der Weiterverarbeitung zu Blechen und Bändern. Allein bei Sondermessing 70 ergab sich eine Selbstkostensenkung von 11%. Bei Neusilber konnte der Abfallanteil gegenüber der Kaltwalzarbeit von 71,1 auf 34,9% gesenkt werden.

Außerdem ist die Arbeit selbst durch das Stranggießen erleichtert worden. Allerdings muß festgestellt werden, daß die Vorteile sich in erster Linie bei Speziallegierungen ergeben haben. Dafür war die Anlage auch gedacht. Bei der normalen Messinglegierung Ms 63 fallen die Vorteile zunächst nicht so sehr ins Gewicht. In diesem Fall wird die Einfachheit der Kokillen eine Rolle spielen. Bei einer allgemeinen Einführung des Stranggusses werden sich auch bei dieser Legierung ökonomische Erfolge einstellen. Es ist immerhin beachtenswert, daß der Messingstrangguß wohl in allen größeren Metallwerken der Welt Eingang gefunden hat. In der neuen Schwermetallgießerei sind vier Stranggußanlagen für Kupferlegierungen geplant, wobei die Schmelzöfen gesondert angeordnet werden. Eine weitere Stranggußanlage ist für Kupfer vorgesehen.

Das Stranggießen von Nickel und nickelhaltigen Legierungen im VEB Walzwerk Hettstedt

Der Strangguß von Nickel mit der kurzen Kokille ließ sich nach früheren Versuchen, wie berichtet, nicht durchführen. Die in der Spezialgießerei für Nickel errichtete Strangguß-Versuchsanlage wurde entsprechend der Stahl-Strangguß-

Versuchsanlage in Edelstahlwerk Freital mit der langen, oszillierenden Kokille, ähnlich einer JUNGHANS-Anlage, gebaut. Projektierung und Bau erfolgten nach Angaben des Forschungsinstituts für technologische Entwicklung und Wärmetechnik, Leipzig, durch den VEB Montan in Leipzig. Die Anlage wurde 1955 in Betrieb genommen, bereitete zunächst viele Schwierigkeiten, arbeitet aber nun seit etwa eineinhalb Jahren befriedigend, wobei weitere Verbesserungen noch notwendig sind. Sie besteht im wesentlichen aus einer 1 m langen Kühlkokille, die oszilliert. Es ist eine Sekundärkühlstrecke eingebaut. Der gegossene Strang wird durch eine Walzen-Abzugsvorrichtung aus der Kokille gezogen. Ein Ablängen des Strangs sofort nach dem Gießen kann nicht durchgeführt werden.

Die Anlage arbeitet mit zwei wechselseitig betriebenen Mittelfrequenzöfen von je 500 kg Fassungsvermögen und steht etwa 6 bis 9 m von den Öfen entfernt. Ein Warmhalteofen ist nicht vorhanden.

Die nur diskontinuierlich zu betreibende Anlage ist so gebaut, daß die Gießbühne 2 m über Hüttenflur liegt. Der gegossene Strang bewegt sich senkrecht nach unten in einen Schacht mit einer Tiefe von 9,4 m ab Hüttenflur. Die maximal mögliche Stranglänge beträgt 11 m. Es werden Rundbolzen mit 98 mm und 190 mm Durchmesser sowie Platinen 250 × 50 mm gegossen Zwei Kokillen mit 2 Abzugsvorrichtungen ermöglichen ein schnelles Wechseln der Formate Die Anlage kann aber nur im Einfachstrang betrieben werden.

Zu den Einzelheiten ist folgendes zu berichten:

Der Guß selbst erfolgt direkt aus einer Stopfenpfanne (Abb. 12). Zum Unterschied gegenüber den robusten und einfachen Stopfenmechanismen der üblichen Stahlwerks-Stopfenpfanne besitzen unsere Stopfenpfannen einen feinfühlig einstellbaren Stopfenmechanismus. Durch sehr gute Führung und ein Übersetzungsgetriebe mit Handradbetätigung kann der Stopfen zur Auslaufdüse in eine einstellbare Stellung gebracht werden, um die Auslaufmenge an flüssigem Nickel regeln zu können. Die Auslaufdüse hat einen Durchmesser von 15 mm.

Abb. 12. Stopfenpfanne mit Feinregelung

Die Kokille von 1 m Länge besteht aus einem dreiteiligen eisernen Mantel, dem eigentlichen Kokillenrohr aus Kupfer von 4 mm Wanddicke, und einem Strömungsmantel, der das Kokillenrohr in 5 mm Entfernung umschließt und für eine hohe Kühlwassergeschwindigkeit entlang der Außenseite des Kokillenrohrs sorgt (Abb. 13). Der Strömungsmantel geht nur bis 4/5 der Länge des Kokillenrohrs,

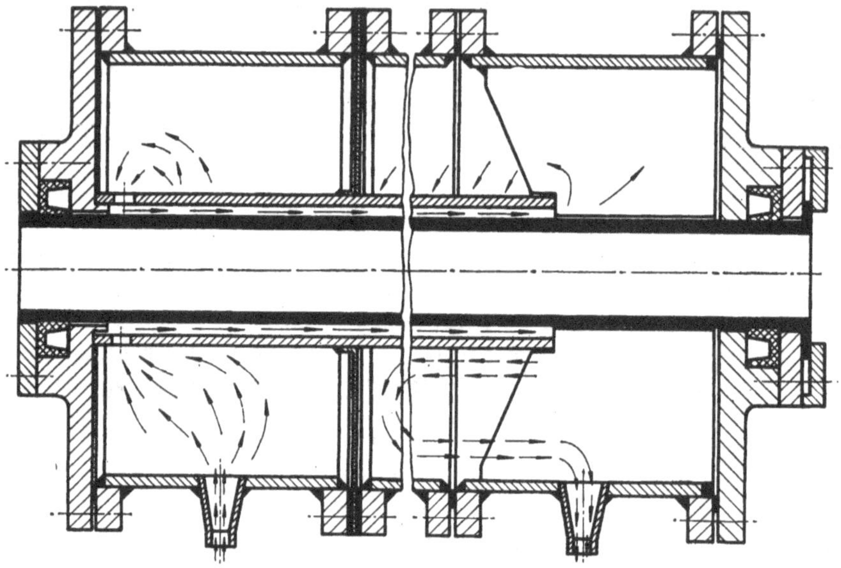

Abb. 13. Stranggußkokille für Nickel

um am oberen Ende eine mildere Kühlung zu erzielen. Das Kokillenrohr ist am oberen Ende umgebördelt und mit dem Bord eingeklemmt, das untere Ende ist durch eine Lippendichtung abgedichtet, kann aber frei den Wärmeausdehnungen folgen. Das Kokillenrohr ist über die ganze Länge zylindrisch. Wie ersichtlich, ist diese Langkokille nicht so einfach gestaltet wie die Kurzkokille beim Messingstrangguß.

Die Kokillenrohre werden in unserem eigenen Rohrwerk gewalzt und gezogen. Sie weisen lediglich ziehblanke Oberfläche auf, die weder verchromt noch poliert ist.

Zur Verbesserung des Gießvorgangs erfolgt eine gewisse Ab- und Aufwärtsbewegung der Kokille durch einen besonderen Mechanismus. Die Geschwindigkeit der Abwärtsbewegung kann durch ein PIV-Getriebe stufenlos geregelt werden und wird jeweils auf die Abzugsgeschwindigkeit synchron eingestellt. Die Kokille bewegt sich also mit dem Strang abwärts und schnellt je nach eingestellter Hubhöhe, normalerweise nach einem Weg von 20 mm, durch Kraft zweier Spiralfedern zurück.

Unterhalb der Kokille befindet sich eine Sekundärkühlung, die aus acht im Ring angeordneten Düsen besteht. Mittels Preßluft wird das Wasser auf den austretenden Strang versprüht, wodurch eine sehr wirksame Kühlung erreicht wird. Das Wasser fließt am Strang entlang und sammelt sich auf dem Grund des Schachts, aus dem es durch eine Pumpe entfernt wird.

Der Strang wird durch ein Abzugswalzenpaar mit Hilfe eines Abzugsstempels aus der Kokille gezogen. Ein zweites, oberes Walzenpaar dient antriebslos lediglich der Strangführung. Die Walzen werden motorisch über ein stufenlos regelbares PIV-Getriebe angetrieben. Die Regelung erfolgt vom Steuerpult aus. Die Abzugsgeschwindigkeit kann zwischen 0,5 und 2,9 m/min geregelt werden. Öffnen und Schließen der Abzugswalzen geschieht durch Preßluft. Zum Einsetzen des Anfahrstrangs und zur Entnahme des Gußstrangs ist ein Ausfahren des Walzenstuhls nach vorn notwendig. Diese Bewegungen werden ebenfalls durch Druckluft bewirkt (Abb. 14).

Für das Angießen des Strangs wird ein Anfahrstrang benötigt, durch den zunächst das untere Ende der Kokille verschlossen und der entstehende Gußstrang

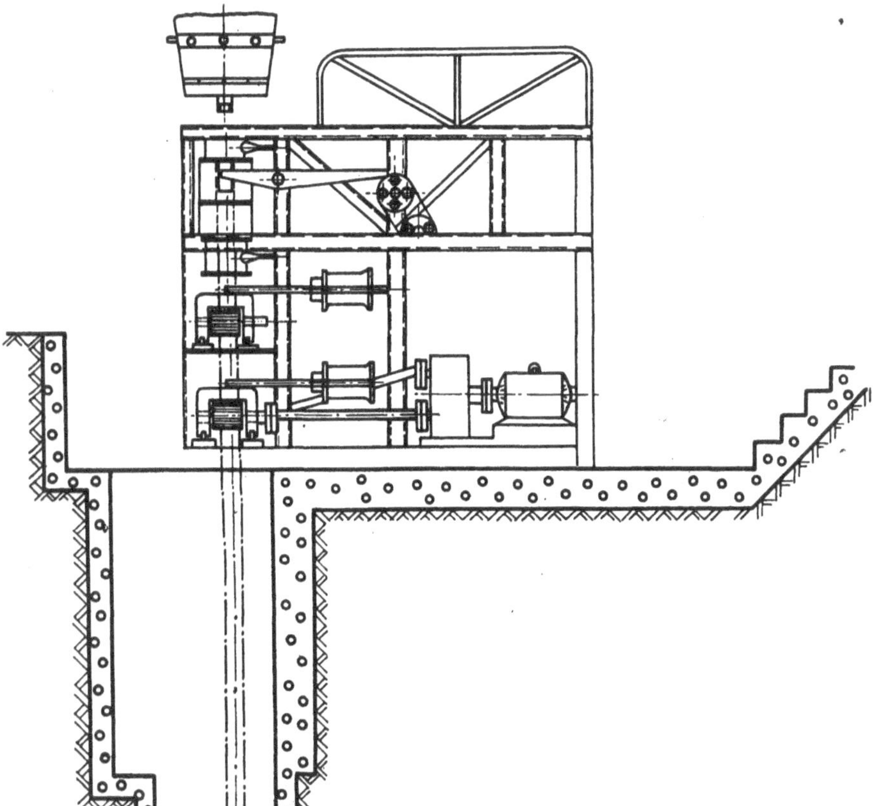

Abb. 14. Stranggußanlage für Nickel und nickelhaltige Legierungen im Walzwerk Hettstedt

aus der Kokille gezogen wird. Die Anordnung geht aus Abb. 15 hervor. Wichtig ist eine feste Verbindung des entstehenden Strangs mit dem Abfahrtsstrang. Reißt diese Verbindung beim Anfahren, was früher öfter vorkam, dann bleibt der Strang in der Kokille stecken. Diese Verbindung wird durch Nickelprofilstücke mit Nickelstangen bewirkt. Um eine unnötige Tiefe des Schachts zu umgehen, wird

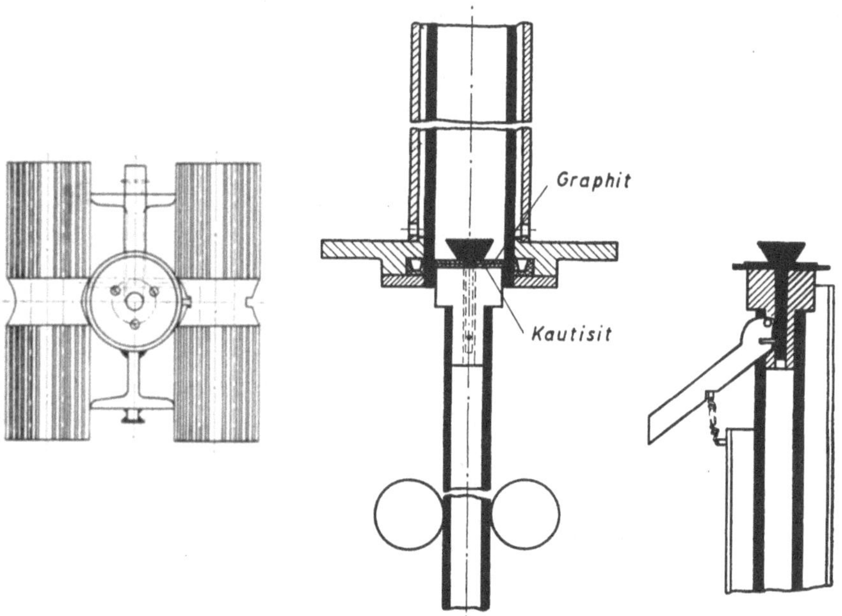

Abb. 15. Anfahrstrang

Abb. 16. Gesamtansicht der Stranggußanlage

der Anfahrstrang vom Gußstrang durch eine Ausklingvorrichtung getrennt, sobald der Gußstrang von den Abzugswalzen erfaßt worden ist.

Zum Ausfahren des gegossenen Strangs wird der gesamte Walzenstuhl mit den Abzugswalzen, zwischen denen das obere Ende des Strangs noch festgeklemmt ist, nach vorn gefahren. Der Strang kann dann durch eine einfache Anhängevorrichtung über eine Kette vom Kran erfaßt und aus der Grube gehoben werden.

Der Betrieb der gesamten Stranggußanlage wird von einem Schaltpult gesteuert, an dem sich auch Anzeigegeräte für die Abzugsgeschwindigkeit der zwei vorhandenen Abzugswalzen befinden.

Zu Beginn des Gießvorgangs selbst wird die Stopfenpfanne voll geöffnet. Nach dem Füllen der Kokille und dem Einschalten der Abzugsbewegung wird durch Einregulieren des Stopfens der Zufluß an Metall so geregelt, daß sich der Gußspiegel etwa 50 mm unterhalb des Kokillenrands befindet. Die festgelegte Abzugsgeschwindigkeit wird unter allen Umständen konstant gehalten. Während des Gießens läßt man durch eine geeignete Vorrichtung flüssiges Paraffin auf den Gießspiegel laufen. Dieses dient als Reduktionsmittel zur Vermeidung von oxidischen Gußkrusten und als Schmiermittel zur Verringerung der Reibung zwischen

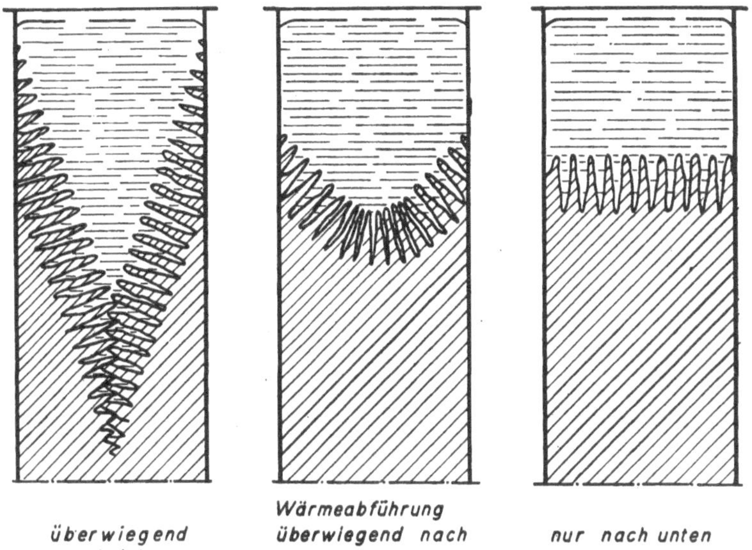

Abb. 17. Ausbildung der Erstarrungszonen mit zunehmender axialer Wärmeabführung [9]

Kokille und Strang. Abb. 16 zeigt eine Aufnahme der Anlage. Die zur Zeit herrschenden Gießbedingungen gehen aus Zahlentafel 4 hervor.

Der Wasserverbrauch beträgt etwa 1,5 m³/min. Im Jahre 1962 wurden 28% der gesamten Gießereiproduktion in Nickel und nickelhaltigen Legierungen im Strang abgegossen.

Tabelle 4. Gießbedingungen beim Stranggießen von Nickel und Nickellegierungen

Werkstoff	Kokille mm	Gieß-temperatur °C	Düsen-Ø mm	Absenk-geschwindig-keit mm/min	Guß-masse kg	Gieß-zeit*) min
Nickel	98 Ø	1600–1650	15	800	500	10
Nickel-Kupfer	98 Ø	1550–1600	15	700	500	12
Kupfernickel 45	98 Ø	1550–1600	15	700	500	12
Kupfernickel 80/20	190 Ø	1500–1550	15	200	500	11
Nickel	250×50	1600–1650	15	700	500	7,5
Kupfernickel 45	250×50	1550–1600	15	600	500	8,5

*) einschließlich Anfahrzeit

Beim Gießen von schlecht wärmeleitenden Metallen in die Langkokille erfolgt die Wärmeabfuhr mehr in radialer Richtung. Die Auswirkung auf den sich bildenden tiefen Sumpf und damit auf die Lunkerbildung ist aus Abb. 17 zu ersehen [3, 8].

Tatsächlich bestanden die Hauptschwierigkeiten beim Nickelstrangguß im Auftreten von Lunkern (Abb. 18), was durch Senkung der Abzugsgeschwindigkeit behoben wurde. Dies gelang allerdings erst durch Anwendung der Stopfenpfanne unmittelbar für den Gießvorgang. Beim früheren Gießen über ein Zwischengefäß war der Temperaturverlust zu hoch, so daß schneller gegossen werden mußte. Im Gegensatz zum Stahl ist hierbei die Frage der Lunkerbildung von ausschlaggebender Bedeutung. Viele Stahl-Fachleute behaupten, diese Lunker im Strangguß würden bei der Warmformgebung verschweißen. Der Buntmetall-Fachmann darf sich jedoch eine so unsichere These nicht zu eigen machen. Angesichts der hohen Ansprüche, die an Nickelhalbzeuge gestellt werden, muß man auf volle Qualitätssicherung bedacht sein. Gerade die Vermeidung der Lunkerbildung war das stärkste Argument für die Einführung des Stranggusses bei Aluminium und auch für die Entscheidung, den Strangguß bei Nickel anzuwenden.

Ein weiterer Mangel war die unbefriedigende Oberflächenbeschaffenheit durch Schlackeneinschlüsse, Kaltläufe und Rillenbildung. Die Verbesserung der Oberfläche gelang einmal durch Anwendung der Stopfenpfanne für den Gießvorgang selbst, unter Vermeidung eines Zwischengefäßes, und zum anderen durch Verwendung von Paraffin als Abdeck- und Schmiermittel, wodurch die Bildung von Oxidkrusten auf der Gußoberfläche vermieden wurde. Diese Oxidkrusten bleiben an der Kokillenwand hängen und verursachen Überwallungen und Kaltläufe.

Das Gefüge der Nickelstränge ist ausgesprochen transkristallin (Abb. 19), eine Folge der im wesentlichen radialen Wärmeabfuhr. Nach unserer Erfahrung ist dieses Gefüge für die Weiterverarbeitung nicht nachteilig. Das Gefüge von Nickellegierungen weist dagegen wenig oder gar keine Transkristallisation auf (Abb. 20).

Die nickelhaltigen Legierungen lassen sich durch das bei ihnen vorhandene Erstarrungsintervall schlechter als Reinnickel gießen, obwohl zum Beispiel bei

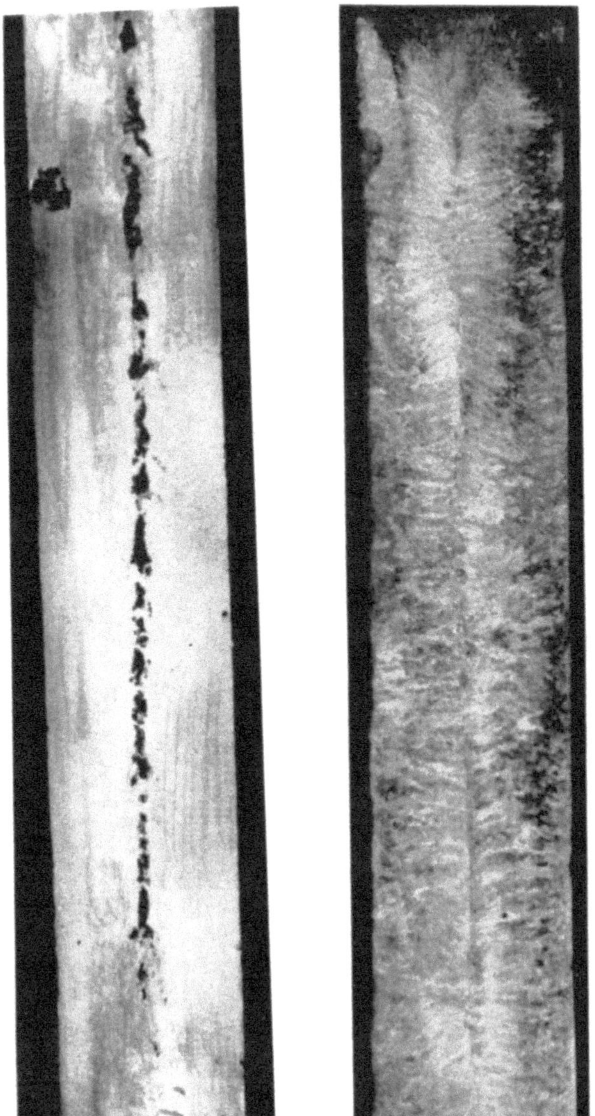

Abb. 18. Längsschnitte durch im Strang gegossenes Nickel mit und ohne Lunker

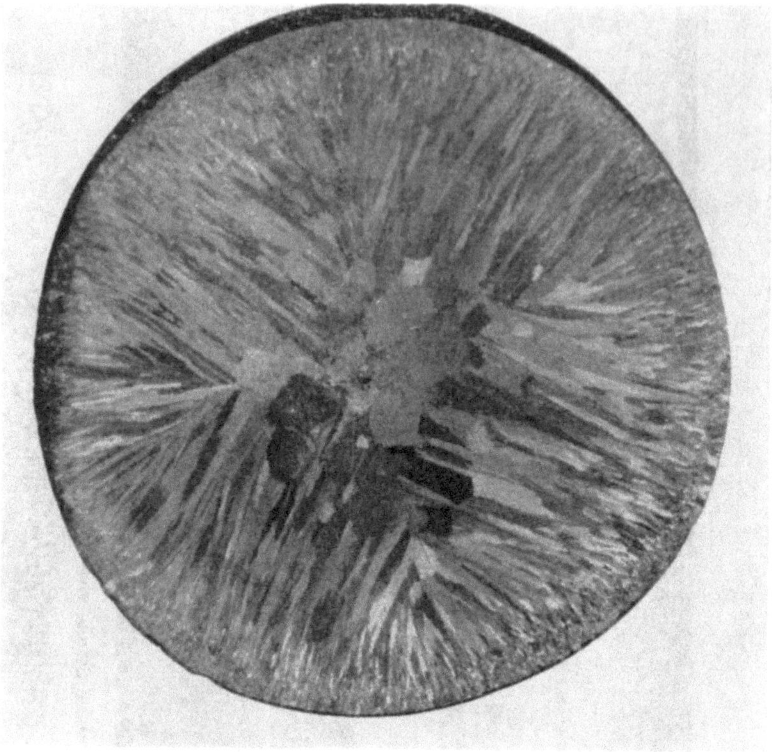

Abb. 19. Querschliff durch im Strang gegossenes Nickel mit Transkristallisation

Kupfer-Nickel 45 die Schmelztemperatur niedriger liegt. Durch das Erstarrungsintervall wird die Gefahr der Lunkerbildung erhöht. Vermehrte Krustenbildung auf dem Gießspiegel verursacht auch eine schlechtere Oberfläche.

Der Vorteil des Stranggusses für Nickel liegt in der Vermeidung des Lunkers und in der Ersparnis von Kopfabfall, der bei Anwendung von Sandköpfen für den normalen Kokillen-Sandguß besonders groß ist. Auch der Zerspanungsabfall ist bei der Drehbearbeitung der Rundbolzen geringer als beim Kokillenguß. Das Gießen über die Stranggußanlage führte nach bisherigen Ergebnissen zu einer Steigerung des Ausbringens von 45% beim Kokillenguß auf 75% beim Strangguß; das entspricht einer Steigerung um rund 65%. Besser als Worte und Zahlen beweisen das die Abbildungen 21 und 22, die das Ausbringen von Rundbolzen beim Kokillenguß gegenüber dem beim Strangguß erzielten eindringlich vor Augen führen.

Von einer eingehenden zahlenmäßigen Auswertung der bisherigen Ergebnisse in bezug auf Selbstkosten und Arbeitsproduktivität unter Heranziehung der Investitionskosten und anderer Kennziffern sei hier Abstand genommen. Im Laufe der vorstehend geschilderten Arbeiten traten noch manche Stillstandszeiten, Re-

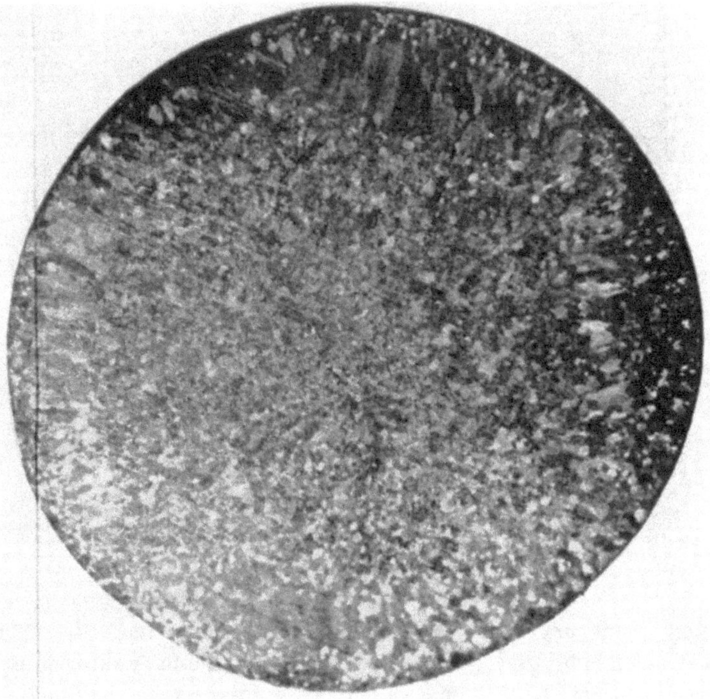

Abb. 20. Querschliff durch im Strang gegossenes NiMn 4
mit globulitischem Gefüge

Abb. 21. In Standkokillen vergossenes Nickel;
links Gußbolzen, rechts Standköpfe und Fußabschnitte

Abb. 22. Im Strang vergossenes, auf Walzlängen eingeteiltes Nickel mit Kopf- und Fußabschnitt

paratur- und Änderungsarbeiten auf, die das Ergebnis nach der ungünstigen Seite hin verschieben. Bei Nichtberücksichtigung dieser Faktoren würde sich jedoch eine idealisierte Rechnung ergeben, mit der der Sache nicht gedient ist.

Im übrigen konnten in der Literatur noch keine Angaben über Nickelstrangguß gefunden werden. Offenbar ist der VEB Walzwerk Hettstedt das erste Werk, das sich mit dieser Gießmethode für Nickel befaßt hat und diese auch betriebsmäßig durchführt.

Abschließende Betrachtung

Der Strangguß von schweren Buntmetallen setzt sich in den Metallwerken der ganzen Welt immer mehr durch. Entsprechend der Entwicklung im VEB Walzwerk Hettstedt scheint für die gut wärmeleitenden Metalle und deren Legierungen mit niedrigem oder mittlerem Schmelzpunkt das Gießen in die Kurzkokille mit anschließender starker Sekundärkühlung als sogenannter halbkontinuierlicher Guß in Parallele zum Leichtmetallstrangguß geeignet zu sein. Dies trifft vor allem für Messing und Neusilber, aber auch für Aluminiumbronze zu. Bei Legierungen mit höherem Schmelzpunkt und schlechter Wärmeleitfähigkeit muß mit der langen Kokille, ebenfalls mit Sekundärkühlung, gearbeitet werden. Dieses Verfahren gestattet einen kontinuierlichen Gießvorgang, der allerdings nicht immer genutzt wird. Erstgenanntes Verfahren benötigt einfachere und billigere Anlagen als das zweite Verfahren. Bei Kupfer werden beide Verfahren angewendet. Für schwer verarbeitbare Kupferlegierungen wie Bronzen und Mehrstoffbronzen führt sich immer mehr ein Gießverfahren mit ofenabhängigen Kokillen (das Asarco-Verfahren) mit allerdings verhältnismäßig geringen Gießleistungen ein [5, 6, 7, 8].

Es gibt heute schon einfache Stranggußanlagen für Messingstangen, bei denen sich, zumindest für größere und mittlere Durchmesser, eine hydraulische Strangpreßanlage erübrigt [5, 6].

Es ist dies eine Parallelentwicklung zu den Gießwalzanlagen für Leichtmetall und auch zu der großen Entwicklungsrichtung beim Stranggießen von Stahl zum Einsparen schwerer Blockstraßen.

Die Idee von Henry Bessemer, vom flüssigen Stahl in einem Arbeitsgang durch ein Stranggießverfahren zu einem fertigen Blech zu gelangen, konnte bis heute noch nicht verwirklicht werden. Indessen ist in zäher Entwicklungsarbeit ein wichtiger Schritt dadurch gelungen, daß man den Formatestrangguß im wesentlichen für alle Metalle beherrscht. Bei den Leichtmetallen ist, begünstigt durch einfache technische Bedingungen und ökonomischen Anreiz, ein weiterer Schritt durch die Einführung des Gießwalzens für Draht und Band getan worden. Schon gibt es Mitteilungen, daß das Draht-Gießwalzen von Kupfer aufgenommen wurde [5, 6]. In nicht allzu ferner Zukunft ist damit zu rechnen, daß auch bei den gießtechnisch schwierigen schweren Buntmetallen das Gießwalzen von Bändern — Hazelett hat das schon einmal bei Messing versucht — bald Eingang in die Verarbeitungswerke finden und dort einige Umwälzungen bringen wird.

Ein Teil der mitgeteilten Ergebnisse und Bilder ist Arbeiten der Herren Dipl.-Ing. Schreiter und Dipl.-Ing. Regener entnommen. Für die Überlassung und die beim Abfassen vorliegenden Berichts geleistete Unterstützung sei diesen Ingenieuren des VEB Walzwerk Hettstedt auch an dieser Stelle herzlich gedankt.

Literatur

[1] Herrmann, E., Handbuch des Stranggießens. Aluminium-Verlag GmbH, Düsseldorf 1958.
[2] Schwarzmeier, W., Stranggießen. Berliner Union, Stuttgart 1957.
[3] Kästner, H., Stahl u. Eisen **67** (1947) 10–19.
[4] Roth, W., Aluminium (1943) 283–291.
[5] Herrmann, E., Metall **14** (1960) 1098–1105.
[6] Herrmann, E., Metall **16** (1962) 413–419
[7] Herrmann, E., Metall **13** (1959) 949–958.
[8] Umschaubeitrag: Machinery **93** (1958) Nr. 2392, 659–60; ref. Giesserei **46** (1959) 194/195.
[9] Brenner, P., Roth, W., Z. Metallkunde **32** (1940) 10–14.
[10] Herrmann, E., Metall **15** (1961) 201–210.

Akademiemitglied Prof. Dr.-Ing. KARL-FRIEDRICH LÜDEMANN

SCHLUSSWORT

Wir sind am Ende unserer zweitägigen Tagung über „Ziele der metallurgischen Forschung und ihre Bedeutung für das Hüttenwesen" angekommen. Ich habe nicht die Absicht, Sie mit einem längeren Schlußwort aufzuhalten. Es erscheint mir jedoch notwendig, eine kurze Einschätzung zu geben und über die Fortführung unserer Arbeit, die ja ein wichtiges Anliegen der Sektion für Hüttenwesen ist, einiges zu sagen.

Die gute Beteiligung — wobei berücksichtigt werden muß, daß nur ein ausgewählter Kreis eingeladen war — hat gezeigt, daß es notwendig ist, Veranstaltungen wie die eben abgeschlossene durchzuführen. Es liegt ein echtes Bedürfnis hierfür vor. Vielleicht sollte man aber künftig eine Konzentration der Vorträge auf ein enger begrenztes Fachgebiet anstreben. Wir haben bereits in dieser Richtung Überlegungen angestellt und sind zum Vorschlag gekommen, im April 1964 eine internationale Tagung über das Thema „Stickstoff in Metallen" durchzuführen. Mit den Vorbereitungen hierfür wird in der nächsten Zeit begonnen werden.

Ich möchte allen Fachkollegen, die uns gestern und heute aus ihren Arbeitsgebieten berichtet oder in der Diskussion zur Klärung offener Fragen beigetragen haben, auf das herzlichste für ihre Mitarbeit danken. Ich möchte aber auch dem Präsidium der Deutschen Akademie der Wissenschaften zu Berlin sowie dem Sekretariat der Klasse für Bergbau, Hüttenwesen und Montangeologie und schließlich meinen Mitarbeitern in der Forschungsstelle Eisen und Stahl unseren aufrichtigsten Dank für ihre Bemühungen um den reibungslosen Ablauf der Tagung aussprechen. Unser besonderer Dank gilt den Stellen, die uns nicht nur die Mittel für die Organisation unserer Veranstaltung und die Betreuung der Teilnehmer gegeben haben, sondern in großzügiger Weise darauf bedacht sind, daß wir ungestört forschen und arbeiten können.

Kolibri 360 GmbH
Ferdinand-Jühlke-Straße 7
99095 Erfurt, Deutschland
produktsicherheit@kolibri360.de